W0268154

Veröffentlichungen der
Akademie für
Technikfolgenabschätzung
in Baden-Württemberg

Springer
Berlin
Heidelberg
New York
Barcelona
Budapest
Hong Kong
London
Mailand
Paris
Santa Clara
Singapur
Tokio

D. Schade W. Weimer-Jehle

Energieversorgung und Verringerung der CO_2-Emission

Techniknutzung – Ressourcenschonung – Neue Lebensstile

Pfade in die Zukunft in Abkehr von einer Fortschreibung der Vergangenheitstrends

Mit 30 Abbildungen und 77 Tabellen

Springer

Dr.-Ing. Diethard Schade
Dr. Wolfgang Weimer-Jehle

Akademie für Technikfolgenabschätzung
in Baden Württemberg
Industriestraße 5
70565 Stuttgart

ISBN-13: 978-3-642-80034-4

Die Deutsche Bibliothek — Cip-Einheitsaufnahme
Energieversorgung und Verringerung der CO2-Emissionen : Techniknutzung - Ressourcenschonung - neue Lebensstile ; 3 Pfade in die Zukunft in Abkehr von einer Fortschreibung der Vergangenheitstrends ; mit 77 Tabellen / D. Schade ; W. Weimer-Jehle (Hrsg.). - Berlin ; Heidelberg ; New York ; Santa Clara ; Singapur ; Tokio : Springer, 1995
(Veröffentlichungen der Akademie für Technikfolgenabschätzung in Baden-Württemberg)
ISBN-13: 978-3-642-80034-4 e-ISBN-13: 978-3-642-80033-7
DOI: 10.1007/978-3-642-80033-7

NE: Schade, Diethard [Hrsg.]

Einbandgestaltung: Struve & Partner, Heidelberg
Satz: Camera ready durch Ulrich Kunkel, Reichartshausen
SPIN 10507402 31/3137 5 4 3 2 1 0 – Gedruckt auf säurefreiem Papier

Vorwort

Die öffentliche Diskussion über die angemessene Weiterentwicklung des bestehenden Energieversorgungssystems in der Bundesrepublik Deutschland hält seit langem an und hat in jüngster Zeit durch die internationalen Bemühungen zum Klimaschutz neue Anstöße erhalten. In der gesellschaftlichen Debatte sind technische, wirtschaftliche oder umweltbezogene Argumente eng mit Bewertungen vor dem Hintergrund divergierender Zielvorstellungen über die wünschenswerte Zukunft insgesamt verwoben. Diese unterschiedlichen Ziele verschiedener gesellschaftlicher Gruppen können als eine Ursache dafür betrachtet werden, daß der angestrebte energiepolitische Konsens bislang nicht zu erzielen war.

Die Akademie für Technikfolgenabschätzung in Baden-Württemberg hat das in der Öffentlichkeit kontrovers diskutierte Thema der künftigen Energieversorgung mit dem Projekt *Klimaverträgliche Energieversorgung in Baden-Württemberg* aufgegriffen, um entsprechend ihrem Auftrag zur Klärung der Zusammenhänge in diesem Themenbereich beizutragen und auf diese Weise das Finden konsensualer Lösungen zu unterstützen. Ziel war es dabei vor allem, die Wechselbeziehung zwischen gesellschaftlichen Leitbildern und Energieversorgungssystemen herauszuarbeiten.

Für die Durchführung des Projektes hat die Akademie zwölf wissenschaftliche Einrichtungen zusammengeführt und einen Projektbeirat gebildet, die die alternativen Energiesysteme in einem diskursiven Prozeß entwickelt haben. Der vorliegende Band berichtet über die weitgehend konsensual erzielten Ergebnisse dieser gemeinsamen Arbeit der Vertreter der wissenschaftlichen Institutionen und des Projektbeirates. Die Bereitschaft der Projektteilnehmer, diesen Diskurs zu führen, und ihr Engagement sowohl in den Diskussionen der Arbeitssitzungen als auch bei der Mitarbeit zur Klärung offener Fragen zwischen den Arbeitssitzungen waren die Voraussetzung für das Gelingen des Projektes und die Akademie für Technikfolgenabschätzung dankt allen Beteiligten für ihre Mitarbeit.

Die Autoren waren bestrebt, die Inhalte der geführten Diskussionen und die getroffenen Aussagen korrekt wiederzugeben. Trotzdem ist es unvermeidbar, daß diese Gesamtdarstellung nicht alle Beiträge der Beteiligten vollständig wiedergeben kann, zumal darauf verzichtet wurde, auch die Positionen ausführlich darzustellen, die von der mehrheitlich gefundenen Aussage abweichen. Der Ergebnisbericht ist daher von den Sichtweisen der Berichterstatter geprägt und die

Verantwortung für die Formulierungen dieses Bandes liegt ausschließlich bei den Autoren. Insbesondere die Empfehlungen und die vorgenommenen Vergleiche mit Energieszenarien, die von anderer Seite vorgeschlagen wurden, stellen die Sicht der Akademie dar.

Für die erfolgreiche Durchführung der Szenario-Workshops war die Unterstützung durch den Bereich Diskurs und Öffentlichkeitsarbeit der Akademie unverzichtbar. Den Herren Dr. Detlef Garbe und Dipl.-Volksw. Reinhard Sellnow ist für die Vorbereitung und Moderation der Diskussionen besonders zu danken, ebenso wie den Herren Dipl.-Ing. Thomas Wiedmann und Dr. Georg Hörning, die die Projektdurchführung, Datenauswertung und Manuskripterstellung in vielfältiger Weise unterstützt und zahlreiche wertvolle Anregungen gegeben haben. Besonderer Dank gilt auch der Stiftung Energieforschung Baden-Württemberg, Stuttgart, die das Teilprojekt Szenariorechnungen finanziell unterstützt hat.

D. Schade
W. Weimer-Jehle

Inhaltsverzeichnis

1. Zusammenfassung

Den Hintergrund für das Projekt *Klimaverträgliche Energieversorgung in Baden-Württemberg* bildet die energiepolitische Diskussion in Deutschland, die seit etwa 20 Jahren geführt wird und die durch die Treibhaus-Problematik neue Impulse erhalten hat. Die Gefahren, die aus der Treibhaus-Problematik erwachsen können, beschäftigen seit Mitte der 80er Jahre die politisch Verantwortlichen in vielen Ländern und sind von Anfang an ein international wichtiges Thema. Für den anthropogen verursachten Treibhauseffekt spielt Kohlendioxid (CO_2) eine besondere Rolle. Auf der Basis der bisherigen Kenntnisse ist davon auszugehen, daß ein weiteres Anwachsen der CO_2-Konzentration in der Atmosphäre vermieden werden sollte und daß dazu die CO_2-Emissionen verringert werden müssen. Um den Zielen der 2. Umweltkonferenz der Vereinten Nationen in Rio de Janeiro im Jahr 1992 gerecht zu werden, wurde vorgeschlagen, die CO_2-Emissionen in den Industrieländern in einem ersten Schritt um etwa 25 % bis zum Jahr 2005 gegenüber dem Wert von 1987 zu reduzieren. Vor dem Hintergrund dieser Diskussionen hat die Bundesregierung beschlossen, die CO_2-Emissionen in Deutschland bezogen auf die Emissionen des Jahres 1987 bis zum Jahr 2005 um 25 % bis 30 % zu verringern. Die Landesregierung von Baden-Württemberg hat in diesem Kontext im Jahr 1991 eine Reduktion der CO_2-Emissionen um 30 % bis zum Jahr 2005 gegenüber dem Wert von 1987 als Orientierungsziel genannt.

Mit den vorgegebenen Reduktionszielen bilden die notwendigen Veränderungen des vorhandenen Energiesystems, die für das Erreichen dieser Ziele erforderlich sind, einen Schwerpunkt der Klimaschutzdiskussion.

Projektziel

Die Probleme bei der Bestimmung der richtigen und notwendigen Änderungen und deren Bewertung vor dem Hintergrund unterschiedlicher gesellschaftlicher Leitideen oder Leitbilder waren im Jahr 1993 der Anlaß für die Akademie für Technikfolgenabschätzung das Projekt *Klimaverträgliche Energieversorgung in Baden-Württemberg* zu starten. Wie die öffentliche Diskussion zeigt, gehen unterschiedliche Personen oder Gruppen der Gesellschaft von unterschiedlichen Vorstellungen über die wünschbare Zukunft aus. Dies führt zu verschiedenen Bewertungen von Techniken und der damit verbundenen Risiken, zu verschiedenen Einstellungen gegenüber dem notwendigen Maß staatlichen Planens und

Handelns und zu unterschiedlichen Einschätzungen der Schwierigkeiten und Zeitmaßstäbe, die mit einer Realisierung der jeweils erwünschten künftigen Zustände verknüpft sind.

Mit dem Projekt *Klimaverträgliche Energieversorgung in Baden-Württemberg* sollte versucht werden, diese gesellschaftliche Diskussion vor dem Hintergrund unterschiedlicher Werthaltungen und Einstellungen anzuregen, zur Klärung dieser Positionen und der damit verbundenen Implikationen beizutragen und so den Prozeß einer Konsensfindung über die künftige Ausgestaltung des Energieversorgungssystems zu unterstützen.

Um dieses Ziel zu erreichen, wurden im Rahmen dieses Projektes,

- drei Energiesysteme entworfen, die die CO_2-Emissionen um 25 % bzw. 45 % gegenüber dem Wert von 1987 bis zum Jahr 2005 bzw. 2020 reduzieren,
- Bereiche identifiziert, in denen Maßnahmen ergriffen werden müssen, um die Systeme zu realisieren, und
- die gesellschaftliche Diskussion in der Form von Leitbildern berücksichtigt.

Bei dieser Vorgehensweise begründen sich die eingesetzten Techniken und die möglichen Veränderungen in den betrachteten Energiesystemen aus den zugrunde gelegten gesellschaftlichen Leitbildern. Mit Hilfe dieses Ansatzes sollte einerseits geklärt werden, ob die gesetzten Reduktionsziele bei Ausgehen von unterschiedlichen gesellschaftlichen Leitideen erreichbar sind; andererseits sollte anhand der erforderlichen Veränderungen zur Realisierung der Energiesysteme deutlich werden, welche Hindernisse überwunden werden müssen, wenn die verschiedenen Energiesysteme – ausgehend vom heutigen Zustand und ausgehend von heutigen Verhaltensweisen – realisiert werden würden.

Die Orientierung an gesellschaftlichen Leitbildern stellt aus der Sicht der Akademie eine notwendige Basis dar, um dem Diskursauftrag der Akademie gerecht werden zu können. Dieser Auftrag der Akademie zum Führen wissenschaftlicher wie gesellschaftlicher Diskurse in Baden-Württemberg ist auch der wesentliche Grund, warum die Energiesysteme für Baden-Württemberg entworfen werden. Es ist aber davon auszugehen, daß die Grundaussagen der Ergebnisse nicht nur für Baden-Württemberg Geltung haben.

Projektdurchführung

Das Projekt *Klimaverträgliche Energieversorgung in Baden-Württemberg* wurde im Sommer 1993 begonnen und wird voraussichtlich Ende 1996 abgeschlossen werden. In der ersten Projektphase – bis Anfang 1994 – wurden in einer Reihe von Gutachten die Daten für den zu erwartenden Bedarf an Energiedienstleistungen, für die voraussichtliche Verkehrsentwicklung und für den künftigen spezifischen Energiebedarf in der Wirtschaft sowie Informationen zu technologischen Optionen für die Endenergienutzung und die Deckung des Endenergiebedarfs und deren Potentiale erarbeitet. In der zweiten Projektphase von

Januar 1994 bis Juni 1995, über deren Ergebnisse im vorliegenden Band berichtet wird, wurden von dem Gutachterkreis der ersten Phase in mehreren Workshops alternative Szenarien für künftig mögliche Energiesysteme entwickelt. Die Entwicklung der Szenarien wurde durch einen Projektbeirat begleitet.

Die entworfenen Energiesysteme sollen Szenarien künftiger Zustände beschreiben, die aus heutiger Sicht realisierbar wären, wenn bestimmten gesellschaftlichen Zielvorstellungen konsequent gefolgt werden würde. Da diese Zielvorstellungen nur teilweise quantifizierbar sind, lassen sich die Zukunfts-Szenarien aus diesen Zielen nicht algorithmisch berechnen; sie müssen vielmehr argumentativ entwickelt werden. Methodisch bildet daher ein intensiver Kommunikationsprozeß zwischen den Beteiligten das zentrale Element des Szenario-Entwurfs. Die dazu erforderlichen Diskussionen wurden in einer Reihe von Arbeitssitzungen geführt und vom Bereich Diskurs und Öffentlichkeitsarbeit der Akademie organisatorisch vorbereitet und moderiert.

Da ein derartiger Diskussionsprozeß allein nicht sicherstellen kann, daß die so entworfenen Szenarien des komplexen Energieversorgungssystems in sich schlüssig und konsistent sind, wurde der Kommunikationsprozeß durch Simulationsrechnungen begleitet. Neben der Konsistenzüberprüfung hatten diese Rechnungen noch die Funktion, die Komponenten, die im Diskussionsprozeß nicht festgelegt waren, zu ergänzen und die quantitativen Ergebnisse zu liefern, die zur Beschreibung der Energiesysteme erforderlich sind.

Entwurf der Szenarien

Die entworfenen unterschiedlichen Szenarien gehen vom heute vorhandenen Energieversorgungssystem in Baden-Württemberg und den dadurch verursachten CO_2-Emssionen aus und berücksichtigen, daß die Umsetzung von Maßnahmen zur Umgestaltung dieses Systems in den unterschiedliche Bereichen verschiedene Zeitäume bzw. Mittel erfordert. Eine grobe Abschätzung der Minderungs-Potentiale zeigte, daß der Substitution von Kohle im Umwandlungsbereich, Maßnahmen zur Verringerung des Endenergiebedarfs im Raumwärmebereich und der Senkung des Energiebedarfs im Verkehr eine besondere Bedeutung zukommen. Für die Entwicklung der Szenarien wurden aber alle möglichen Maßnahmenbereiche in Betracht gezogen.

Da Einstellungen und Verhalten sich mit der Veränderungen gesellschaftlicher Zielvorstellungen ändern und diese Zielvorstellungen beim Entwerfen der Szenarien berücksichtigt werden sollen, wird bei den betrachteten Szenarien von unterschiedlichen Annahmen über Verhalten und Einstellungen ausgegangen und damit angenommen, daß sich die Nachfrage nach Energiedienstleistungen und Gütern in den einzelnen Szenarien verschieden und allen Szenarien abweichend von einer Fortschreibung des Vergangenheitstrends entwickeln kann. Der Entwurf der unterschiedlichen Energiesysteme beginnt dementsprechend jeweils mit der Projektion der Nachfrage nach Energiedienstleistungen und Gütern bzw. dem Nutzenergiebedarf, der zu deren Befriedigung erforderlich ist.

Im zweiten Schritt werden die Techniken – Geräte, Anlagen, Maschinen – betrachtet, mit deren Hilfe die Nutzenergie bereitgestellt wird und die ihrerseits den Endenergiebedarf in seiner Größe und in der Art der benötigten Energieformen oder -träger festlegen. Der so bestimmte Endenergiebedarf muß dann im dritten Schritt vom Umwandlungsbereich aus den zur Verfügung stehenden Primärenergieformen und -trägern gedeckt werden.

Für alle von der Referenz-Entwicklung abweichenden Szenarien wird gefordert, daß sie die CO_2-Emissionen in der gleichen Weise verringern: in allen Szenarien sollen die energiebedingten CO_2-Emissionen im Zeitaum von 1987 bis 2005 um 25 % reduziert werden; darüber hinaus wird bis zum Jahr 2020 eine Reduktion um 45 % angestrebt.

Für diese Szenarien werden drei Leitbilder zugrunde gelegt: (B) *Techniknutzung*, (C) *Ressourcenschonung* und (D) *Neue Lebensstile.*

Bei Leitbild (B) wird davon ausgegangen, daß Verhalten und Ansprüche an Energiedienstleistungen und Güter sich in Fortschreibung der Tendenzen aus der Vergangenheit entwickeln, bei (C) wird eine begrenzte Bereitschaft zur Rücknahme des Zuwachses der Ansprüche angesetzt und bei (D) eine Bereitschaft zum Zurücknehmen der Ansprüche – auch gegenüber dem heutigen Niveau – angenommen. Außerdem wird davon ausgegangen, daß die gesellschaftlichen Gruppen, die den Leitbildern gedanklich zugeordnet werden können, unterschiedliche Einstellungen zur Kernenergienutzung haben: in Leitbild B wird Kernenergie als ein mögliches Instrument zur Erreichung des Reduktionsziels betrachtet, in C wird längerfristig ein Verzicht auf die Nutzung dieser Energieform für notwendig erachtet, und in D wird gewünscht, rasch auf die Kernenergienutzung zu verzichten. In allen Leitbildern werden technische Verbesserungen als ein wichtiges Instrument zum Erreichen der Reduktionsziele angesehen.

Da der Umfang der erforderlichen Maßnahmen für eine Realisierung der einzelnen Szenarien davon abhängt, wie weit sich Verhalten, Technik und Energiesystem von dem entfernen, was sich ohne derartige Eingriffe einstellen würde, wurde zusätzlich zu den alternativen Szenarien B bis D eine Referenz-Entwicklung (A) *Heutige Trends*, beschrieben, mit der versucht wird, die heute erkennbaren Trends in die Zukunft fortzuschreiben.

Für die quantitative Beschreibung der Szenarien, wurde in allen Fällen von einer bis zum Jahr 2005 noch wachsenden und danach konstant bleibenden Bevölkerung in Baden-Württemberg, von einem für alle Szenarien gleichen Wirtschaftswachstum und von gleicher Entwicklung der Grenzübergangspreise für Energieträger ausgegangen.

Energiebedarf und CO_2-Emissionen in den Szenarien

Die in der Referenz-Entwicklung angesetzten künftigen Effizienzverbesserungen führen dazu, daß der Endenergiebedarf trotz Bevölkerungszunahme und Wirtschaftswachstum auch in Szenario A nur wenig ansteigt, und sich so die

Tendenz der Vergangenheit zur Entkopplung von Wirtschaftswachstum und Energieverbrauch fortsetzt.

Die in den Szenarien B bis D für die Umgestaltung des Energieversorgungssystems angesetzten Verhaltensänderungen, Effizienzverbesserungen und Umstrukturierungen führen hier in der Summe in unterschiedlichem Ausmaß zu sinkenden Werten für den Endenergiebedarf. Diese drei Szenarien unterscheiden sich im Endenergiebedarf der Sektoren Haushalte, Kleinverbraucher und Industrie nur wenig. Die wesentlichen Unterschiede zwischen den Szenarien B bis D ergeben sich aus dem Endenergiebedarf des Verkehrs und resultieren vor allem aus den dort angesetzten Verhaltensänderungen, die im Hinblick auf das Reduktionsziel als erforderlich und entsprechend den zugrundeliegenden Leitbildern für möglich erachtet werden.

Für eine künftige Umgestaltung des Energieversorgungssystems von Baden-Württemberg kann damit davon ausgegangen werden, daß eine konsequente Ausschöpfung technischer Verbesserungsmöglichkeiten (Szenario B) den Trend eines (langsam) steigenden Endenergiebedarfs umkehrt und trotz wachsender Wirtschaft und wachsenden Verkehrs zu fallendem Endenergiebedarf führt. Eine Umgestaltung des Energieversorgungssystems, die im Schwerpunkt auf Verhaltensänderungen setzt (Szenario D), kann trotz etwas geringerer Ausschöpfung der technischen Potentiale den Vergangenheitstrend noch deutlicher umkehren und noch geringere Werte für den Endenergiebedarf erreichen, erbringt dafür aber im Vergleich zur Referenz-Entwicklung Verzichtleistungen vor allem im Verkehr bei der Mobilität und der Pkw-Nutzung. Eine mittlere Umgestaltungsstrategie, die nur geringe Verzichtleistungen erbringen will (Szenario C), erreicht eine mittlere Absenkung des Energiebedarfs.

Die unterschiedlich hohen Werte des Endenergiebedarfs in den Szenarien B bis D, die mit den verschiedenen technischen und verhaltensbezogenen Maßnahmen erreicht werden, sind erforderlich, um die angestrebte Reduktion der CO_2-Emissionen in den einzelnen Szenarien im Gesamtsystem unter Einbeziehung der Deckungsseite zu erzielen.

Die Kohlenutzung wird in allen drei Szenarien in etwa der gleichen Weise zurückgenommen, und der Einsatz von Erdgas wird in den Szenarien C und D, die mittel- oder längerfristig auf die Nutzung von Kernenergie verzichten wollen, im Rahmen des Möglichen ausgeweitet. In der Summe wird der Einsatz fossiler Energieträger in den Szenarien B bis D durch die vorgegebenen zulässigen CO_2-Emissionen begrenzt.

Die Energienachfrage, die über diese durch die zulässigen CO_2-Emissionen gegebene Grenze hinausgeht, muß CO_2-frei gedeckt werden. Im Szenario B stehen dafür zusätzliche Kernenergie und der geringfügig gesteigerte Einsatz von regenerativen Energien zur Verfügung, so daß eine sehr starke Absenkung des Endenergiebedarfs nicht erforderlich wird. Im Gegensatz dazu muß in Szenario D ein Mehrbedarf ausschließlich aus regenerativen Quellen gedeckt werden. Die Ausschöpfung der hier im betrachteten Zeitraum bis zum Jahr 2020 gegebenen Potentiale im Rahmen des Möglichen bestimmt dann die insgesamt verfügbare Primärenergie und begrenzt so die zulässige Nachfrage nach Endenergie auf einem im Vergleich zu Szenario B niedrigerem Niveau.

Mit den Werten des Primärenergieverbrauchs und den jeweilig genutzten Energieformen erreichen die Szenarien B bis D im Jahr 2005 alle eine Reduktion der CO_2-Emissionen um rd. 25 % und die Fortschreibung der Szenarien bis zum Jahr 2020 führt auch zu weiteren deutlichen Reduktionen in der Größenordnung von 45 – 50 %, jeweils gegenüber dem Wert des Jahres 1987. Diese Reduktionen werden trotz des angenommenen Bevölkerungswachstums in Baden-Württemberg und weiterer Steigerungen der pro-Kopf-Nettoproduktion bzw. der pro-Kopf-Bruttowertschöpfung erreicht.

In der Referenz-Entwicklung (Szenario A) verharren die CO_2-Emissionen – wie schon in der Vergangenheit – auf etwa dem gleichen Niveau.

Die charakteristischen Merkmale der Szenario-Entwürfe spiegeln sich auch in den Änderungen der CO_2-Emissionen der Sektoren wider. Die wesentliche Unterschiede zwischen den Szenarien liegen hier in den Emissionen der Sektoren Verkehr und Umwandlung.

In Szenario B ändern sich die Emissionen des Verkehrs im Vergleich zur Referenz-Entwicklung nur wenig und der Verkehr wird im Jahr 2020 zum dominierenden Emittenten von CO_2. Ein entscheidender Beitrag zur Emissionsminderung wird in Szenario B vom Umwandlungsbereich durch den Ausbau der Kernenergie erbracht. In den Szenarien C und D führt der Rückgang des Endenergiebedarfs für den Verkehr zu entsprechenden Emissionsrückgängen in diesem Bereich. Der Umwandlungsbereich wird hier – vor allem in Szenario D – durch die überwiegende Nutzung fossiler Energieträger im Jahr 2020 zum wichtigsten Emittenten von CO_2.

Die Szenarien B bis D erreichen die Reduktionsziele durch jeweils unterschiedliche Kombination von Verhaltens- bzw. Nachfrageänderungen mit Verbesserungen der CO_2-Effizienz des Energiesystems durch den Einsatz veränderter oder verbesserter Technologien.

In Szenario B werden keine Verhaltensänderungen gegenüber der Referenz-Entwicklung angesetzt; entsprechend sind hier die größten Verbesserungen der CO_2-Effizienz, die im wesentlichen durch den schnellen Ausbau der Kernenergie erreicht werden, erforderlich. Die in Szenario C enthaltenen moderaten Verhaltensänderungen, die in der Regel keinen Verzicht gegenüber dem Stand von 1990 bedeuten, ermöglichen ein Erreichen der Reduktionsziele mit geringeren Effizienzverbesserungen als in Szenario B und erlauben das allmähliche Auslaufenlassen der Kernenergienutzung. In Szenario D besteht die Bereitschaft zum Verzicht und zu Verhaltensänderungen und die Inanspruchnahme von Energiedienstleistungen wird in vielen Fällen – auch gegenüber 1990 – fühlbar eingeschränkt. Dadurch können in Szenario D die Reduktionsziele mit mäßigen Steigerungen der CO_2-Effizienz erreicht werden, die in ihrer Gesamtwirkung etwa denen des Szenarios A entsprechen, in Szenario D jedoch auf andere Weise zustande kommen.

Die Entwicklungspfade B bis D sind das Ergebnis der in diesem Projekt getroffenen Annahmen und es sind auch andere Kombinationen von Verhaltensänderung und Technikeinsatz denkbar, um die Reduktionsziele zu erreichen. Derartige Leitbildvarianten wurden hier nicht untersucht, weil sie die Zahl der Szenarien erhöht hätten, ohne die Spannbreite der Zukunftsentwicklungen, die aus der gegenwärtigen Sicht und unter Berücksichtigung technischer, wirtschaftlicher und gesellschaftlicher Limitierungen möglich erscheinen, zu vergrößern.

Auswirkungen der Szenarien und Empfehlungen

Als Auswirkungen der Szenarien B bis D werden die Änderungen gegenüber der angenommenen Referenz-Entwicklung in Szenario A betrachtet, die sich im Verhalten, beim Konsum, bei der Techniknutzung oder bei der Präferierung bestimmter Umwandlungstechniken ergeben. Entsprechend der Vorgehensweise in diesem Projekt sind die aus der Sicht eines Leitbildes erstrebenswerten Folgen bzw. Änderungen der Referenz-Entwicklung überwiegend bereits beim Entwurf der Szenarien vorweggenommen und als Annahmen oder Setzungen in die Szenario-Beschreibungen eingegangen. Auswirkungen der Szenarien B bis D sind damit sowohl diese für die einzelnen Szenarien vorgegebenen Annahmen und Setzungen als auch die daraus für das jeweilige Energiesystem folgenden Konsequenzen.

Neben den gesellschaftlich-politischen Auswirkungen sind die Folgen einer Umgestaltung des Energieversorgungssystems für die Wirtschaft und die Umwelt von besonderer Bedeutung, sowohl für die Begründung des jeweiligen Szenarios vor dem Hintergrund des eigenen Leitbildes als auch für eine vergleichende Diskussion und für die Suche nach Möglichkeiten für einen energiepolitischen Konsens. Im Rahmen der zweiten Phase des Projektes *Klimaverträgliche Energieversorgung in Baden-Württemberg* konnten die Auswirkungen der Szenarien auf Wirtschaft und Umwelt nicht umfassend untersucht werden; dies muß einer eventuellen Fortsetzung des Projekts vorbehalten bleiben.

Zu den Auswirkungen der Szenarien gehören auch die Maßnahmen, die erforderlich sind, um die vermutete Referenz-Entwicklung A in die Pfade der Szenarien B bis D umzulenken. Sie geben Hinweise darauf, welche gesellschaftlichen Barrieren überwunden werden müssen, um die verschiedenen Energiewelten zu realisieren.

Eine Bewertung der Veränderungen in den Szenarien B bis D gegenüber A hängt vom Standpunkt des Beurteilers ab: eine Person, die dem Leitbild *Techniknutzung* folgen will, wird viele der Veränderungen in den Szenarien C und D als unerwünscht ansehen und damit als Verschlechterung beurteilen, im Gegensatz zu den Personen, die den Leitbildern *Ressourcenschonung* oder *Neue Lebensstile* zuneigen, und die gerade diese Änderungen als erwünscht betrachten und damit zu den Verbesserungen zählen würden. Mit einer Bewertung der wichtigen Folgen der einzelnen Szenarien aus der Sicht der Leitbilder, kann daher versucht werden, sowohl Hinweise auf die für alle Leitbilder positiven Auswirkungen und damit auf die möglichen Konsensbereiche für die gesellschaftliche Diskussion als auch Hinweise auf die unterschiedlich zu bewertenden Folgen und damit auf die bestehenden Konfliktfelder zu gewinnen.

Bezüglich bestehender Konsensfelder zeigen die getroffenen Annahmen und die daraus folgenden Ergebnisse, daß unabhängig vom gewählten Leitbild und bei den vorausgesetzten Zielen für die Reduktion der CO_2-Emissionen in allen Szenarien angestrebt werden sollte,

- den Energiebedarf für die Bereitstellung von Raumwärme zu senken,
- den spezifischen Energieverbrauch von Geräten und Kraftfahrzeugen zu verringen, und
- die Kohlenutzung zurückzuführen.

Maßnahmen, die zum Erreichen dieser Ziele erforderlich sind, sollten so auf vergleichsweise geringe Widerstände stoßen und konsequent umgesetzt werden, auch wenn sie alleine nicht ausreichen, um die Reduktionsziele zu erreichen.

Die gesellschaftlichen Konfliktfelder liegen – wie durch die Konzeption der Leitbilder angelegt – vor allem in den unterschiedlichen Annahmen zu Verhaltens- und Nachfrageänderungen und zur Kernenergienutzung. Die Ergebnisse der Szenario-Entwicklung zeigen aber, daß beide Komplexe nicht voneinander zu trennen sind und – im hier betrachteten Zeitraum der nächsten rd. 25–30 Jahre – in einem engen wechselseitigen Verhältnis stehen:

- Änderungen in Verhalten und Nachfrage oder Verzichte sind gegenüber der Referenz-Entwicklung nicht erforderlich, wenn eine Ausweitung der Kernenergienutzung zugelassen wird, bzw. die Ausweitung der Kernenergienutzung ermöglicht eine Entwicklung von Verhalten und Nachfrage und ein weiteres Wachsen der Ansprüche wie in der Referenz-Entwicklung. Mit der praktisch CO_2-freien Energieerzeugung aus Kernenergie können hier die mit dem Anwachsen der Nachfrage verbundenen Mehremissionen an CO_2 kompensiert werden (Szenario B).
- Änderungen in Verhalten und Nachfrage oder Verzichte sind gegenüber der Referenz-Entwicklung erforderlich, wenn auf die Nutzung der Kernenergie mittel- oder langfristig verzichtet werden soll, bzw. die Änderungen von Verhalten und Nachfrage oder Verzichte gegenüber der Referenzentwicklung ermöglichen den mittel- oder langfristigen Ausstieg aus der Kernenergienutzung. Im betrachteten Zeitraum bis zum Jahr 2020 können CO_2-freie regenerative Energieträger nicht in ausreichend großem Umfang bereitgestellt werden, um ein Anwachsen der Nachfrage wie in der Referenz-Entwicklung bei gleichzeitigem Einhalten der Zielwerte für die Reduktion der CO_2-Emissionen befriedigen zu können (Szenario C und Szenario D).

In diesen Bereichen wäre es wichtig, die Verknüpfung von Verhalten, Nachfrage nach Energiedienstleistungen und dem daraus folgenden Energiebedarf auf der einen Seite und den zur Verfügung stehenden bzw. realisierbaren Möglichkeiten zur Deckung dieses Energiebedarfs auf der anderen Seite stärker zu thematisieren. In der öffentlichen Diskussion sollte dazu die Frage nach dem künftig erforderlichen, wünschenswerten oder notwendigen Energiebedarf und die dafür bestehenden Deckungsmöglichkeiten – in Verbindung mit den angestrebten Reduktionszielen und Umstellungszeiträumen – stärker in den Vordergrund rücken. In der energiepolitische Diskussion sollte daher erreicht werden,

- daß geplante Änderungen des Energieversorgungssystems im Gesamtzusammenhang von erwarteter oder anzustrebender Nachfrageentwicklung und gegebenen technischen Möglichkeiten beurteilt werden, und
- daß die Auswirkungen auf Wirtschaft, Gesellschaft und Umwelt in diese Beurteilung umfassend – und über das in diesem Projekt bisher Mögliche hinaus – einbezogen werden.

2. Klimaverträgliche Energieversorgung in Baden-Württemberg – das Projekt

2.1 Der Beitrag zur gesellschaftlichen Energiediskussion

Den Hintergrund für das Projekt *Klimaverträgliche Energieversorgung in Baden-Württemberg* bildet die energiepolitische Diskussion in Deutschland, die seit etwa 20 Jahren geführt wird und die durch die Treibhaus-Problematik neue Impulse erhalten hat.

Ausgangspunkt für das breite gesellschaftliche Interesse an Energiefragen waren einerseits die „erste Ölkrise" im Jahr 1973, die die Abhängigkeit unserer Wirtschaft und unserer Lebensform von einer ausreichenden Energieversorgung deutlich gemacht hat und auch die prinzipielle Begrenztheit von Ressourcen[1] bewußt werden ließ, und andererseits die Beschäftigung mit den besonderen Risiken der Kernenergienutzung. In der frühen Phase dieser öffentlichen Debatte standen dabei die Risiken von Energienutzung und deren Vermeidung[2] oder Fragen des Energiebedarfs[3] im Vordergrund. Später hat sich die Energiediskussion zunehmend mit allgemeiner Gesellschaftskritik und Technikkritik und neuen Zukunftsentwürfen für die Gesellschaft insgesamt verbunden und ist damit Teil der kollektiv ausgetragenen Überzeugungskonflikte[4] geworden. Energie und Energieversorgung wurden dabei immer auch unter Umweltgesichtspunkten diskutiert, die seit Beginn der 70er Jahre wachsende Aufmerksamkeit fanden und sich in zahlreichen gesetzlichen Regelungen niederschlugen. Umweltschutz und die darin enthaltene Ressourcenproblematik werden in den 80er Jahren zunehmend sowohl im Kontext der Beziehungen zwischen Industrieländern und Dritter Welt als auch im Hinblick auf die Lebensbedingungen künftiger Generationen gesehen[5] und verleihen so auch der Energiefrage Dimensionen, die über die Grenzen des einzelnen Staates und die heutige Situation hinausgreifen. Seit Mitte und verstärkt seit Ende der 80er Jahre wird nun die Treibhaus-Pro-

---

1 D. Meadows: Die Grenzen des Wachstums. Bericht des Club of Rome zur Lage der Menschheit. Deutsche Verlags-Anstalt, Stuttgart 1972

2 Bundesministerium für Forschung und Technologie (Hrsg.): Zur friedlichen Nutzung der Kernenergie. Eine Dokumentation der Bundesregierung. Bonn 1978

3 K. M. Meyer-Abich: Energieeinsparung als neue Energiequelle / Wirtschaftspolitische Möglichkeiten und alternative Technologien. C. Hanser-Verlag, München 1979

4 W. Korff: Die Energiefrage – Entdeckung ihrer ethischen Dimension. Paulinus-Verlag, Trier 1992

5 WCED – The World Commission on Environment and Development: Our Common Future. Oxford University Press 1987 (The Brundtland-Report)

blematik zum zentralen Thema der Energieversorgung. Die Treibhaus-Problematik unterstreicht einerseits zusätzlich die Notwendigkeit einer globaler Perspektive und einer nachhaltigen, die Lebenschancen künftiger Generationen wahrenden Entwicklung und macht andererseits durch den Zwang zur Reduktion der CO_2-Emissionen erhebliche Änderungen der vorhandenen Energieversorgungsstrukturen erforderlich.

Treibhauseffekt

Der Treibhauseffekt[6] ergibt sich im Zusammenwirken von Sonneneinstrahlung auf die Erde, Wärmeabstrahlung der Erde und den Absorptionseigenschaften der Atmosphäre bzw. der in ihr enthaltenen Stoffe. Die Sonneneinstrahlung erfolgt im wesentlichen im Sichtbaren, d.h. im Bereich kurzer Wellenlängen, die Abstrahlung der Erde vorwiegend als Wärmestrahlung, d.h. bei großen Wellenlängen im Infraroten, und die Atmosphäre weist in diesen beiden Wellenlängenbereichen unterschiedliche Durchlässigkeiten bzw. Absorptionseigenschaften auf. Sie wirkt für die Wärmestrahlung als Filter, das die Abstrahlung in bestimmten Wellenlängenbereichen behindert oder gänzlich unterdrückt. Die Filterwirkung der Atmosphäre wird dabei von den sogenannten Treibhausgasen – vor allem von Wasser bzw. Wasserdampf (H_2O), Kohlendioxid (CO_2), Ozon (O_3), Distickstoffoxid (N_2O) und Methan (CH_4) – verursacht. Zur Aufrechterhaltung eines Temperaturgleichgewichtes muß sich die mittlere Temperatur auf der Erdoberfläche so einstellen, daß die von der Sonne eingestrahlte Energie durch die „Öffnungen" dieses Filters wieder abgestrahlt werden kann. Dies führt im Vergleich zu einer Erde ohne Atmosphäre zu einer Erhöhung der mittleren Jahrestemperatur von rd. 32 °C und zu einer mittleren Temperatur von + 15 °C auf der Erdoberfläche, die das Leben auf der Erde ermöglicht. Diese Erhöhung der Temperatur auf der Erdoberfläche wird als natürlicher Treibhauseffekt bezeichnet. Der mit der Sonneneinstrahlung und der Wärmeabstrahlung verbundene Energieaustausch zwischen Erdoberfläche und Atmosphäre und zwischen den Orten unterschiedlicher geographischer Breite und damit unterschiedlicher Sonneneinstrahlung bestimmt in komplexer Weise das Klimasystem der Erde. Eine wesentliche Rolle für den Energieaustausch zwischen Erdoberfläche und Atmosphäre spielt dabei der hydrologische Zyklus, d.h. die Verdunstung von Wasser an der Erdoberfläche, die Kondensation des Wasserdampfs in der Atmosphäre und die daraus folgenden Niederschläge.

Klimaänderungen haben sich in erdgeschichtlicher Zeit durch externe Faktoren – Änderung der Erdbahnparameter, Änderung der Land/Meer-Verteilung, Gebirgsbildung, Schwankungen der Sonnenaktivität, Vulkanismus – ergeben und können auch durch anthropogene Einflüsse verursacht werden. Diese von menschlichen Aktivitäten herrührenden Einflüsse können aus der Umgestaltung

---

[6] Eine umfassende Darstellung der Treibhaus-Problematik findet sich in: Enquête-Kommission „Schutz der Erdatmosphäre" des Deutschen Bundestages (Hrsg.): Mehr Zukunft für die Erde. Nachhaltige Energiepolitik für dauerhaften Klimaschutz. Economica-Verlag, Bonn 1995

der Erdoberfläche durch die Landnutzung oder aus Veränderungen der chemischen Zusammensetzung der Atmosphäre resultieren. Die Veränderung der chemischen Zusammensetzung der Erdatmosphäre durch die Freisetzung von Treibhausgasen steht im Mittelpunkt der gegenwärtigen Diskussionen. Sie geht auf Änderungen in der Landnutzung – Rodung, Einsatz von Düngemitteln, Naßreisanbau, Viehhaltung – vor allem aber auf die Freisetzung von Kohlendioxid durch die Verbrennung fossiler Energieträger und von industriell produzierten halogenierten Kohlenwasserstoffverbindungenen (FCKW, H-FCKW, FKW, Halone) zurück.

Seit Beginn der Industrialisierung steigen die Konzentrationen der klimarelevanten Spurengase in der Atmosphäre an (Tabelle 2.1). Dieser anthropogen verursachte Anstieg der klimawirksamen Gase bewirkt eine zusätzliche Veränderung der Filtercharakteristik der Atmosphäre im infraroten Wellenlängenbereich, was zu einer Neueinstellung der mittleren Temperatur auf der Erdoberfläche und damit zu Temeraturerhöhungen und einer Verstärkung des natürlichen Treibhauseffektes führen kann. Bei diesem anthropogen verursachten Treibhauseffekt spielt Kohlendioxid eine besondere Rolle; es unterliegt einem besonders komplizierten Kreislauf, an dem die Atmosphäre, die Biosphäre, die Böden der Landflächen, die Ozeane und die Erdkruste beteiligt sind, sein Anteil am anthropogen verursachten Treibhauseffekt – gemittelt über die letzten 10 Jahre – liegt bei rd. 50 %.

Eine Abschätzung der Auswirkungen der zunehmenden Konzentration klimarelevanter Gase in der Atmosphäre auf die mittlere Temperatur und das Klima muß die komplexen Wechselwirkungen zwischen allen beteiligten Parametern berücksichtigen und läßt sich nur rechnererisch mit Hilfe von Simulationsrechnungen (Klima-Modellen) durchführen. Da über die biogeochemischen Kreisläufe einiger Treibhausgase noch erhebliche Unsicherheiten bestehen und damit die Konzentrationen dieser Stoffe in der Atmosphäre nicht zuverlässig berechnet werden können, da den Simulationsrechnungen zahlreiche Annahmen (über Bevölkerung, Wirtschaftswachstum, genutzte Energieträger) zugrunde gelegt

Tabelle 2.1 Volumenanteile treibhausrelevanter Spurengase in der Atmosphäre[7]

Jahr	CO_2 [ppm]	CH_4 [ppb]	N_2O [ppb]	FCKW-11 [ppb]	FCKW-12 [ppb]
1765	279	790	285	0	0
1900	296	974	292	0	0
1960	316	1.272	297	0,02	0,03
1970	325	1.421	299	0,07	0,12
1980	337	1.569	303	0,16	0,27
1990	354	1.717	310	0,28	0,48

ppm = parts per million (Million) / ppb = parts per billion (Milliarde)

[7] Enquête-Kommission „Schutz der Erdatmosphäre" (Hrsg.): Mehr Zukunft für die Erde. Economica-Verlag, Bonn 1995, S. A/25

werden müssen, und da die Rechenmodelle derzeit das Klimageschehen nur grob abbilden können, sind die mit Klima-Modellen ermittelten Aussagen mit erheblichen Unsicherheiten behaftet.[8]

Auf der Basis der bisher durchgeführten Berechnungen geht das IPCC[9] 1992 davon aus, daß als wahrscheinlichster Wert für den Anstieg der globalen Mitteltemperatur + 0,25 °C pro Jahrzehnt und für den Anstieg des Meeresspiegels + 4,8 cm pro Jahrzehnt angenommen werden müssen.[10] Verläßliche Aussagen über regionale Klimaänderungen lassen die bisher verwendeten Klimamodelle nicht zu.

Energiepolitische Diskussion

Die Gefahren, die aus der Treibhaus-Problematik erwachsen können, beschäftigen seit Mitte der 80er Jahre die politisch Verantwortlichen in vielen Ländern und sind von Anfang an ein international wichtiges Thema. Im Jahr 1988 wird das IPCC gebildet, dessen Arbeitsergebnisse die zweite Weltklimakonferenz der Vereinten Nationen in Genf im Jahr 1990 dazu veranlassen, Handlungen von den Regierungen zu fordern. Entscheidend ist die Verabschiedung der Klimarahmenkonvention durch die 2. Umweltkonferenz der Vereinten Nationen in Rio de Janeiro im Jahr 1992.[11] Diese Konvention fordert in Art. 2, daß die Konzentrationen der Treibhausgase in der Atmosphäre auf einem Niveau stabilisiert werden sollen, das eine gefährliche anthropogene Störung des Klimasystems vermeidet. Dieses Niveau soll innerhalb eines Zeitraumes erreicht werden, der eine Anpassung der Ökosysteme an Klimaänderungen auf natürliche Weise gewährleistet.

Nach bisherigem Kenntnisstand bedeutet dies, daß die globale Gesamterwärmung auf + 2 °C gegenüber dem Jahr 1860 begrenzt und die Erwärmungsrate unter 0,1 °C pro Jahrzehnt abgesenkt werden müssen. Um dieses Ziel zu erreichen, müßten in einem ersten Schritt bis zum Jahr 2005 die CO_2-Emissionen weltweit auf den Stand des Jahres 1987 zurückgeführt werden. Da die Entwicklungs- oder Schwellenländer mehr Energie einsetzen und auch mehr fossile Energieträger verwenden müssen als heute, wenn sie ihren Rückstand gegenüber den Industrieländern verringern wollen, kann die Forderung nach Zurückführen der CO_2-Emissionen nicht für alle Länder der Welt in der gleichen Weise erhoben werden; die Industrieländer müssen ihre Emissionen stärker reduzieren, um dem Nachholbedarf der weniger entwickelten Länder Rechnung zu tragen. Ein geeigneter Zielwert für die Reduktion der CO_2-Emissionen in den Industrieländern könnte dann eine Absenkung der Emissionen um etwa 25 % bis zum Jahr 2005 gegenüber dem Wert von 1987 sein.[12]

---

8 a.a.O., S. A/40

9 United Nations Intergovernmental Panel on Climate Change

10 a.a.O., S. A/46

11 UNCED2 – United Nations Conference on Environment and Development

12 a.a.O., S. A/103

Die Diskussion in Deutschland verlief bzw. verläuft parallel zu der internationalen Diskussion und wird vor allem in der Arbeit der beiden Enquête-Kommissionen des Deutschen Bundestages: „Vorsorge zum Schutz der Erdatmosphäre" (11. Wahlperiode) seit 1987 und „Schutz der Erdatmosphäre" (12. Wahlperiode) seit 1991, zusammengeführt. Deren Arbeit und die internationale Bestrebungen führten dann 1990 und 1991 zum Beschluß der Bundesregierung, die CO_2-Emissionen in Deutschland bezogen auf die Emissionen des Jahres 1987 bis zum Jahr 2005 um 25 % bis 30 % zu reduzieren. Im Frühjahr 1995 wurden diese Ziele in Berlin im Rahmen der 1. Konferenz der Vertragsstaaten der Klimarahmenkonvention, die am 21. März 1994 in Kraft trat, nochmals bekräftigt. In diesem Kontext hat die Landesregierung von Baden-Württemberg im Jahr 1991 eine Reduktion der CO_2-Emissionen um 30 % bis zum Jahr 2005 gegenüber dem Wert von 1987 als Orientierungsziel genannt[13].

Mit den politisch gesetzten Reduktionszielen ist die mit der Treibhaus-Problematik verbundene grundsätzliche Frage – zumindest zunächst – beantwortet. Diese grundsätzliche Frage bezieht sich darauf, wie mit Gefahren, die mit katastrophalen Folgen verbunden sein können, umgegangen werden soll oder muß, wenn die Größe der Gefahren oder der Zeitpunkt ihres Eintreffens in der Zukunft unsicher oder ungewiß sind. Die möglichen Klimaänderungen liegen zudem so weit in der Zukunft, daß sie die heute Lebenden kaum mehr betreffen, d.h. Maßnahmen, die heute ergriffen, oder Lasten, die heute übernommen werden, kommen vor allem künftigen Generationen zugute. Grundsätzlich kann davon ausgegangen werden, daß die heute Lebenden die Verpflichtung haben, die langfristige Stabilität unseres Ökosystems nicht zu beeinträchtigen und damit die Lebenschancen künftiger Generationen zu gewährleisten. Unter der Voraussetzung, daß die heutigen Kenntnisse als gesichert betrachtet werden können, legen die Reduktionsziele dann das dafür Notwendige fest.

Tatsächlich sind unsere Kenntnisse aber mit Unsicherheiten behaftet, so daß die möglichen Gefahren für das Klima durch die Zunahme der Treibhausgaskonzentrationen in unterschiedlichen Ländern durchaus verschieden eingeschätzt und bewertet werden und – wie die Diskussionen im Rahmen der Berliner Vertragsstaaten-Konferenz gezeigt haben – zu sehr unterschiedlichen Auffassungen über die weltweit konkret zu vereinbarenden Reduktionsziele führen können. Diese Diskussionen über das notwendige Ausmaß der erforderlichen Reduktion der Treibhausgasemissionen werden andauern und mit neuen wissenschaftlichen Ergebnissen zu neuen Einschätzungen führen.

Für das Handeln heute und in naher Zukunft ist aber von den jetzt angestrebten Reduktionen der Treibhausgasemissionen auszugehen.

Wenn die Reduktionsziele gegeben sind, dann erhebt sich die zweite mit der Treibhaus-Problematik verknüpfte Frage, auf welchem Wege nämlich und mit welchen Mitteln das gesetzte Reduktionsziel erreicht werden soll oder kann.

---

[13] Energieprogramm 1991, Ministerium für Wirtschaft, Mittelstand und Technologie Baden-Württemberg, September 1991

Die notwendigen Maßnahmen für das Erreichen der Reduktionsziele bilden dementsprechend einen Schwerpunkt der Klimaschutzdiskussion. Von der Enquête-Kommision „Vorsorge zum Schutz der Erdatmosphäre" ist ein Katalog möglicher Maßnahmen erarbeitet und vorgelegt worden[14], die Bundesregierung hat geeignete Maßnahmen beschlossen[15] und auch in einzelnen Bundesländern sind Maßnahmen geplant oder in der Umsetzung[16].

Diese Maßnahmen wenden die vorhandenen Instrumente staatlichen Handelns: Gesetze und Vorschriften, Steuern, finanzielle Anreize (Investitionsförderung, Förderung von Demonstrationsanlagen, von Beratungsleistungen etc.), aber auch neue Instrumente (freiwillige Verpflichtungen, Vorbildfunktion von Behörden, Contracting etc.) in differenzierter Form auf die für die CO_2-Emissionen wichtigen Bereiche an.

Diese Maßnahmen werden überwiegend additiv dargestellt und nicht zu Maßnahmenbündeln integriert. Im Rahmen der Arbeiten der Enquête-Kommission „Schutz der Erdatmosphäre" wurden Studien für ein integriertes Gesamtkonzept zur Minderung der energiebedingten Treibhausgasemissionen durchgeführt[17], die mit Hilfe von Simulationsmodellen einerseits zeigen, daß die Reduktionsziele erreicht werden können, und die andererseits den kostenminimalen Entwicklungspfad zu bestimmen gestatten. Die dargestellten Ergebnisse dieser Studien lassen jedoch den Zusammenhang zwischen den ergriffenen oder erforderlichen Maßnahmen und der Zielerreichung nicht leicht erkennen.

Die Enquête-Kommission „Schutz der Erdatmosphäre" betrachtet ihre vorgelegten Handlungsempfehlungen (Mehrheitsvotum)[18] als integriertes, in sich schlüssiges Konzept, das darauf ausgerichtet ist, die Treibhausgas-Minderungsziele unter der Ausnutzung von Marktkräften effizient und die Wohlfahrtsverluste minimierend zu erreichen. Dies wird im Minderheitsvotum[19] in Frage gestellt, wobei besonders auf das Fehlen einer von der gesamten Kommission getragenen neuen gesellschaftlichen Vision für die künftige Entwicklung eingegangen wird. Das Minderheitsvotum geht dann auch von anderen Leitideen[20] als das Mehrheitsvotum aus, was sich zum Beispiel in der Bewertung der Kernenergienutzung oder des Least-Cost-Planning (LCP)[21] [22] zeigt.

---

[14] Enquête-Kommission „Schutz der Erdatmosphäre" (Hrsg.): Mehr Zukunft für die Erde. Economica-Verlag, Bonn 1995, S. B/615 ff.

[15] a.a.O., S. B/621 ff.

[16] z.B. Klimaschutzkonzept Baden-Württemberg, s. Kapitel 7.3

[17] a.a.O., S. B/750 (s.a. Kapitel 7.1)

[18] a.a.O., S. B/1011

[19] a.a.O., S. B/1088 ff.

[20] a.a.O., S. B/1091

[21] a.a.O., S. B/1028

[22] a.a.O., S. B/1098

Projektziel

Die heute aus dem vorliegenden Abschlußbericht der Enquête-Kommission „Schutz der Erdatmosphäre" ersichtlichen Probleme bei der Auswahl notwendiger Maßnahmen zum Erreichen der Reduktionsziele und deren Bewertung vor dem Hintergrund unterschiedlicher gesellschaftlicher Leitideen oder Leitbilder sind nicht neu und waren im Jahr 1993 der Anlaß für die Akademie für Technikfolgenabschätzung das Projekt *Klimaverträgliche Energieversorgung in Baden-Württemberg* zu starten. In der öffentlichen Diskussion wird deutlich, daß – ebenso wie im Abschlußbericht der Enquête-Kommission erkennbar – unterschiedliche Personen oder Gruppen der Gesellschaft von unterschiedlichen Vorstellungen oder Visionen über die wünschbare Zukunft ausgehen. Diese unterschiedlichen Vorstellungen sind mit verschiedenen Bewertungen von Techniken und der damit verbundenen Risiken verbunden, sie führen zu verschiedenen Einstellungen gegenüber dem notwendigen Maß staatlichen Planens und Handelns und sie sind mit unterschiedlichen Einschätzungen der Schwierigkeiten und Zeitmaßstäbe bei einer Realisierung der in der Zukunft gewünschten Zustände verknüpft. Eine Diskussion, die allein über die Umgestaltung des Energiesystems und die dabei einzusetzenden Techniken geführt wird und die die Einstellungen und Werthaltungen, die den jeweils vorgetragenen Argumenten zugrundeliegen, nicht deutlich werden läßt, kann so kaum zu einem Konsens oder zu der geforderten neuen gesamtgesellschaftlichen Vision führen.

Mit dem Projekt *Klimaverträgliche Energieversorgung in Baden-Württemberg* sollte versucht werden, diese gesellschaftliche Diskussion vor dem Hintergrund unterschiedlicher Werthaltungen und Einstellungen anzuregen, zur Klärung dieser Positionen und der damit verbundenen Implikationen beizutragen und so den Prozeß einer Konsensfindung über die künftige Ausgestaltung des Energieversorgungssystems zu unterstützen.

Um dieses Ziel zu erreichen, wurden im Rahmen dieses Projektes,

- Energiesysteme entworfen, die die Reduktionsziele erfüllen,
- Bereiche identifiziert, in denen Maßnahmen ergriffen werden müssen, um die Systeme zu realisieren, und
- die gesellschaftliche Diskussion durch Orientierung der Szenarien an Leitbildern berücksichtigt.

Bei dieser Vorgehensweise begründen sich die eingesetzten Techniken und die möglichen Maßnahmen in den betrachteten Szenarien aus den zugrunde gelegten gesellschaftlichen Leitbildern und der Entwurf der Energiesysteme folgt dem Muster gesellschaftlicher Entscheidungsprozesse. Mit Hilfe dieses Ansatzes sollte einerseits geklärt werden, ob die gesetzten Reduktionsziele für die Treibhausgasemissionen bei Ausgehen von unterschiedlichen gesellschaftlichen Leitideen erreichbar sind. Andererseits sollte anhand der erforderlichen Maßnahmen zur Realisierung der Energiesysteme deutlich werden, welche Hindernisse überwunden werden müssen, wenn die verschiedenen Energiesysteme – ausgehend vom heutigen Zustand und ausgehend von heutigen Verhaltensweisen – realisiert werden würden.

Die Orientierung der Szenarien an gesellschaftlichen Leitbildern stellt aus der Sicht der Akademie eine notwendige Basis dar, um sowohl die in den Leitbildern enthaltenen Prämissen als auch die Ergebnisse des Projektes mit unterschiedlichen gesellschaftlichen Gruppen diskutieren und so dem Diskursauftrag der Akademie gerecht werden zu können.

Dieser Auftrag der Akademie zum Führen wissenschaftlicher wie gesellschaftlicher Diskurse in Baden-Württemberg ist auch der wesentliche Grund, warum die Energiesysteme für Baden-Württemberg entworfen werden, obwohl das Energiesystem für Baden-Württemberg nicht isoliert betrachtet werden kann, und viele der erforderlichen Maßnahmen nicht allein in Baden-Württemberg oder ohne Abstimmung mit Bund und Europäischer Union umgesetzt werden können. Es ist aber davon auszugehen, daß die Grundaussagen der Ergebnisse nicht nur für Baden-Württemberg Geltung haben.

2.2 Projektdurchführung und Beteiligte

Projektablauf

Das Projekt *Klimaverträgliche Energieversorgung in Baden-Württemberg* wurde im Sommer 1993 mit einem Start-Workshop begonnen und wird voraussichtlich im Jahr 1996 abgeschlossen werden (Abb. 2.1).

In der ersten Projektphase wurden in einer Reihe von Gutachten die Daten für den zu erwartenden Bedarf an Energiedienstleistungen, für die voraussichtliche Verkehrsentwicklung und für den künftigen spezifischen Energiebedarf in der Wirtschaft sowie Informationen zu technologischen Optionen für die Endenergienutzung und die Deckung des Endenergiebedarfs und deren Potentiale erarbeitet. Diese Phase wurde im Januar 1994 abgeschlossen und die Ergebnisse in 19 Arbeitsberichten dokumentiert. Eine Zusammenfassung der erarbeiteten Ergebnisse liegt als Buch[23] vor.

In der zweiten Projektphase von Januar 1994 bis Juni 1995, über deren Ergebnisse im vorliegenden Band berichtet wird, wurden durch den Gutachterkreis aus der ersten Phase in mehreren Workshops alternative Szenarien für künftig mögliche Energiesysteme entwickelt. Die Entwicklung der Szenarien wurde durch einen Projektbeirat begleitet. Die zweite Projektphase wurde mit einer gemeinsamen Sitzung von Gutachtern und Projektbeirat am 2.6.1995 abgeschlossen.

---

[23] D. Schade (Hrsg.): Energiebedarf-Energiebereitstellung-Energienutzung / Möglichkeiten und Maßnahmen zur Verringerung der CO_2-Emission. Springer Verlag Heidelberg 1995

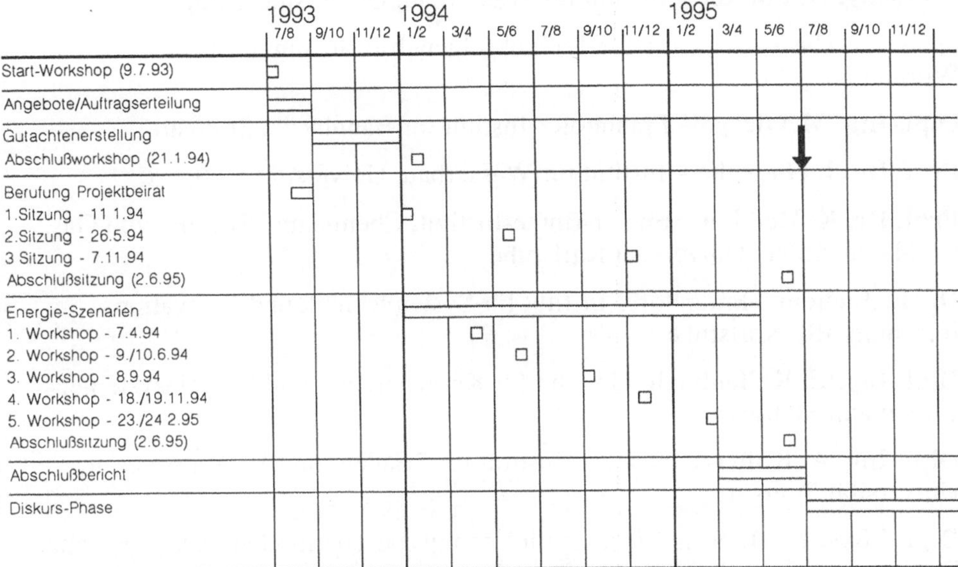

Abb. 2.1 Zeitlicher Ablauf des Projektes *Klimaverträgliche Energieversorgung in Baden-Württemberg*

Auf der Basis der Ergebnisse der zweiten Phase wird die Akademie einen strukturierten gesellschaftlichen Diskurs führen und dabei sowohl die Prämissen der Energieszenarien wie deren Ergebnisse mit unterschiedlichen Gruppen der Gesellschaft diskutieren.

Beteiligte am Enwurf der Szenarien

Dr. H.-W. Balandynowicz (zeitweise) – Institut für Energiewirtschaft und Rationelle Energieanwendung, Universität Stuttgart

Dipl.-Geogr. C. Bonhoff (zeitweise) – Institut für Energiewirtschaft und Rationelle Energieanwendung, Universität Stutgart

Prof. Dr. U. Essers – Institut für Verbrennungsmotoren und Kraftfahrwesen, Universität Stuttgart

Dr. U. Fahl – Institut für Energiewirtschaft und Rationelle Energieanwendung, Universität Stuttgart

Dipl.-Ing. R.-G. Fiedler – Institut für Verbrennungsmotoren und Kraftfahrwesen, Universität Stuttgart

Dr. H. Flaig – Akademie für Technikfolgenabschätzung in Baden-Württemberg, Stuttgart

Dipl.-Ing. G. Förster – Institut für Wasserbau, Universität Stuttgart

Dr. D. Garbe – Akademie für Technikfolgenabschätzung in Baden-Württemberg, Stuttgart

Dipl.-Ing. M. Gierga – Fraunhofer-Institut für Bauphysik, Stuttgart

Prof. Dr. J. Giesecke – Institut für Wasserbau, Universität Stuttgart

Prof. Dr. K. Hedden – Engler-Bunte-Institut, Chemie und Technik von Gas, Erdöl und Kohle, Universität Karlsruhe

Dr. E. Jochem – Fraunhofer-Institut für Systemtechnik und Innovationsforschung ISI, Karlsruhe

Dipl.-Ing. U. Kallenbach – Institut für Kernenergetik und Energiesysteme, Universität Stuttgart

Dipl.-Ing. A. Kolb (zeitweise) – Institut für Straßen- und Verkehrswesen, Universität Stuttgart

Dipl.-Phys. P.-M. Nast – Institut für Technische Thermodynamik, Deutsche Forschungsanstalt für Luft- und Raumfahrt, Stuttgart

Dr. H.-U. Nennen – Akademie für Technikfolgenabschätzung in Baden-Württemberg, Stuttgart

Dr. J. Nitsch (zeitweise) – Institut für Technische Thermodynamik, Deutsche Forschungsanstalt für Luft- und Raumfahrt, Stuttgart

Dipl.-Ing. W. Opper – Engler-Bunte-Institut, Chemie und Technik von Gas, Erdöl und Kohle, Universität Karlsruhe

Dipl.-Ing. W. Rüffler – Institut für Energiewirtschaft und Rationelle Energieanwendung, Universität Stuttgart

Dr. D. Schade – Akademie für Technikfolgenabschätzung in Baden-Württemberg, Stuttgart

Prof. Dr. A. Schatz – Institut für Kernenergetik und Energiesysteme, Universität Stuttgart

Dipl.-Ing. A. Schuler – Institut für Energiewirtschaft und Rationelle Energieanwendung, Universität Stuttgart

Dr. G. Schumm – Zentrum für Sonnenenergie- und Wasserstoff-Forschung, Stuttgart

Dipl.-Volksw. R. Sellnow – Stadtplaner und Moderator, Nürnberg

Dr. K. Sieger (zeitweise) – Institut für Thermische Strömungsmaschinen, Universität Karlsruhe

Dipl.-Wirtsch.-Ing. F. Staiß – Zentrum für Sonnenenergie- und Wasserstoff-Forschung, Stuttgart

Dipl.-Ing. R. Stricker (zeitweise) – Fraunhofer-Institut für Bauphysik, Stuttgart

Dr. W. Vogt (zeitweise) – Institut für Straßen- und Verkehrswesen, Universität Stuttgart

Prof. Dr. A. Voß – Institut für Energiewirtschaft und Rationelle Energieanwendung, Universität Stuttgart

Dipl.-Ing. M. Wacker – Institut für Straßen- und Verkehrswesen, Universität Stuttgart

Dr. W. Weimer – Akademie für Technikfolgenabschätzung in Baden-Württemberg, Stuttgart

Prof. Dr. S. Wittig – Institut für Thermische Strömungsmaschinen, Universität Karlsruhe

Projektbeirat

Dr. H. Bilger – Energieversorgung Schwaben EVS, Stuttgart

Dr. E. Glockner – Umweltministerium Baden-Württemberg, Stuttgart

Prof. Dr.-Ing. H.W. Grünling – ABB Kraftwerke AG, Mannheim

Dipl.-Ing. H. Hertle – ifeu GmbH, Heidelberg

Dr. P. Höflinger – Stuttgarter Straßenbahnen AG SSB, Stuttgart

Dipl.-Ing. U. Ilgemann – Öko-Institut, Freiburg

Dr. E. Kiener – Bundesamt für Energiewirtschaft, Bern

Dipl.-Volksw. J. Leßner – Gasversorgung Süddeutschland GVS GmbH, Stuttgart

Dipl.-Ing. K.-J. Linder, FICHTNER Beratende Ingenieure, Stuttgart

S. Rettich – Stadtwerksdirektor a.D., Dietingen (zeitweise)

MinDirig J.R. Wennrich – Wirtschaftsministerium Baden-Württemberg, Stuttgart

Das Entwerfen der Energie-Szenarien

Die im Rahmen des Projektes *Klimaverträgliche Energieversorgung in Baden-Württemberg* entworfenen, unterschiedlichen Energiesysteme sollen Bilder bzw. Szenarien künftiger Zustände beschreiben, die aus heutiger Sicht realisierbar wären, wenn bestimmten gesellschaftlichen Zielvorstellungen konsequent gefolgt werden würde. Diese Zielvorstellungen lassen sich nur teilweise quantifizieren und sind zu einem erheblichen Teil nur qualitativ beschreibbar. Dementsprechend lassen sich Zukunfts-Szenarien aus diesen Zielen nicht algorithmisch berechnen; sie müssen vielmehr argumentativ entwickelt werden. Methodisch bildet daher ein intensiver Kommunikationsprozeß zwischen den Beteiligten das zentrale Element des Szenario-Entwurfs. Dieser Kommunikationsprozeß umfaßt den wissenschaftlichen Diskurs über Sachfragen und Wissensbestände ebenso wie die Bewertung von Techniken oder Maßnahmen im Hinblick auf die Zielsetzung und vor dem Hintergrund der zugrunde gelegten Leitbilder.

Bei dieser Vorgehensweise entwickeln sich die Szenarien aus einer Vielzahl von Einzeldaten, die von den Beteiligten begründet und im gemeinsamen Diskussionsprozeß gesetzt werden. Sie entstehen nicht als geschlossenes und z.B. mit Hilfe eines mathematischen Algorithmus optimierten Gesamtsystems.

Im Mittelpunkt dieses Kommunikationsprozesses standen fünf, überwiegend zweitätige Arbeits-Workshops und ein gemeinsamer Abschluß-Workshop mit dem Projektbeirat. In den fünf Arbeits-Workshops wurden die Szenarien – nach der Festlegung von szenarioinvarianten Rahmendaten – schrittweise entwickelt. Zunächst wurden die Nachfrage nach Energiedienstleistungen in den Sektoren Haushalte und Verkehr und daraus über die genutzten Techniken der Endenergiebedarf in diesen Sektoren festgelegt. Der Endenergiebedarf in den Sektoren Industrie und Kleinverbraucher wurde mittels Annahmen über spezifische Energieverbräuche bestimmt. Danach wurden die Struktur im Umwandlungsbereich über die einzusetzenden regenerativen, fossilen, nuklearen Energieträger, den Umfang der Kraft-Wärme-Kopplung, die Energieträgerstrukturen für die Raumwärme- und Warmwasserbereitstellung und über die Brennstoffstrukturen in der Industrie bzw. beim Kleinverbrauch so festgelegt, daß der Endenergiebedarf durch die verfügbaren Primärenergieträger gedeckt werden kann.

Die einzelnen Workshops wurden vom Bereich Diskurs und Öffentlichkeitsarbeit der Akademie organisatorisch vorbereitet und moderiert. Die jeweiligen Zwischenergebnisse wurden von der Akademie in Protokollen festgehalten und in synoptischen Darstellungen so aufbereitet, daß sie als Grundlage für die weitere Diskussion dienen konnten.

Wichtig für das Gelingen eines derartigen kommunikativen Szenario-Prozesses ist, daß alle Beteiligten an allen Diskussionen teilnehmen, weil einerseits themenbezogene Argumente nur in bestimmten Phasen der Projektarbeit eingebracht und berücksichtigt und weil andererseits die vorgetragenen Argumentationen über Protokolle oder andere schriftliche Unterlagen nur unvollkommen vermittelt werden können. Im Rahmen dieses Projektes konnte diese Bedingung nicht vollständig erfüllt werden. Wie die Erfahrung gezeigt hat, führen das Fehlen bei einzelnen Diskussionen oder auch Vertretungen durch Mitarbeiter dazu, daß einzelne Diskussionen häufiger wiederholt werden müssen und so der Gesamtprozeß – der in der Regel ja zeitlich begrenzt sein muß – weniger effizient ist als er sein könnte.

Grundlage für die Entwicklung der Szenarien bildete die in der ersten Projektphase erarbeitete Datenbasis[24]. Darüber hinaus erwies es sich als erforderlich, einzelne Fragestellungen zwischen den Workshops vertieft zu behandeln und z.B. die Daten zum Verkehr[25], zu den Stromgestehungskosten der Kernenergie[26] und zu den spezifischen Energieverbräuchen in der Industrie[27] in Abstimmung mit den Diskussionen in den Workshops zu detaillieren oder fortzuschreiben.

Da das Energieversorgungssystem ein komplexes System vieler miteinander verknüpfter und voneinander abhängiger Komponenten darstellt, kann ein derartiger Diskussionsprozeß allein nicht sicherstellen, daß die so entworfenen Szenarien in sich schlüssig und konsistent sind. Der Kommunikationsprozeß in den Workshops wurde daher durch Simualtionsrechnungen[28] begleitet und kontrolliert. Die Rechnungen wurden mit Hilfe des Energiemodells EFOM-ENV im Institut für Energiewirtschaft und Rationelle Energieanwendung, Universität Stuttgart, durchgeführt. Das Modell ermöglichte z.B. die Verträglichkeit von Lastgängen und Leistungsangebot im Umwandlungssektor oder die Realisierbarkeit der im Workshop-Prozeß angesetzten Entwicklungen der spezifischen Wohnflächen zu überprüfen, die Gleicheit von Raumwärmebedarf und Wärmeangebot durch die unterschiedlichen eingesetzten Techniken sicherzustellen oder die Deckung der Endenergienachfrage durch die im Umwandlungsbereich eingesetzten Techniken nach Art und Umfang zu gewährleisten.

Die parallel zum Diskussionsprozeß in den Workshops durchgeführten Rechnungen führten dazu, daß in einigen Fällen die Setzungen leicht modifiziert werden mußten, um die Systemkonsistenz herzustellen. In keinem Fall waren jedoch Änderungen erforderlich, die den Charakter des Szenarios substantiell tangiert hätten. Auch hier wurde die aus ähnlichen Szenario-Prozessen vorliegende Erfahrung bestätigt, daß Experten vor ihrem Erfahrungshintergrund in der Lage sind, die Wirkung einzelner Komponenten in komplexen Systemzusammenhängen sehr zuverlässig abzuschätzen.

Die durchgeführten Simulationsrechnungen hatten neben der Konsistenzüberprüfung noch die Funktion, die Komponenten, die im Diskussionsprozeß

---

24 D. Schade (Hrsg.): Energiebedarf-Energiebereitstellung-Energienutzung / Möglichkeiten und Maßnahmen zur Verringerung der CO_2-Emission. Springer Verlag Heidelberg 1995

25 Federführung: Institut für Straßen- und Verkehrswesen, Universität Stuttgart (Dipl.-Ing. M. Wacker)

26 Institut für Kernenergetik und Energiesysteme, Universität Stuttgart (Dipl.-Ing. U. Kallenbach)

27 Fraunhofer-Institut für Systemtechnik und Innovationsforschung, Karlsruhe (Dr. E.Jochem)

28 Teilprojekt „Szenariorechnungen", gefördert von der Stiftung Energieforschung Baden-Württemberg

nicht festgelegt waren, zu ergänzen und so auch die Vollständigkeit der beschriebenen Energiesysteme sicherzustellen, und die quantitativen Ergebnisse zu liefern, die zur Beschreibung der Energiesysteme und Konsequenzen für End- und Primärenergieverbrauch sowie für die Angabe von CO_2-Emissionen erforderlich sind.

Dieser Prozeß der Szenario-Entwicklung wurde durch den Projektbeirat begleitet, der in drei Arbeits-Workshops zu den jeweils vorliegenden Zwischenergebnissen Stellung nahm, Fragen formulierte oder Anregungen für die nächsten Arbeitsschritte gab. Die Kommunikation zwischen dem Projektbeirat und den am Szenario-Prozeß Beteiligten wurde von der Akademie vermittelt. Die von seiten des Projektbeirates gegebenen Hinweise haben die Szenarien und die ihnen zugrundeliegenden Begründungen und Argumentationen in einzelnen wichtigen Punkten beeinflußt und auch geändert und waren vor allem für die Akademie eine wichtige Hilfe für die Moderation des Gesamtprozesses.

Trotz dieses positiven Beitrages des Projektbeirates zum Gesamtergebnis hat die Erfahrung aus diesem Projekt gezeigt, daß die Einbindung eines Beirates in einen derartigen Szenario-Prozeß mit dem hier gewählten Verfahren noch nicht als befriedigend gelöst betrachtet werden kann.

Bei der hier durchgeführten diskursiven Entwicklung der Szenarien fließen die erarbeiteten Grundlagen aus der ersten Projektphase, das Wissen und die Erfahrungen der Beteiligten, aber auch deren Einschätzungen und Bewertungen der Techniken vor dem Hintergrund der jeweiligen Leitbilder ein. Bei dieser von qualitativen Argumenten bestimmten Vorgehensweise, ergeben sich Energiesysteme, die unter zusätzlichen Einzelaspekten nicht notwendigerweise optimal sind. Das Erreichen der Reduktionsziele für die CO_2-Emissionen bedeutet nicht, daß gleichzeitig z.B. auch ein minimaler Energieverbrauch, minimale Kosten oder minimale Schadstoffemissionen erreicht werden. Wenn diese Ziele zusätzlich angestrebt werden sollen, dann müssen die erhaltenen Szenarien in einem erweiterten oder neuen Szenario-Prozeß entsprechend abgewandelt und neu entworfen werden.

3. Entwurf der Szenarien

Das heute vorhandene Energieversorgungssystem in Baden-Württemberg hat sich über einen langen Zeitraum in einem ständigen Wandlungsprozeß entwikkelt. Dieser Wandlungsprozeß ist das Ergebnis zahlreicher Maßnahmen und Eingriffe, die von der Politik, der Wirtschaft oder anderen Akteuren zu unterschiedlichen Zeitpunkten ergriffen bzw. vorgenommen wurden, um das jeweils existierende System zu verbessern und weiter zu entwickeln. Dieses heute gegebene Energiesystem stellt den Ausgangspunkt für künftige Änderungen und Umgestaltungen dar und begrenzt gleichzeitig über die existierenden Eingriffsmöglichkeiten die Gestaltungsspielräume.

Entscheidungen für bestimmte Maßnahmen zur Änderung, Weiterentwicklung oder Ausgestaltung des Energieversorgungssystems werden zu jedem Zeitpunkt von zahlreichen unterschiedlichen Erwägungen beeinflußt. Die gegebenen oder erwarteten wirtschaftlichen und politischen Rahmenbedingungen beeinflussen die Entscheidungen ebenso wie die technischen Potentiale und Möglichkeiten. Eine wichtige Rolle spielen aber immer auch die vorherrschenden allgemeinen politischen und gesellschaftlichen Zielvorstellungen von den notwendigen oder wünschenswerten Zukunftsentwicklungen insgesamt. Die Wettbewerbsfähigkeit der Industrie, die europäische und internationale Zusammenarbeit, der Umweltschutz, der Erhalt von Arbeitsplätzen – etwa im Kohlebergbau – oder Aspekte der Regionalpolitik werden bei energiepolitischen Entscheidungen mit berücksichtigt und beeinflussen das Energiesystem. Fragen der künftigen Energieversorgung können damit nicht losgelöst von der generellen gesellschaftlichen Debatte um die Gestaltung der Zukunft insgesamt betrachtet werden. Änderungen im Energiesystem haben Auswirkungen auf die Entwicklung der Gesellschaft, und sie können auch gewollt sein, um gewünschte gesellschaftliche Entwicklungen zu erreichen oder zu unterstützen. Der Entwurf von Szenarien – als Bilder künftig möglicher Energiesysteme – muß also die heute miteinander konkurrierenden gesellschaftlichen Ziele berücksichtigen, wenn damit ein Beitrag zur Klärung offener Fragen oder unterschiedlicher Positionen in der gegenwärtigen Energiediskussion geleistet werden soll.

Der Energiebedarf, die notwendige Energieversorgung und die damit verbundenen CO_2-Emissionen sind durch die Gesamtnachfrage nach Gütern und Dienstleistungen bestimmt, die ihrerseits maßgeblich durch die Größe der Bevölkerungszahl, die Wirtschaftsentwicklung und die Entwicklung der Energieträgerpreise beeinflußt werden. Alle diese Größen lassen sich über einen längeren Zeitraum nicht voraussagen. Für die Betrachtung künftig möglicher Energiesysteme müssen daher hierzu Annahmen getroffen werden, die dann zwar eine vergleichende Betrachtung alternativer Entwicklungspfade in die Zukunft zulassen, die aber dazu führen, daß die entworfenen Szenarien nicht als Prognose der künftigen Entwicklung gedeutet werden dürfen.

3.1 Energiesystem und Eingriffsmöglichkeiten

Im Jahr 1991 betrug der Primärenergiebedarf in Baden-Württemberg rd. 1.500 PJ (Abb. 3.1.1); er beruhte zu rd. 73 % auf fossilen Energieträgern (Mineralöl, Erdgas, Kohlen und Sonstige), zu rd. 21 % auf Kernenergie und nur zu geringen Anteilen (3,6 %) auf erneuerbaren Energieträgern (Wasserkraft, Holz, Müll, Klärgas), bei denen die Wasserkraft mit rd. 2,4 % die größte Rolle spielt.

Nach Abzug des nicht-energetischen Verbrauchs und unter Berücksichtigung von Verlusten und Eigenbedarf im Umwandlungsbereich stehen rund 70 % der eingesetzten Primärenergie als Endenergie zur Verfügung. Der Anteil der Fernwärme am Endenergieverbrauch ist mit rd. 3 % nur gering; sie wird zu 80 % auf der Basis der Kraft-Wärme-Kopplung erzeugt, und ihre Nutzung konzentriert

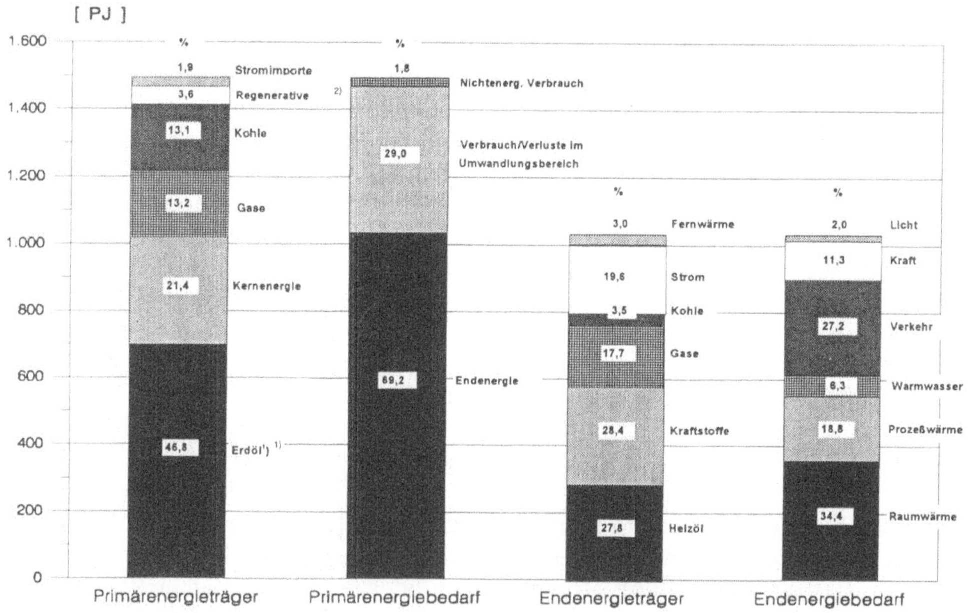

Abb. 3.1.1 Energieverbrauch und Energienutzung in Baden-Württemberg im Jahr 1991[1]

[1] Energiebericht '92, Wirtschaftsministerium Baden-Württemberg / eig. Berechnungen

sich auf Ballungsräume. Ebenso ist der Anteil von Kohle klein. Rund 20 % des Endenergieverbrauchs entfallen auf Strom, der zu über 50 % aus Kernenergie gewonnen wird und für dessen Erzeugung im Jahr 1991 in den Kraftwerken in Baden-Württemberg eine Netto-Engpaßleistung von rd. 14,3 GW zur Verfügung stand. Darin sind etwa 300 Blockheizkraftwerke mit einer elektrischen Leistung von 120 MW enthalten. Mit rd. 74 % haben Gase und Mineralölprodukte den größten Anteil am Endenergieverbrauch. Insgesamt haben die für die CO_2-Freisetzung relevanten fossilen Energieträger einen Anteil von rd. 77 %.

Die zur Verfügung stehende Endenergie wird zu rd. 40 % zur Erzeugung von Wärme auf niedrigem Temperaturniveau (Warmwasserbereitung und Raumheizung) genutzt; rd. 19 % werden zur Erzeugung von Wärme höherer Temperatur (Prozeßwärme) verbraucht, und rd. 13 % der benötigten Nutzenergie (Licht und Kraft) erfordern Strom als Endenergie. Mehr als ein Viertel des Endenergiebedarfs entfällt auf den Verkehrssektor und wird im wesentlichen in der Form von Kraftstoffen nachgefragt.

Der bereitgestellte Strom wird überwiegend für die Erzeugung von Kraft, Prozeßwärme und Licht verwendet, aber zu rd. 20 % auch zur Erzeugung von Niedertemperaturwärme (Warmwasserbereitung und Raumheizung).

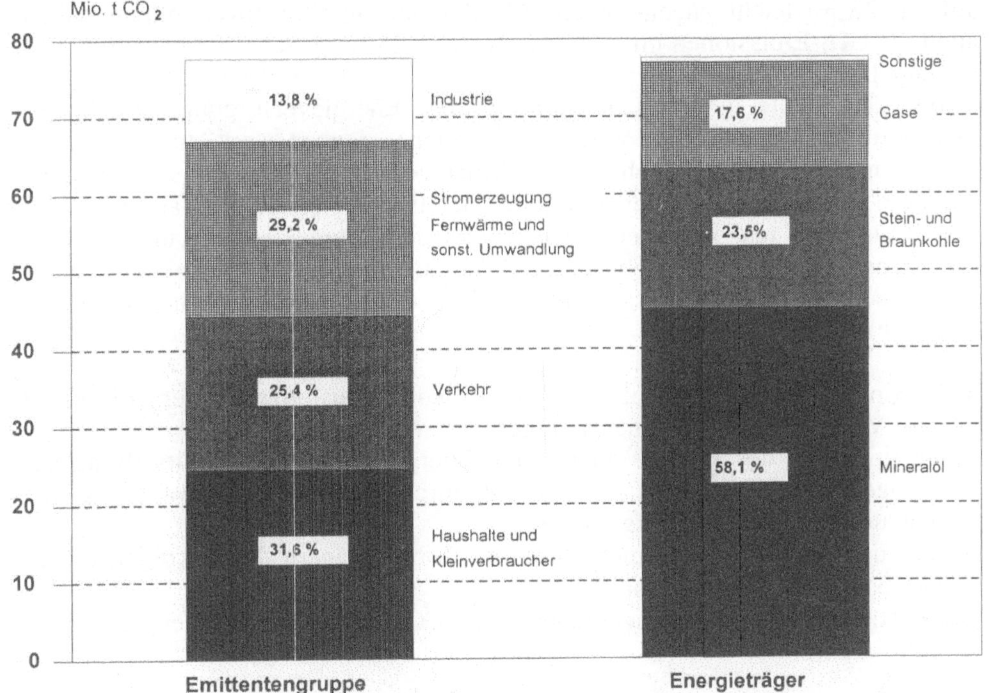

Abb. 3.1.2 Energiebedingte CO_2-Emissionen in Baden-Württemberg im Jahr 1991[2]

[2] Energiebericht '92, Wirtschaftsministerium Baden-Württemberg

Die CO_2-Emissionen folgen in der zeitlichen Entwicklung qualitativ dem Primärenergieverbrauch, sie verharren aber während der letzten rund 20 Jahre auf etwa gleichem Niveau; die leichte Zunahme des Energieverbrauchs wird bei den CO_2-Emissionen durch den Rückgang des Mineralölverbrauchs und den verstärkten Einsatz der Kernenergie kompensiert.

Die energiebedingten CO_2-Emissionen in Baden-Württemberg entstammten 1991 überwiegend der Nutzung von Mineralölprodukten (rd. 58 %), zu etwa einem Viertel der Verbrennung von Kohlen (rd. 24 %) und zu rd. 18 % dem Verbrauch von Gasen. (Abb. 3.1.2). Alle Verbrauchssektoren und der Umwandlungsbereich tragen mit nennenswerten Anteilen zur CO_2-Emission bei; im Jahr 1991 werden rd. 25 % vom Verkehr und rd. 30 % im Umwandlungsbereich verursacht.

Bedingt durch die Änderungen in der Energieverbrauchsstruktur haben sich aber die Anteile der Emittentengruppen an der CO_2-Emission während der letzten rd. 20 Jahre verschoben. Der Anteil der Sektoren Haushalte und Kleinverbraucher hat sich von etwa 36 % im Jahr 1973 auf etwa 31 % im Jahr 1991 verringert und der des Sektors Industrie von ca. 19 % auf ca. 14 %. Die CO_2-Emissionen beider Bereiche haben in diesem Zeitraum auch absolut abgenommen. Die CO_2-Emission in der Stromerzeugung hat von 1973 bis 1991 aufgrund des gewachsenen Kohleeinsatzes sowohl absolut als auch anteilig (von ca. 22 % auf ca. 23 %) leicht zugenommen. Absolut und anteilig zugenommen haben auch die CO_2-Emissionen im Verkehr – von rd. 18 % im Jahr 1973 auf rd. 25 % im Jahr 1991.[3]

Bei der heute gegebenen Struktur der Energieversorgung in Baden-Württemberg tragen alle Verbrauchsbereiche nennenswert zu den CO_2-Emissionen bei, und Maßnahmen zur Verringerung der CO_2-Emissionen müssen dementsprechend in allen Bereichen der Energieverwendung ansetzen: bei den Haushalten und Kleinverbrauchern, bei der Stromerzeugung und im Umwandlungsbereich, im Verkehr und in der Industrie. Für eine Verminderung der energiebedingten CO_2-Emissionen bestehen dabei prinzipiell die folgenden Möglichkeiten:

- Verringerung der Nachfrage nach Energiedienstleistungen, sofern diese mit dem Verbrauch fossiler Energieträger verbunden sind,
- Verringerung des Bedarfs an fossilen Energieträgern zur Bereitstellung der nachgefragten Energiedienstleistungen durch effizientere Umwandlung und Nutzung der fossilen Energieträger,
- Substitution kohlenstoffreicher fossiler Energieträgern durch kohlenstoffarme fossile Energieträger und
- Substitution fossiler Energieträger durch CO_2-freie Energieträger oder Energieformen.

---

[3] Energiebericht '92, Wirtschaftsministerium Baden-Württemberg

Wenn man die Nachfrage nach Energiedienstleistungen und Gütern sowie das Nutzungsverhalten zunächst nicht in Frage stellt, dann ergeben sich daraus die folgenden Möglichkeiten für eine Verminderung der CO_2-Emissionen:

- bei den **Haushalten und Kleinverbrauchern**
  - Verringerung des Nutzenergiebedarfs für die Raumheizung durch Senkung des spezifischen Heizenergiebedarfs;
  - Deckung des Wärmebedarfs durch Brennstoffe mit geringeren spezifischen CO_2-Emissionen (vor allem Erdgas) oder den Einsatz von Fernwärme, regenerativen Energien oder CO_2-frei erzeugtem Strom;
  - Erhöhung der Effizienz der Heizanlagen;
  - Verringerung des Strombedarfs in den Haushalten durch rationelle Energienutzung, sofern die Stromerzeugung überwiegend oder vollständig auf der Nutzung fossiler Energieträger beruht;
  - Verringerung des Gerätestrom-, Warmwasser- und Prozeßenergiebedarfs bei den Kleinverbrauchern;
- bei der **Stromerzeugung und im Umwandlungsbereich**
  - Substitution fossiler Energieträger durch regenerative Energieformen oder Kernenergie;
  - Ersatz von fossilen Energieträgern mit hoher spezifischer CO_2-Emission (vor allem Kohle) durch solche mit niedriger spezifischer CO_2-Emission (vor allem Erdgas);
  - Verringerung der Verluste im Umwandlungsbereich durch Erhöhung der Wirkungsgrade und Nutzungsgrade bei der Wandlung fossiler Energieträger;
  - Bereitstellen von Fern- und Nahwärme durch den Ausbau der Kraft-Wärme-Kopplung;
- im **Verkehr**
  - Verringerung des Energiebedarfs für den Verkehr durch Erhöhen der Energieeffizienz der Verkehrsmittel, vor allem der Kraftfahrzeuge;
- in der **Industrie**
  - Verringerung des Energiebedarfs für die Raumheizung durch Senkung des spezifischen Wärmebedarfs durch Vermeiden von Lüftungs- und Wärmeverlusten;
  - Verminderung des spezifischen Energiebedarfs in der Produktion durch Vermeidung von Verlusten, verstärkte Automation, Prozeßsubstitutionen, verstärktes Recycling energieintensiver Produkte und organisatorische Maßnahmen;
  - Deckung des Brennstoffbedarfs durch Energieträger mit geringen spezifischen CO_2-Emissionen;
  - Ausbau der industriellen Kraft-Wärme-Kopplung.

Absolut ist der Primärenergiebedarf in Baden-Württemberg in den letzten rund 20 Jahren von 1973 bis 1991 um durchschnittlich 1 % pro Jahr und in den letzten 10 Jahren um rd. 1,5 % pro Jahr gewachsen. Dieses Wachstum war vor allem durch die Bevölkerungs- und Wirtschaftsentwicklung bedingt. Da während des Zeitraumes von 1973 bis 1991 das reale Brutto-Inlandsprodukt in Baden-Württemberg um durchschnittlich 2,7 % pro Jahr gewachsen ist, hat sich der Primärenergiebedarf, bezogen auf die Einheit des Inlandsproduktes, während dieser Zeit kontinuierlich verringert. Auch der Endenergieverbrauch ist im Zeitraum von 1973 bis 1991 geringer angewachsen (um durchschnittlich 0,8 % pro Jahr) als das Brutto-Inlandsprodukt, so daß sich auch der Endenergieverbrauch, bezogen auf das Brutto-Inlandsprodukt, in diesem Zeitraum stetig verringert hat.[4]

Die Anstrengungen zur rationellen Verwendung und Einsparung von Energie und ein verstärkter Stromeinsatz haben im Zeitraum von 1973 bis 1990 dazu geführt, daß der Endenergiebedarf an Brennstoffen in der Industrie – bezogen auf den Netto-Produktionswert – um durchschnittlich 3,3 % pro Jahr und der Endenergieverbrauch zur Raumwärmeerzeugung – bezogen auf die Wohnfläche – um durchschnittlich 0,7 % pro Jahr abgenommen haben. Auch der spezifische Energieverbrauch der Kraftfahrzeuge ist in diesem Zeitraum um 0,3 % pro Jahr gesunken.[4]

Es ist also davon auszugehen, daß die unter den jeweiligen Rahmenbedingungen einzelwirtschaftlich möglichen Energieeinsparungen zu einem großen Teil kontinuierlich umgesetzt wurden.

Anders als der gesamte Endenergieverbrauch stieg der Stromverbrauch während der letzten 10 Jahre im wesentlichen parallel mit dem Wachstum des Inlandsproduktes an; der Brutto-Stromverbrauch, bezogen auf das Brutto-Inlandsprodukt, hat sich von 1973 bis 1991 stetig vergrößert. Auch der spezifische Stromverbrauch hat in diesem Zeitraum zugenommen: in der Industrie bezogen auf den Nettoproduktionswert um durchschnittlich 0,3 % pro Jahr, im Sektor Kleinverbraucher bezogen auf die Bruttowertschöpfung um 1,4 % pro Jahr und im Sektor Haushalte bezogen auf die Haushalte um durchschnittlich 2,6 % pro Jahr. Für die Zukunft wird generell ein Anhalten dieses Trends erwartet.

Im Zeitraum der letzten rund 20 Jahre hat sich außerdem die Struktur der Primärenergieträger deutlich geändert: der Verbrauch an Mineralöl hat absolut und anteilig kontinuierlich abgenommen, die Nutzung von Kernenergie, Erdgas und Kohlen hat absolut und anteilig stetig zugenommen, und die Nutzung der Wasserkraft hat sich absolut leicht erhöht, wobei ihr Anteil im wesentlichen gleich geblieben ist. Bei den Endenergieformen bzw. Endenergieträgern hat sich während dieser Zeit der Verbrauch von Mineralölprodukten und Kohle absolut und anteilig verringert, während die Verbräuche von Strom, Erdgas und Fernwärme absolut und anteilig zugenommen haben. Ein Teil der möglichen Substi-

---

[4] Energiebericht '92, Wirtschaftsministerium Baden-Württemberg

tution von Energieträgern mit hoher spezifischer CO_2-Emission hat damit ebenfalls bereits in der Vergangenheit stattgefunden.

Vor diesem Hintergrund sind die möglichen Beiträge der verschiedenen Maßnahmenbereiche zur Verringerung der CO_2-Emissionen unterschiedlich groß. Bei der Einleitung von Schritten zur Umgestaltung des vorhandenen Energiesystems ist außerdem zu berücksichtigen, daß die Umsetzung von Maßnahmen unterschiedliche Zeiträume bzw. Mittel erfordert. Eine grobe Abschätzung der Minderungs-Potentiale für die wichtigsten Maßnahmenbereiche und des Zeitbedarfs bzw. Mittelaufwandes, die für deren Umsetzung erforderlich ist, zeigt, daß der Substitution von Kohle im Umwandlungsbereich, Maßnahmen zur Verringerung des Nutzenergiebedarfs im Raumwärmebereich und der Senkung des Energiebedarfs im Verkehr eine besondere Bedeutung zukommen. Für die Entwicklung der Szenarien wurden aber alle möglichen Maßnahmenbereiche in Betracht gezogen.

Tendenziell sind die Eingriffsmöglichkeiten mit hohem CO_2-Minderungspotential mit hohem zeitlichen oder finanziellen Aufwand oder – wie die Substitution von Kohle bei der Stromerzeugung – durch politische Vorgaben begrenzt.

Die bisher genannten Möglichkeiten zur Verringerung der CO_2-Emissionen in den Sektoren Haushalte, Kleinverbraucher und Verkehr zielen auf die Verringerung des Energiebedarfs im Endnutzerbereich (Haushaltsgeräte, Raumwärme, Verkehrsmittel und spezifische Verbräuche bei den Kleinverbrauchern und in der Industrie) sowie auf Effizienzverbesserungen und Energieträgersubstitutionen.

Für den Szenario-Prozeß ist es erforderlich, einerseits aus diesen gegebenen Möglichkeiten zur Änderung des vorhandenen Energiesystems diejenigen auszuwählen, die zu dem anzustrebenden künftigen System hinführen können, und andererseits dieses künftige System so detailliert zu beschreiben, daß dessen CO_2-Emissionen berechenbar werden.

Grundlage dafür bildet das Energiesystem, das schematisch in Abb. 3.1.3 dargestellt ist. Die betrachteten Varianten des künftigen Energieversorgungssystems erfassen dabei den eingerahmten Bereich: „Energiebedarf und Energieversorgung". Von den Einflußgrößen, die auf dieses Energiesystem im engeren Sinne wirken, werden die Bevölkerungsentwicklung, die Wirtschaftsentwicklung und die Entwicklung Energiepreise für alle Szenarien gleich angenommen und die entsprechenden Kenndaten als szenarioinvariante Größen behandelt.

Da Einstellungen und Verhalten sich mit der Veränderungen gesellschaftlicher Zielvorstellungen ändern und diese Zielvorstellungen beim Entwerfen der Szenarien berücksichtigt werden sollen, wird bei den betrachteten Szenarien von unterschiedlichen Annahmen über Verhalten und Einstellungen ausgegangen: Die Nachfrage nach Energiedienstleistungen und Gütern kann sich in den einzelnen Szenarien verschieden und in allen Szenarien abweichend von einer Fortschreibung des Vergangenheitstrends entwickeln. Ergänzend zu oder kon-

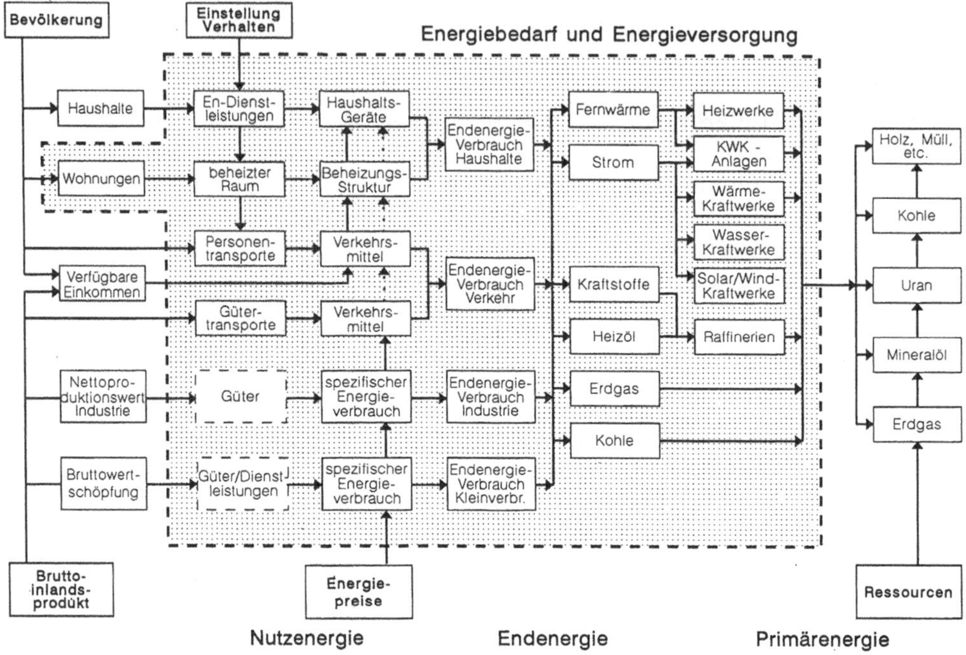

Abb. 3.1.3 Schema des Energieversorgungssystems und seiner Einflußgrößen

kurrierend mit den Maßnahmen zur Verringerung des Energiebedarfs in den Wirtschaftssektoren und zur Substitution von Energieträgern können so bei der Konzeption der Szenarien auch geeignete Maßnahmen zur Beeinflussung der verhaltensbedingten Nachfrage nach Energiedienstleistungen und Gütern vorgesehen werden.

Verhaltensänderungen wirken sich unmittelbar auf den Energiebedarf aus, und sie stellen vor allem bei der Nachfrage nach Raumwärme und nach Verkehrsleistungen ein prinzipiell großes Potential für die Verringerung der CO_2-Emissionen dar.

Der Entwurf der unterschiedlichen Energiesysteme beginnt dementsprechend jeweils mit der Projektion der Nachfrage nach Energiedienstleistungen und Gütern bzw. dem Nutzenergiebedarf, der zu deren Befriedigung erforderlich ist. Im zweiten Schritt werden die Techniken – Geräte, Anlagen, Maschinen – betrachtet, mit deren Hilfe die Nutzenergie bereitgestellt wird und die ihrerseits den Endenergiebedarf in seiner Größe und in der Art der benötigten Energieformen oder Energieträger festlegen. Der so bestimmte Endenergiebedarf muß dann im dritten Schritt vom Umwandlungsbereich aus den zur Verfügung stehenden Primärenergieformen und -trägern gedeckt werden.

Zur Bestimmung des Nutzenergiebedarfs im ersten Schritt wurde in der skizzierten Weise bei den Haushalten, bei der Raumheizung und im Verkehr vorgegangen. Ausgangspunkte waren hier die Nachfrage nach Energiedienstleistungen der Haushalte, die beheizten Gebäudeflächen und die Nachfrage nach Transporten. Im gewerblichen Bereich war diese Vorgehensweise nicht in entsprechender Form möglich, da sie eine detaillierte Untersuchung aller relevanten Branchen des Industrie-Sektors und eine Aufschlüsselung des Sektors Kleinverbraucher erfordert hätte, die im Rahmen des Projektes nicht geleistet werden konnte und für die z.T. auch tragfähige Daten fehlen. Hilfsweise wurde hier direkt der Endenergiebedarf über spezifische Kenngrößen in Abhängigkeit von der Wirtschaftstätigkeit der Branchen bestimmt: für die einzelnen Sektoren des Kleinverbrauchs wurden die Werte der Bruttowertschöpfung und die Anzahl der Erwerbstätigen und im Sektor Industrie der Nettoproduktionswert der einzelnen Industriebranchen als energiebedarfsbestimmende Größen verwendet.

Mit diesen Randbedingungen und unter Berücksichtigung der skizzierten prinzipiellen Eingriffsmöglichkeiten wurden für den Szenario-Prozeß die folgenden Maßnahmenbereiche und Kenndaten als Ansatzpunkte ausgewählt, mit deren Hilfe die künftige Entwicklung des Energiesystems beeinflußt und im Sinne der jeweiligen Szenarien umgelenkt werden könnte. Dabei werden aber die einzelnen Maßnahmen für die verschiedenen Szenarien nicht gleichmäßig genutzt, sondern vor dem Hintergrund der zugrundeliegenden Leitbilder unterschiedlich bewertet und entsprechend unterschiedlich eingesetzt.

- **Beeinflussung der Nachfrage nach Energiedienstleistungen und Gütern:**
  beheizte Wohnfläche pro Kopf, beheizte Gewerbefläche pro Erwerbstätigem,
  Nutzung von Haushaltsgeräten (Energiedienstleistungen, Ausstattung mit Haushaltsgeräten),
  Warmwasserbedarf der Haushalte und Kleinverbraucher,
  Mobilität im Personenverkehr (Zahl der Wege, Weglänge),
  Nutzung von Personenverkehrsmitteln (Fahrzeuggröße von Pkw, Besetzungsgrad, modal-split,),
  Aufkommen im Straßengüterverkehr (Gütermenge, modal-split),
- **Verbesserung oder Änderung der verwendeten Techniken zur Deckung des Nutzenergiebedarfs bei den Endverbrauchern:**
  spezifischer Heizenergiebedarf im Wohngebäudebereich,
  Beheizungsstruktur (Technik, Jahresnutzungsgrade),
  spezifischer Energieverbrauch der Verkehrsmittel,
  spezifischer Energie- und Stromverbrauch in den Sektoren Industrie und Kleinverbraucher.

- **Verbesserung der Techniken im Umwandlungsbereich bzw. der Einsatz von Primärenergieformen mit geringeren CO_2-Emissionen:**
  verstärkter Einsatz von Erdgas zur Substitution von Kohle und Erdöl,
  Wirkungsgradverbesserungen bei der Stromerzeugung aus fossilen Energieträgern,
  Nutzung der Kraft-Wärme-Kopplung und von Nah- und Fernwärme-Versorgungssystemen,
  Kernenergienutzung,
  Nutzung regenerativer Energiequellen (Wasserkraft, Biomasse, Windenergie, solare Wärme- und Stromerzeugung).

3.2 Reduktionsziele und Leitbilder für die Entwicklung der Szenarien

Mit den gegebenen Möglichkeiten zur Umgestaltung des vorhandenen Energiesystems lassen sich Bilder oder Szenarien künftiger Systeme in großer Vielfalt konzipieren, auch dann, wenn extreme oder aus heutiger Sicht utopische Entwicklungen nicht betrachtet werden. Der Entwurf eines Szenarios als möglicher oder erwünschter Zustand in der Zukunft ist zwar durch die heute gegebene Ausgangssituation und die erkennbaren ökonomischen und technischen Handlungsmöglichkeiten begrenzt und damit nicht beliebig, aber insgesamt doch willkürlich, da aus der denkbaren Vielfalt, z.B. der zukünftigen Energiesysteme für Baden-Württemberg, jeweils ein spezielles System herausgegriffen wird. Daraus folgt unmittelbar, daß derartige Szenarien keine Prognose der zu erwartenden Zukunftsentwicklung darstellen. Das Konzept der Szenario-Entwicklung greift vielmehr die Erfahrung auf, daß Zukunftsentwicklungen nicht voraussagbar sind und sich auch nicht zwangsläufig ergeben, sondern zu einem großen Teil das Ergebnis gestaltender Eingriffe – manchmal auch unterlassener Ein-

Grundannahmen für die Szenario-Entwicklung:

- Alle betrachteten Energiesysteme sollen die gleichen CO_2-Emissionen erreichen bzw. zu gleichen CO_2-Reduktionen führen,
- die betrachteten Energiesysteme müssen aus heutiger Sicht und mit angebbaren Maßnahmen im zugrunde gelegten Zeitrahmen prinzipiell realisierbar sein,
- die Szenarien sollen einen Beitrag zur energiepolitischen Diskussion liefern und sich damit an bestehenden gesellschaftlichen Zielvorstellungen orientieren,
- die Zahl der zu untersuchenden Alternativen soll – vor allem aus Gründen der verfügbaren Ressourcen im Rahmen des Projektes – nur klein sein.

griffe – durch die jeweils Handelnden sind. Szenarien sind daher normative Zukunftsentwürfe, die einen Zustand beschreiben, der sich beim Ergreifen bestimmter Maßnahmen und als Folge dieser Maßnahmen einstellen kann.

Für das Entwerfen von Szenarien ist es daher sowohl erforderlich, den künftig erwünschten oder anzustrebenden Zustand eines Systems zu beschreiben als auch die Maßnahmen zu benennen, die von der gegebenen heutigen Ausgangssituation zu diesem Zustand hinführen können.

Für das in diesem Projekt betrachtete Energieversorgungssystem und das angestrebte Ziel einer Verminderung der CO_2-Emissionen stellt das Reduktionsziel ein wesentliches Element des künftigen Zustandes dar. Damit alternative Szenario-Entwürfe miteinander vergleichbar sind, muß gefordert werden, daß alle konkurrierenden Entwürfe künftiger Energiesysteme zur gleichen Verringerung der CO_2-Emissionen führen. Außerdem müssen die Maßnahmen, die zum Erreichen des künftigen Zustandes und damit zur Umlenkung und Abänderung von Entwicklungstendenzen der Vergangenheit ergriffen werden sollen, aus heutiger Sicht wenigstens prinzipiell und auch im betrachteten Zeitraum realisierbar sein.

Ausgangspunkt für die Festlegung des **Reduktionsziels** für die energiebedingten CO_2-Emissionen waren die von der Bundesregierung und der Landesregierung Baden-Württemberg gesetzten Zielwerte. Die Bundesregierung hat bei verschiedenen Gelegenheiten die Verringerung der CO_2-Emissionen um 25–30 % bis zum Jahr 2005 gegenüber dem Jahr 1987 als Reduktionsziel festgelegt[5]. Dieses Ziel ist nicht unumstritten. In anderen europäischen Ländern wurden abweichende Ziele gewählt, der Rat der Energie- und Umweltminister der Europäischen Union hat im Oktober 1990 beschlossen, die von der EU ausgehenden CO_2-Emissionen bis zum Jahr 2000 auf dem Niveau des Jahres 1990 zu stabilisieren, und die im Energieprogramm 1991 genannte Zielsetzung für Baden-Württemberg ist in dieser Form nicht in die Koalitionsvereinbarung vom Mai 1992 aufgenommen worden.

Im Verlauf des Szenario-Prozesses wurde die Frage des geeigneten Reduktionsziels für die Szenarien wiederholt diskutiert. Eine Übertragung der Zielwerte für Gesamtdeutschland auf Baden-Württemberg ist vor allem deshalb fragwürdig, weil die Industriestruktur sich hier vom Mittel der Bundesrepublik unterscheidet, weil – anders als im Bund – in Baden-Württemberg von einem weiteren Bevölkerungswachstum ausgegangen wird und weil die CO_2-Emissionen, bezogen auf die Zahl der Einwohner, im Jahr 1986 in Baden-Württemberg um fast 30 % niedriger waren als im Durchschnitt der alten Bundesrepublik. Gleiche Reduktionsziele wie im Bund führen damit zu höheren Anforderungen für Baden-Württemberg, sodaß vor diesem Hintergrund eine geringere Absenkung der CO_2-Emissionen gegenüber dem Jahr 1987 als die genannten Werte von 25–30 % für Baden-Württemberg und damit auch für die Szenarien-Entwicklung

[5] s. Kapitel 2.1

durchaus vertretbar wäre. Andere Zielwerte, die die Besonderheiten Baden-Württembergs berücksichtigen, hätten allerdings von den am Projekt Beteiligten willkürlich festgelegt werden müssen, und hätten damit zu Ergebnissen geführt, die nur schwer mit den Ergebnissen anderer in der Öffentlichkeit diskutierter Szenarien vergleichbar gewesen wären.

Vor diesem Hintergrund wurden die folgenden Zielwerte als Orientierung für die Entwicklung der Szenarien festgelegt[6]:

Reduktionsziel:

In allen Szenarien, die die Trendentwicklung verändern, sollen die energiebedingten CO_2-Emissionen in Baden-Württemberg im Zeitraum von 1987 bis 2005 um 25 % verringert werden. Bezugsjahr für die Rechnungen ist das Jahr 1990.

Da das Jahr 2005 einen willkürlichen Zeitpunkt in einem kontinuierlichen Prozeß darstellt, der auch nach diesem Jahr zu weiteren und weitergehenden CO_2-Reduktionen führen muß, könnte eine strenge Eingrenzung der Untersuchung auf den Zeitraum bis zum Jahr 2005 zu falschen Schlußfolgerungen führen. Die Szenarien dürfen daher nicht nur die Entwicklung bis zu diesem Jahr erfassen; auch die längerfristige Entwicklung der CO_2-Emissionen muß erkennbar sein, um die Tragfähigkeit der Umgestaltung des Energiesystems abschätzen zu können. Für den zu betrachtenden Zeithorizont wurde daher zusätzlich festgelegt:

Zeithorizont:

Die Szenarien werden entsprechend ihrer inneren Logik bis zum Jahr 2020 fortgeschrieben. Ein Reduktionsziel wird für das Jahr 2020 nicht vorgegeben; angestrebt werden sollte aber eine Reduktion der CO_2-Emissionen gegenüber dem Jahr 1987 um ca. 45 %.

Die hier gewählte – und an den politischen Vorgaben orientierte – Angabe präziser Jahreszahlen ist für eine Beschreibung zukünftiger Entwicklungen allerdings immer fragwürdig, da viele der angenommenen Umgestaltungsprozesse zeitlich nicht ausreichend genau abgeschätzt werden können. Trotzdem werden die Daten 2005 und 2020 hier verwendet, weil einerseits für manche Rechenvorgänge genau bestimmte Zeitintervalle erforderlich sind und sich andererseits

[6] Protokoll des Szenario-Workshop IV am 18.–19. November 1994

die Vorstellungen über die Zukunft leichter mit bestimmten Jahreszahlen verbinden lassen. Bei der Interpretation der Ergebnisse muß aber immer beachtet werden, daß Aussagen, die für ein Jahr (2005 oder 2020) getroffen werden, realistischerweise Aussagen sind, die für ein Zeitintervall um das jeweilige Jahr gelten. Für die Lösung der Treibhausproblematik ist es auch unerheblich, ob das angestrebte Reduktionsziel z.B. bereits im Jahr 2004 oder erst im Jahr 2006 erreicht wird.

Die Gestaltungsmöglichkeiten für das Energiesystem werden – ebenso wie die für andere technische Systeme – im Kontext allgemeiner gesellschaftlicher Ziele bewertet und ausgewählt, und die öffentliche Diskussion über den künftigen Energiebedarf oder die künftige Energieversorgung wird vor dem Hintergrund dieser Wertungen geführt. Szenarien als Bilder künftig erwünschter Zustände können damit einen Beitrag zur gesellschaftlichen Diskussion liefern, wenn sie sich mit diesen allgemeinen Zielen in Beziehung setzen lassen oder sich in die bestehenden Vorstellungen über die wünschbare Zukunft insgesamt einordnen. Für das Projekt *Klimaverträgliche Energieversorgung in Baden-Württemberg* wurden daher die betrachteten Szenarien nicht ausgehend von technischen Optionen – Kernenergienutzung, Kraft-Wärme-Kopplung, Photovoltaik, etc. –, sondern unter Zugrundelegen von Leitbildern entwickelt, mit denen versucht wurde, wichtige Zielvorstellungen in der Öffentlichkeit einzufangen.

Die **Leitbilder**, vor deren Hintergrund die Szenarien entworfen wurden, wurden zu Beginn des Szenario-Prozesses skizziert und im Verlauf der Diskussionen detailliert und verfeinert. Sie sollten dazu dienen, die technischen Möglichkeiten zur Gestaltung der Energiesysteme und die Möglichkeiten für Verhaltensänderungen im Zusammenhang ganzheitlicher gesellschaftlicher Zielvorstellungen zu bewerten und auszuwählen.

Bei der Auswahl und Festlegung der Leitbilder war es das Ziel, die beobachtbare öffentliche Diskussion, die in der heutigen pluralistischen Gesellschaft durch eine Vielzahl miteinander konkurrierender Leitbilder geprägt ist, in wenigen Leitbildern idealtypisch so zu erfassen und so zu beschreiben, daß einerseits Hauptlinien der gesellschaftlichen Diskussion um die Zukunft der Energieversorgung eingefangen werden, und andererseits die Breite des Spektrums der gesellschaftlichen Diskussion etwa abgedeckt wird.

Die so entworfenen Leitbilder stellen nicht den Versuch dar, empirisch ermittelte Einstellungen oder Werthaltungen zusammenzufassen, und sie lassen sich auch nicht aus kohärenten Wertsystemen ableiten. Sie sind ein pragmatischer Versuch, Einstellungen und Werthaltungen wichtiger gesellschaftlicher Gruppen so zu bündeln, daß Aspekte wie Umweltschutz, Ressourcenschonung, Gesundheitsvorsorge, Arbeitsplätze, Wettbewerbsfähigkeit, Wohlfahrt und Akzeptanz von Techniken in die Überlegungen zur Umgestaltung des Energiesystems indirekt einbezogen werden.

Die mit den Leitbildern erfaßten verschiedenen Einstellungen und Werthaltungen gewichten diese zusätzlichen Aspekte unterschiedlich, führen zum Präferieren unterschiedlicher Maßnahmen oder Techniken und begründen so die innere Logik der vor ihrem Hintergrund entworfenen Energieversorgungssysteme.

Mit dieser Zielsetzung und im Hinblick auf die begrenzten Ressourcen des Projektes, die nur das Entwerfen weniger Szenarien zuließen, wurden von den am Szenario-Prozeß Beteiligten für das Projekt *Klimaverträgliche Energieversorgung in Baden-Württemberg* drei Leitbilder als Grundlage für alternative Szenarien festgelegt:

- Techniknutzung – Szenario B,
- Ressourcenschonung – Szenario C,
- Neue Lebensstile – Szenario D.

Die Vorstellungen, die mit den Leitbildern verbunden wurden, sind dabei gemeinsam durch die Kurzbeschreibung und die jeweils zugeordneten Verhaltensweisen in den wichtigen gesellschaftlichen Handlungsfeldern bestimmt. Die Namen *Techniknutzung*, *Ressourcenschonung* und *Neue Lebensstile* geben diese Vorstellungen nur unvollständig wieder; sie wurden nachträglich festgelegt, um die Schwerpunkte der Leitbilder zu charakterisieren.

Leitbild: Techniknutzung – Szenario B

Grundlage ist die Überzeugung, daß die Treibhaus-Problematik gelöst und die dafür erforderliche Reduktion der CO_2-Emissionen erreicht werden kann, wenn eine entsprechend orientierte innovative Technik entwickelt und zum Einsatz gebracht wird. Das Bewußtsein um die Bedeutung der Ökologie für die Aufrechterhaltung der existierenden Lebensformen nimmt wie in der Vergangenheit weiter zu; die bestehenden und künftigen Umwelt- und Ressourcenprobleme werden aber - vor allem durch weiterentwickelte Technik – für prinzipiell lösbar erachtet.

Diesem Leitbild wurden für den Szenario-Prozeß die folgenden Verhaltensweisen in den wichtigen gesellschaftlichen Handlungsfeldern zugeordnet:

Verhalten Individuelles und gesellschaftliches Handeln kann sich in Fortschreibung der Entwicklung der Vergangenheit weiterhin vor allem an den Zielen von Selbstverwirklichung und Schutz von Individualrechten orientieren. Da die Treibhaus-Problematik und Umwelt- wie Ressourcenprobleme prinzipiell technisch lösbar sind, wird keine Notwendigkeit zu einer grundsätzlichen Änderung des bisherigen Verhaltens gesehen.

Konsum Ein Verzicht auf Komfort oder Energiedienstleistungen ist nicht erforderlich. Das zunehmende Bewußtsein um die Bedeutung der Ökologie führt aber im Rahmen des wirtschaftlich Sinnvollen zur gezielten Bevorzugung energetisch effizienter und ökologisch verträglicher Produkte, sofern keine oder nur sekundäre Nutzenaspekte beeinträchtigt werden.

Wirtschaft Wirtschaftliches Handeln orientiert sich in Fortsetzung der Vergangenheitsentwicklung an ökonomischen Kriterien. Zunehmendes Bewußtsein um die Bedeutung der Ökologie führt zur gezielten Bevorzugung energetisch effizienter oder ökologisch verträglicher Produkte und Prozesse, sofern dies wirtschaftlich sinnvoll ist, und stärkt den Trend zu einer Kreislaufwirtschaft. Die den Energiemarkt bestimmende Marktordnung (z.B. die Kohleabnahmeverpflichtung) und die bisher vorhandenen integriert-gemischten Versorgungsstrukturen werden zur Durchsetzung effizienter Techniken verändert.

Staat Die allgemeinen Ziele staatlichen Handelns entwickeln sich im Trend der Vergangenheit. Ordnungspolitische Maßnahmen, Finanzhilfen, spezielle Abgaben oder Steuern und staatliche Preissetzungen werden als zulässig und notwendig angesehen und – wenn erforderlich – vor allem eingesetzt, um sinnvollen Technologien zum Durchbruch zu verhelfen oder energieeffiziente Techniken zu fördern.

Leitbild: Ressourcenschonung – Szenario C

Grundlage ist die Überzeugung, daß die Treibhaus-Problematik im Kontext von Umwelt- und Ressourcenproblemen gesehen werden muß, und daß die erforderliche Reduktion der CO_2-Emissionen nur durch eine bewußte und an den Kriterien von Umweltschutz und Ressourcenschonung orientierte Nutzung von Technik in Verbindung mit begrenzten Verhaltensänderungen erreicht werden kann. Das Bewußtsein um die Bedeutung der Ökologie für die Aufrechterhaltung der existierenden Lebensformen nimmt stärker zu als in der Vergangenheit; die bestehenden und künftigen Umwelt- und Ressourcenprobleme werden als zusätzliche und gleichzeitig zu bewältigende Aufgabe angesehen.

Dem Leitbild C wurden für den Szenario-Prozeß die folgenden Verhaltensweisen in den wichtigen gesellschaftlichen Handlungsfeldern zugeordnet:

Verhalten Individuelles und gesellschaftliches Handeln kann sich in Fortschreibung der Entwicklung der Vergangenheit weiterhin vor allem an den Zielen von Selbstverwirklichung und Schutz von Individualrechten orientieren. Das stark zunehmende Bewußtsein um die Bedeutung der Ökologie führt aber zur Bereitschaft zu Verhaltensänderungen.

Konsum — Ein begrenzter Verzicht auf Komfort und eine geringere Steigerung der Nachfrage nach Energiedienstleistungen werden als erforderlich angesehen. Das stark zunehmende Bewußtsein um die Bedeutung der Ökologie führt zur gezielten Bevorzugung energetisch effizienter und ökologisch verträglicher Produkte, auch dann, wenn sie nach den bislang üblichen Maßstäben moderat unwirtschaftlich wären.

Wirtschaft — Wirtschaftliches Handeln orientiert sich an ökonomischen Kriterien. Energetisch und ökologisch effiziente Investitionsgüter und Prozesse werden durch staatliche Maßnahmen, die dem gestiegenen Bewußtsein um die Bedeutung der Ökologie entsprechen, zunehmend betriebswirtschaftlich rentabel und daher eingesetzt. Es tritt ein – gegenüber Szenario B – verstärkter Trend zur Kreislaufwirtschaft auf. Die den Energiemarkt bestimmende Marktordnung (z.B. die Kohleabnahmeverpflichtung) und die bisher vorhandenen integriert-gemischten Versorgungsstrukturen werden zur Durchsetzung umwelt- und ressourcenschonender Techniken verändert.

Staat — Die allgemeinen Ziele staatlichen Handelns entwickeln sich im Trend der Vergangenheit. Ordnungspolitische Maßnahmen, Finanzhilfen, spezielle Abgaben oder Steuern und staatliche Preissetzungen werden als zulässig und notwendig angesehen und – wenn erforderlich – vor allem eingesetzt, um die Nutzung von Umweltgütern zu verringern und um Umweltschutztechniken oder ressourcenschonende Techniken zu fördern, zunehmend aber auch, um Verhaltensweisen zu steuern und zu beeinflussen.

Leitbild: Neue Lebensstile – Szenario D

Grundlage ist die Überzeugung, daß die Treibhaus-Problematik im Kontext der globalen politischen und ökologischen Probleme gesehen werden muß, und daß diese nur insgesamt gelöst und damit auch die CO_2-Emissionen nur dann vermindert werden können, wenn sich Verhalten und Techniknutzung konsequent an ökologischen Kriterien orientieren. Das Bewußtsein um die Bedeutung der Ökologie für die Aufrechterhaltung der existierenden Lebensformen gewinnt so großes Gewicht, daß es das Handeln auf allen Ebenen prägt.

Für den Szenario-Prozeß wurden hier die folgenden Verhaltensweisen in den wichtigen gesellschaftlichen Handlungsfeldern zugrunde gelegt:

- **Verhalten** Für das gesellschaftliche Handeln stehen die Verantwortung für den Erhalt der natürlichen Umwelt, die Solidarität mit den Menschen in den unterentwickelten Regionen der Welt und mit den nachfolgenden Generationen so stark im Vordergrund, daß der Schutz von sekundären Individualrechten im Vergleich zur Vergangenheitsentwicklung an Bedeutung verliert. Das im Mittelpunkt allen Handelns stehende Bewußtsein um die Bedeutung der Ökologie führt zu nachhaltigen Änderungen von Verhalten und Lebensstilen.
- **Konsum** Als Folge des geänderten Verhaltens und der anderen Lebensstile ergeben sich im Vergleich zur Vergangenheitsentwicklung verringerte Komfortansprüche und eine geringere Nachfrage nach Energiedienstleistungen. Das im Mittelpunkt allen Handelns stehende Bewußtsein um die Bedeutung der Ökologie führt zur konsequenten Bevorzugung ökologisch effizienter Produkte, auch dann, wenn mit deren Nutzung deutliche wirtschaftliche Nachteile oder Verringerungen des materiellen Lebensstandards verbunden sind.
- **Wirtschaft** Wirtschaftliches Handeln orientiert sich an ökonomischen Kriterien. Energetisch effiziente und ökologisch verträgliche Investitionsgüter und Prozesse werden durch konsequente staatliche Maßnahmen, die der Bedeutung der Ökologie entsprechen, betriebswirtschaftlich rentabel und daher eingesetzt. Das Produktionssystem wird zur Kreislaufwirtschaft um- bzw. ausgebaut. Die den Energiemarkt bestimmende Marktordnung (z.B. die Kohleabnahmeverpflichtung) und die bisher vorhandenen integriert-gemischten Versorgungsstrukturen werden zur Durchsetzung ökologisch effizienter Techniken verändert.
- **Staat** Die allgemeinen Ziele staatlichen Handelns verändern sich im Vergleich mit der Vergangenheit: Umweltschutz, Ressourcenschonung, Nachhaltigkeit und Hilfe für unterentwickelte Regionen der Welt rücken in den Mittelpunkt staatlichen Handelns. Ordnungspolitische Maßnahmen oder staatliche Preissetzungen sind zulässig und notwendig und werden – wenn erforderlich – vor allem eingesetzt, um die Nutzung von Umweltgütern und nichterneuerbaren Ressourcen zu verringern und um Verhaltensweisen zu steuern und zu verändern.

Vor dem Hintergrund dieser Leitbilder ergeben sich für die Umgestaltung des Energieversorgungssystems in den drei Szenarien unterschiedliche Möglichkeiten für Maßnahmen und damit auch unterschiedliche Energiesysteme.

Im Maßnahmenbereich „Beeinflussung der Nachfrage nach Dienstleistungen und Gütern“ bestehen im Szenario B keine, im Szenario C wenige und nur im Szenario D große Potentiale zur Reduktion der Energienachfrage bzw. der CO_2-Emissionen.

Im Maßnahmenbereich „Verbesserung oder Änderung der verwendeten Techniken zur Deckung des Nutzenergiebedarfs bei den Endverbrauchern“ werden im Szenario B in der Tendenz alle vorhandenen technischen und betriebswirtschaftlich sinnvollen Möglichkeiten zur Reduktion des Energiebedarfs oder zur Verringerung der CO_2-Emissionen ausgeschöpft. Auch im Szenario C wird der Einsatz von Technik als Mittel zur Erreichung des Reduktionsziels verwendet; die Techniknutzung orientiert sich jedoch an Umweltschutz und Ressourcenschonung und schöpft damit manche Potentiale nicht oder nicht vollständig aus. Im Szenario D dient Technik vor allem zur Unterstützung des Wertewandels und ist damit in speziellen Einsatzgebieten stärker und in manchen Einsatzgebieten weniger energieeffizient und CO_2-mindernd ist als in den Szenarien B und C.

Der Maßnahmenbereich „Verbesserung der Techniken im Umwandlungsbereich bzw. Einsatz von Primärenergieformen mit geringeren CO_2-Emissionen“ unterscheidet sich bei den drei Szenarien vor allem durch die unterschiedlichen Einstellungen zur Nutzung von Kernenergie und regenerativen Energieformen. Diese Einstellungen ergeben sich nicht zwangsläufig aus den Leitbildern und den ihnen zugeordneten Verhaltensweisen in den wichtigen gesellschaftlichen Handlungsfeldern. Die am Szenario-Prozeß Beteiligten sind jedoch davon ausgegangen, daß sich die gesellschaftlichen Gruppen, die den Leitbildern gedanklich zugeordnet werden können, auch in ihrer Einstellung zur Kernenergienutzung unterscheiden. Im Szenario B wird die kosteneffiziente Technik, die zu Energieeinsparung und CO_2-Minderung beiträgt, konsequent eingesetzt und Kernenergie als ein mögliches Instrument zur Erreichung des Reduktionsziels betrachtet. In Szenario C werden vor allem die Risiken der Kernenergie gesehen; damit wird längerfristig ein Verzicht auf die Nutzung dieser Energieform für notwendig erachtet. In Szenario D werden diese Risiken noch höher bewertet, so daß ein Verzicht auf die Kernenergienutzung rasch erfolgen sollte.

Mit diesen Setzungen beschreiben die Energieszenarien keine extremen Welten. In allen Szenarien sind Technikeinsatz, Umweltschutz, Ressourcenschonung, Gesundheitsvorsorge, Arbeitsplätze, Wettbewerbsfähigkeit und gesellschaftliche Akzeptanz wichtige Aspekte, die bei energiepolitischen Entscheidungen zu berücksichtigen sind. Allerdings ist die Bedeutung, die diesen Aspekten beigemessen wird, jeweils unterschiedlich und führt damit zu den verschiedenen Schwerpunktsetzungen bei den Maßnahmen, die zur Umgestaltung des Energiesystems als sinnvoll und notwendig bzw. vor dem Hintergrund des Leitbildes als möglich und durchsetzbar erachtet werden.

Bei der Diskussion und beim Entwurf der Leitbilder gingen die am Projekt Beteiligten davon aus, daß es Gruppen in der Gesellschaft gibt, die ihr Handeln im wesentlichen an diesen Leitbildern orientieren, und daß die Energiesysteme, die sich vor diesem Hintergrund entwickeln lassen, für diese Gruppen – zumindest in ihren Grundzügen – erstrebenswerte zukünftige Zustände des Energieversorgungssystems darstellen. Keine dieser drei gedachten Gruppen verfügt jedoch über ausreichende Unterstützung, um ihr Leitbild zur Grundlage einer gesamtgesellschaftlich akzeptierten Energiepolitik zu machen. Um dies zu erreichen, müßte politisch eine Mehrheit für das zu verfolgende Leitbild gefunden werden. Wenn dies nicht gelingt, wird sich – so die Grundthese des Projekts – im Wettstreit der konkurrierenden Leitbilder tendenziell ein Energiesystem einstellen, das sich aus der Fortentwicklung der heutigen Trends ergibt. Für die Entwicklung der unterschiedlichen, von den Leitbildern abhängigen Energiesysteme wurde in diesem Projekt nun davon ausgegangen, das jeweils eine Zustimmung zu dem Leitbild erreicht werden konnte, und daß die damit vorgezeichnete Entwicklung von allen Bürgern Baden-Württembergs mehrheitlich gewollt wird. Um diese gewollten Entwicklungen zu realisieren, sind dann eine Reihe von Maßnahmen erforderlich, die die Trendentwicklung im Sinne des jeweiligen Leitbildes umlenken. Für die Entwicklung der einzelnen Energiesysteme wird davon ausgegangen, daß diese Maßnahmen von der Mehrheit der Bürger mitgetragen werden und daß dann alle Einwohner Baden-Württembergs in ihrem Verhalten und in ihrer Techniknutzung den jeweiligen Szenarien folgen. Ausgehend von den heutigen Verhaltensweisen können sie jedoch große Änderungen bedeuten und damit die Chance für eine tatsächliche mehrheitliche Zustimmung zu den verschiedenen Leitbildern entscheidend beeinflussen.

Art und Eingriffstiefe der für eine Realisierung der einzelnen Szenarien erforderlichen Maßnahmen hängen davon ab, wie weit sich Verhalten, Technik und Energiesystem von dem entfernen, was sich ohne derartige Eingriffe einstellen und entwickeln würde. Um einen entsprechenden Vergleichsmaßstab zu gewinnen, wurde daher im Rahmen des Projektes zusätzlich zu den alternativen Szenarien B bis D eine Entwicklung (Szenario A) beschrieben, mit der versucht wird, die heute erkennbaren Trends in die Zukunft fortzuschreiben und so einen Referenzmaßstab zu gewinnen. Auch dieses Referenz-Szeanrio ist in strengem Sinne nicht frei von gestaltenden Eingriffen. Es wird aber davon ausgegangen,

Leitbild: Heutige Trends – Szenario A

Grundlage ist die Überzeugung, daß die Treibhaus-Problematik nicht so bedeutend ist, daß besondere Maßnahmen zur Reduktion der CO_2-Emissionen notwendig oder gerechtfertigt wären, und es wird nicht erwartet, daß die Fortschreibung der gegenwärtigen Techniknutzung zu unlösbaren ökologischen Problemen führt. Das Bewußtsein um die Bedeutung der Ökologie für die Aufrechterhaltung der existierenden Lebensformen und die Anwendung energieeffizienter Techniken entwickeln sich im Rahmen des in der Vergangenheit Üblichen fort.

daß sich diese Eingriffe im Rahmen des aus der Vergangenheit Bekannten bewegen und damit ohne größere Widerstände realisieren lassen. Damit stellt auch das Szenario A keine Prognose der künftigen Entwicklung dar.

Diesem Leitbild wurden für den Szenario-Prozeß die folgenden Verhaltensweisen in den wichtigen gesellschaftlichen Handlungsfeldern zugeordnet:

Verhalten — Individuelles und gesellschaftliches Handeln kann sich in Fortschreibung der Entwicklung der Vergangenheit weiterhin vor allem an den Zielen von Selbstverwirklichung und Schutz von Individualrechten orientieren. Das zunehmende Bewußtsein um die Bedeutung der Ökologie für die Aufrechterhaltung der existierenden Lebensformen gewinnt keine entscheidende Bedeutung für das praktische Handeln.

Konsum — Ein Verzicht auf Komfort oder Energiedienstleistungen ist nicht erforderlich. Bei Kaufentscheidungen dominiert neben wirtschaftlichen Gesichtspunkten der Aspekt der Nutzenoptimierung.

Wirtschaft — Wirtschaftliches Handeln orientiert sich in Fortsetzung der Vergangenheitsentwicklung an ökonomischen Kriterien. Bei Kaufentscheidungen und Investitionen dominiert neben wirtschaftlichen Gesichtspunkten der Aspekt der Nutzenoptimierung. Die den Energiemarkt bestimmende Marktordnung (z.B. die Kohleabnahmeverpflichtung) und die bisher vorhandenen integriert-gemischten Versorgungsstrukturen bleiben unverändert.

Staat — Die allgemeinen Ziele staatlichen Handelns entwickeln sich im Trend der Vergangenheit. Ordnungspolitische Maßnahmen, Finanzhilfen, spezielle Abgaben oder Steuern und staatliche Preissetzungen werden als zulässig und notwendig angesehen, sie bewegen sich aber im Rahmen des aus der Vergangenheit Bekannten; besondere, auf die Klimaproblematik zielende Eingriffe – wie eine Energie- oder CO_2-Steuer – werden nicht ergriffen.

3.3 Rahmenbedingungen für alle Szenarien

Für alle betrachteten Szenarien wird davon ausgegangen, daß die generellen gesellschaftlichen und politischen Rahmenbedingungen stabil bleiben bzw. sich in Fortsetzung der Tendenzen der Vergangenheit fortentwickeln. Die bisher dominierenden Ziele der Wirtschaftspolitik, Arbeitsmarktpolitik, Außenpolitik gelten auch in Zukunft, und die Einbindung in die Europäische Union ist auch in Zukunft zu beachten.

Von den direkten Einflußgrößen auf Energieverbrauch und Energieversorgung werden im Rahmen des Projektes *Klimaverträgliche Energieversorgung in Baden-Württemberg* außerdem

- die demographische Entwicklung und die Entwicklung der Haushalte,
- die Entwicklung der Weltmarktpreise für Energieträger (Grenzübergangspreise ohne Steuern und Abgaben) und
- die Wirtschaftsentwicklung

für alle Szenarien gleich angenommen, da sie durch die Umgestaltung des Energieversorgungssystems nicht verändert werden können bzw. sollen.

Den vorliegenden Bevölkerungsprognosen für Baden-Württemberg ist gemeinsam, daß sie – ausgehend vom Jahr 1990 – zunächst ein relativ starkes, später gemäßigtes Wachstum bis zum Jahr 2005 annehmen. Danach wird eine mehr oder weniger stark sinkende Bevölkerung bis zum Jahr 2020 erwartet. Da der Energiebedarf – bei sonst gleichen Bedingungen – mit wachsender Bevölkerungszahl zunimmt, ist es für die Untersuchung von Möglichkeiten zur Minderung von CO_2-Emissionen zweckmäßig, eher von hohen Bevölkerungszahlen auszugehen. Die Annahme einer niedrigen Bevölkerungsentwicklung führt zwangsläufig zu einer geringeren Zunahme der CO_2-Emissionen und würde so das Erreichen der Minderungsziele auch zusätzlich erleichtern. Im Rahmen dieses Projektes wurde daher abweichend von den vorliegenden Prognosen von einer Bevölkerungszahl ausgegangen, die von 9,83 Mio. Einwohnern im Jahr 1990 auf auf 10,64 Mio. Einwohner im Jahr 2005 anwächst und danach bis zum Jahr 2020 gleich bleibt.

Da sich aus der Bevölkerungszahl die Nachfrage nach Energiedienstleistungen und Gütern und damit der für deren Erstellung notwendige Energiebedarf ableiten, ist es einerseits erforderlich, absolute Zahlen für die Bevölkerungsentwicklung vorzugeben, um den Energiebedarf und die daraus folgenden CO_2-Emissionen berechnen zu können, und andererseits unvermeidbar, daß die absoluten Werte von Energiebedarf und CO_2-Emissionen sich verändern, wenn andere Bevölkerungszahlen zugrunde gelegt werden. Dieser Umstand ist in der Vergangenheit oft Anlaß für Diskussionen über Energieprognosen gewesen, deren Aussagekraft naturgemäß davon abhängt, ob die der Rechnung zugrunde gelegte Bevölkerungszahl sich auch tatsächlich in der Realität einstellt. Für die hier betrachteten Szenarien, die keine Prognosen der künftigen Entwicklung sind und die nicht absolut, sondern nur im Vergleich miteinander untersucht werden sollen, ist die absolute Größe der Bevölkerungszahl bzw. die Differenz zwischen beobachteter und angenommener Bevölkerungszahl von geringerer Bedeutung, solange für alle Szenarien die gleichen Annahmen getroffen werden und eine Differenz zwischen angenommener und beobachteter Bevölkerungszahl die Größenordnung der Bevölkerungszahl nicht drastisch ändert. Allerdings kann eine gegenüber der Annahme deutlich anwachsende Bevölkerung dazu führen, daß die Reduktionsziele erst später erreicht werden, so daß sich das bereits angesprochene Zeitintervall um die Zeitpunkte 2005 und 2020, in dem die Reduktionsziele in den Szenarien erreicht werden, verbreitert.

Aus der angenommenen Bevölkerungsentwicklung ergeben sich über die Anteile der Bevölkerung, die potentiell als Erwerbstätige zur Verfügung stehen,

Tabelle 3.3.1 Annahmen zur Entwicklung der Zahl der Erwerbspersonen in Baden-Württemberg[7]

	1991	2005	2020
Erwerbspersonen in [1000]			
unter 30 Jahre	1.541	1.173	1.353
30 bis 44 Jahre	1.835	2.134	1.660
45 bis 59 Jahre	1.505	1.723	1.942
über 60 Jahre	194	258	371
Erwerbspersonen insgesamt	5.075	5.288	5.326

Tabelle 3.3.2 Annahmen zur Entwicklung der privaten Haushalte in Baden-Württemberg nach Haushaltsgrößen[7]

Haushaltstyp	Ist-Daten		Fortschreibung	
	1990	1991	2005	2020
in %				
1-Personen-Haushalte	35,91	35,86	35,76	36,83
2-Personen-Haushalte	27,80	27,91	29,14	30,93
3-Personen-Haushalte	16,85	16,69	14,63	14,85
4-Personen-Haushalte	13,83	13,91	14,65	12,63
Haushalte mit mehr als 4 Personen	5,61	5,63	5,81	4,77
Gesamt	100,00	100,00	100,00	100,00
in 1000				
Gesamt	4.356	4.408	4.695	4.876

Tabelle 3.3.3 Annahmen zur Entwicklung der Preise für Importenergieträger (Grenzübergangswerte) in Preisen von 1989[8]

	Absolutwert			Veränderungen in [%/a]		
	1989	2005	2020	1989–2005	2005–2020	1989–2020
Welterdölpreis ($/bbl)	18,7	24,6	34,1	1,7	2,2	2,0
Rohölpreis ($/t)	136,7	180,0	250,0	1,7	2,2	2,0
Wechselkurs (DM/$)[2]	1,88	1,70	1,60			
Rohölpreis (DM/t)	257	306	400	1,1	1,8	1,4

7 C. Bonhoff, U. Fahl, A. Voß: Bedarfsszenario, Arbeitsbericht der Akademie für Technikfolgenabschätzung, Nr. 6, April 1994 – aktualisierte Werte

8 Für die Entwicklung des Energiesystems sind in erster Linie die langfristigen Mittelwerte der Wechselkurse entscheidend; kurzfristige Schwankungen und Extremwerte haben selten einschneidende Wirkungen.

die Erwerbspersonen nach Altersgruppen (Tabelle 3.3.1). Das Erwerbspersonenangebot wird danach in den nächsten 30 Jahren in Baden-Württemberg von rd. 5,1 Mio. (1991) auf rd. 5,3 Mio. im Jahr 2020 steigen. Bei der Altersstruktur der Erwerbspersonen nimmt der Anteil der Altersgruppe bis 29 Jahre ab, der Anteil der über 45jährigen dagegen deutlich zu.

Auf der Grundlage der Bevölkerungsprognose läßt sich auch die Entwicklung der Haushalte nach Haushaltsgrößenklassen in Baden-Württemberg abschätzen (Tabelle 3.3.2). Im gesamten betrachteten Zeitraum wird danach eine leichte Verschiebung zugunsten der kleineren Haushaltsgrößen erwartet. Während im Jahr 1990 ca. 40 % aller Einwohner in Baden-Württemberg in 1- und 2-Personenhaushalten lebten, werden dies nach dieser Annahme im Jahre 2020 ca. 45 % aller Einwohner sein; es wird also angenommen, daß sich der Trend zur Klein- bzw. Kleinstfamilie fortsetzt. Dementsprechend entwickelt sich auch die durchschnittliche Zahl der Personen pro Haushalt: sie sinkt von 2,26 im Jahr 1990 auf 2,18 im Jahr 2020. Diese Annahmen über die Entwicklung in Baden-Württemberg korrespondieren dabei mit der erwarteten Entwicklung für Deutschland insgesamt.

Ausgangsgrößen für die Abschätzung der Entwicklung der Energieträgerpreise im Inland sind die Entwicklung der Erdölpreise auf den Weltmärkten und Annahmen über die Entwicklung der Wechselkurse DM/US $. Daraus ergeben sich unter Berücksichtigung von Transportkosten die Importpreise für Rohöl auf Dollar-Basis bzw. in DM/t (Tabelle 3.3.3).

Die Wirtschaftsentwicklung bestimmt das Aktivitätsniveau der verschiedenen Wirtschaftsbereiche und über die Produktion von Gütern und Dienstleistungen den Energieverbrauch in den verschiedenen Wirtschaftssektoren. Sie beeinflußt zudem das verfügbare Einkommen der Haushalte und damit Konsumverhalten und Lebensstile und so indirekt auch den Energieverbrauch der privaten Haushalte.

Für die Entwicklung der Szenarien wird angenommen, daß sich in allen Varianten die gleiche Wirtschaftsentwicklung erreichen läßt, und daß sich damit das reale Brutto-Inlandsprodukt – als Maß für die wirtschaftliche Entwicklung – für alle Szenarien in gleicher Weise entwickelt:

Tabelle 3.3.4 Wachstum des Bruttoinlandsproduktes in Preisen von 1990 in % pro Jahr für Baden-Württemberg*

1973 – 1990	1973 – 1980	1980 – 1990	1990 – 2005	2005 – 2020
2,2	2,0	2,5	2,1	2,0

* BIP im Jahr 1990: 389,3 Mrd. DM

Die mit diesen Werten unterstellte, insgesamt positive Wirtschaftsentwicklung, führt bei sonst gleichen Bedingungen zu einem wachsenden Energiebedarf und erschwert so das Erreichen der gesetzten CO_2-Minderungsziele. Gleichzeitig wird damit angenommen, daß im Szenario D, in dem die Nachfrage nach Energiedienstleistungen und Gütern im Vergleich zur Referenz-Entwicklung zurückgeht, der entsprechende Rückgang der Netto-Produktionswerte in den einzelnen Industriebranchen durch eine vergleichbare größere Wirtschaftsleistung im Dienstleistungsbereich ausgeglichen werden kann. Der entsprechende Strukturwandel ist hier – im Szenario D – also deutlich größer als in der Referenz-Entwicklung (Szenario A), in der bereits eine Entwicklung hin zur Dienstleistungsgesellschaft angenommen wird.

Für alle Szenarien werden damit die in Tabelle 3.3.5 dargestellten Werte für Einwohnerzahl und Brutto-Inlandsprodukt zugrunde gelegt.

Tabelle 3.3.5 Annahmen zur Entwicklung von Bevölkerung und Brutto-Inlandsprodukt in Baden-Württemberg

Jahr	1990	2005	2020
Mio. Einwohner	9,829	10,64	10,64
Bruttoinlandsprodukt [Mrd. DM]*	389,3	529,3	708,5

* in Preisen von 1990

4. Referenzentwicklung und drei Pfade zur Verminderung der CO_2-Emissionen

Entsprechend den getroffenen Grundannahmen wird beim Entwurf aller Szenarien versucht, Energiesysteme zu beschreiben, die aus heutiger Sicht und im betrachteten Zeitraum realisierbar erscheinen. Unter diesen Gesichtspunkten wird für alle Szenarien davon ausgegangen, daß vorhandene Anlagen in der Regel über ihre wirtschaftliche Nutzungsdauer betrieben und eine Kapitalvernichtung vermieden werden sollten[1], daß also die heutige Struktur des Energieversorgungssystems nicht beliebig schnell verändert werden kann. Neue oder verbesserte Techniken werden in die Szenarien eingeführt, wenn diese Techniken tatsächlich verfügbar sind oder ihre großtechnische Anwendung in den hier betrachteten Zeiträumen aus der Sicht der Experten zu erwarten ist oder möglich wäre. Für die Annahmen des möglichen Nutzungsumfangs neuer Techniken werden dabei nicht nur deren technische Potentiale, sondern vor allem auch die Einschätzungen der künftig möglichen Marktentwicklung in diesen Technikbereichen berücksichtigt. Diese Marktentwicklung hängt nicht nur von den Nutzungsdauern vorhandener und zu ersetzender Anlagen ab, sondern auch vom Ausmaß der aufzubauenden Produktions- und Vermarktungsstrukturen. Bei der Entwicklung der Szenarien wurde auch davon ausgegangen, daß die Probleme einer Reduktion der CO_2-Emissionen in Baden-Württemberg nicht dadurch gelöst werden sollten, daß Strom in deutlich größerem Umfang als heute importiert wird.

Bei der Darstellung der Szenarien wird im folgenden das jeweilige Energiesystem überwiegend als gegeben beschrieben: „die Wohnfläche pro Kopf beträgt x m^2, der spezifische Energieverbrauch steigt um y %, die Tendenz A wird sich fortsetzten, etc.“ Bei der Interpretation dieser Aussagen ist zu beachten, daß damit keine Prognosen gemacht, sondern lediglich die Ergebnisse dargestellt werden, die sich aus den Annahmen und den Konsequenzen dieser Annahmen als Resultat des Szenario-Prozesses für das Gesamtsystem ergeben. Sie stellen in ihrer Gesamtheit jeweils die „willkürlichen“ Setzungen dar, die das einzelne Energiesystem vor dem Hintergrund seines Leitbildes in sich schlüssig beschreiben.

Alle Texte beschreiben die Szenarien vollständig, d.h. auch die Aussagen, die sich in den Szenarien B bis D gegenüber dem Szenario A nicht ändern, werden

---

[1] Im Szenario D wird allerdings im Interesse eines raschen Ausstiegs aus der Kernenergienutzung von diesem Prinzip abgewichen.

in den Beschreibungen von B bis D wiederholt. Auf diese Weise soll erreicht werden, daß die einzelnen Texte in sich und ohne Querverweise lesbar sind. Um die Szenarien besser miteinander vergleichen zu können, sind alle Texte in der gleichen Weise gegliedert und die Tabellen gleich numeriert: Tabelle 4.1.1 entspricht Tabelle 4.2.1 und 4.3.1 etc. Die Abweichungen in den Szenarien B bis D gegenüber A sind in den Tabellen jeweils markiert.

4.1 Szenario A – Heutige Trends

Szenario A entwirft ein Bild des zukünftigen Energiesystems für Baden-Württemberg, das sich ohne große Brüche aus der Vergangenheitsentwicklung und in Fortschreibung der heute erkennbaren Trends ergeben könnte. Grundlage bilden die Annahmen über die Bevölkerungsentwicklung, über die Entwicklung der Energieträgerpreise und über die Wirtschaftsentwicklung, wie sie als Rahmenbedingungen für den Szenario-Prozeß festgelegt wurden (Kapitel 3.3). Szenario A liefert den Referenzmaßstab für die alternativen Szenarien B bis D.

Nachfrage nach Energiedienstleistungen und Gütern

Die Nachfrage nach Energiedienstleistungen und Gütern entwickelt sich im Szenario A im Verlauf der kommenden Jahre als Fortschreibung der Tendenzen, die bereits in der Vergangenheit bestimmend waren. Beim Konsum dominiert der Aspekt der individuellen Nutzenoptimierung; das Freizeitverhalten orientiert sich an Erlebniswerten.

Im Bereich der **Haushalte** wachsen die Ansprüche an die Wohnfläche und damit an den Energiebedarf für die Bereitstellung von Raumwärme weiterhin an; die Tendenz zu Einfamilienhäusern und zunehmenden Wohnflächen pro Kopf setzt sich fort. Der Wohnungsbestand und die beheizte Wohnungsfläche nehmen damit kontinuierlich zu (Tabelle 4.1.1). Trotz rückläufiger Zahl der Wohnungsfertigstellungen pro Jahr verbessert sich die Wohnungssituation – vor allem aufgrund der ab dem Jahr 2005 im wesentlichen gleichbleibenden Bevölkerungszahl – stetig. Die durchschnittliche Wohnfläche pro Kopf steigt von 34,8 m^2 im Jahr 1990 auf 37,5 m^2 im Jahr 2005 und danach bis zum Jahr 2020 auf rd. 40 m^2 an, vor allem durch die Zunahme des Anteils der Ein-Personen-Haushalte.

Die Zunahme der Wohnungsflächen ist das Ergebnis aus Abrißraten für die Altbausubstanz und Neubauten und führt im Zeitablauf zu einer Veränderung der Altersstruktur der Wohngebäude; während sich im Jahr 1990 noch 95,4 % der Wohnfläche in Gebäuden befanden, die vor der Einführung der ersten Wärmeschutzverordnung im Jahr 1987 errichtet wurden, werden dies im Jahr 2005 77,5 % und im Jahr 2020 noch 61,6 % sein.

Tabelle 4.1.1 Entwicklung des Wohnungsbestandes und der Wohnflächen in Baden-Württemberg[2] im Szenario A

Jahr	1990	2005	2020
1000 Wohnungen in			
Gebäuden mit 1 und 2 Wohnungen	2055,0	2364,5	2485,0
Gebäuden mit 3 bis 12 Wohnungen	1592,6	1826,8	1906,9
Gebäuden mit mehr als 12 Wohnungen	229,1	264,6	277,4
Gesamtsumme	3876,7	4455,9	4669,3
Mio. m^2 Wohnfläche in			
Gebäuden mit 1 und 2 Wohnungen	218,9	255,5	272,3
Gebäuden mit 3 bis 12 Wohnungen	107,7	125,4	133,0
Gebäuden mit mehr als 12 Wohnungen	15,6	18,2	19,4
Gesamtsumme	342,2	399,1	424,7

Die Nachfrage nach Energiedienstleistungen hat heute im Bereich der Haushalte vielfach bereits ein so hohes Niveau erreicht, daß diese sich spezifisch – bezogen auf die Bevölkerungszahl, die Zahl der Haushalte oder die Wohnfläche – in den kommenden Jahren nur wenig ändert. So bleiben der jährliche Bedarf an gespültem Geschirr (2060 Maßgedecke/Haushalt), die Menge der gewaschenen/getrockneten Wäsche (263 kg/Person und Jahr), die Zahl der Duschen/Baden-Anwendungen (182 pro Person und Jahr) und die Zahl der Beleuchtungsstellen bezogen auf die Wohnfläche in den kommenden Jahren gleich; sie wachsen nur absolut mit der Zunahme von Bevölkerung, Haushalten und Wohnflächen. Beim Duschen/Baden wird sich eine leichte Tendenz zur Erhöhung des Dusch-Anteils (von 74 % auf 75 % im Jahr 2005) ergeben und die Zahl warmer Mahlzeiten pro Haushalt und Jahr wird aufgrund der zunehmenden Verpflegung außer Haus geringfügig abnehmen (1990: 412, 2005: 404).

Der Trend der Vergangenheit zum vermehrten Einsatz von Haushaltsgeräten setzt sich fort und führt vor allen in den Bereichen, die bislang noch geringe Sättigungsgrade aufweisen, zu einer weiteren Erhöhung der Ausstattung der Haushalte mit Geräten; dies gilt z.B. für Spülmaschinen und Wäschetrockner und einige Kleingeräte wie Mikrowelle, Video-Geräte oder Dunstabzugshauben.

Die wachsende Nutzung von Geschirrspülern führt zu einem entsprechenden Anstieg des Anteils maschinellen Spülens: von 37,7 % im Jahr 1990 auf 54,6 % im Jahr 2005 und 68,3 % im Jahr 2020. Aufgrund der geringen Bedeutung, die dem Energie- und Wasserverbrauch zugemessen wird, werden auch in Zukunft die Spülmaschinen nur mit einem durchschnittlichen Befüllungsgrad von 70 % genutzt werden.

In gleicher Weise bewirkt die höhere Ausstattung mit Wäschetrocknern, daß der Anteil der maschinengetrockneten Wäschemenge von 29,0 % im Jahr 1990

[2] C. Bonhoff, U. Fahl, A. Voß: Bedarfsszenario, Arbeitsbericht der Akademie für Technikfolgenabschätzung, Nr. 6, April 1994 – aktualisierte Werte

auf 51,7 % im Jahr 2005 und 74 % im Jahr 2020 anwächst. Die Waschmaschinen werden wie in der Vergangenheit mit einem durchschnittlichen Befüllungsgrad von 90 % genutzt, und die Waschtemperaturen ändern sich im Zeitablauf nicht: 40 % der Wäschemenge werden bei 30 °C, 40 % bei 60 °C und 20 % bei 95 °C gewaschen.

Die Nutzung von Kühlgeräten und der Fernsehkonsum werden in den kommenden Jahren nicht nur mit der Zahl der Haushalte, sondern auch bezogen auf die Haushalte weiterhin zunehmen. Das gekühlte Volumen pro Haushalt steigt von 299 l im Jahr 1990 auf 343 l im Jahr 2005 und 359 l im Jahr 2020 um rd. 15 % bzw. 20 % an, wobei der Anteil der Gefriergeräte und Kühl-Gefrierkombinationen, die zu höherem Energiebedarf führen, von rd. 62 % auf rd. 70 % anwächst. Der Ausstattungsgrad bei Fernsehgeräten (1990: rd. 100 %) erreicht in den Jahren 2005 bis 2020 durch Zweit- und Mehrfachgeräte in den Haushalten 160 %; die Zahl der Benutzungsstunden pro Haushalt (1990: 1540 h) wächst auch dadurch um rd. 60 %.

Im Sektor **Kleinverbraucher** sind viele sehr heterogene Wirtschaftssektoren zusammengefaßt. Raumwärme, Warmwasser, Licht- und Gerätestrom des gesamten Sektors sowie die Prozeßenergie der prozeßenergieintensiven Teilsektoren bestimmen den künftigen Energiebedarf der Kleinverbraucher und damit auch die Möglichkeiten zur Minderung deren CO_2-Emissionen. Zu den prozeßenergieintensiven Teilsektoren zählen Landwirtschaft (einschließlich Gartenbau), Handwerk und Kleinindustrie sowie das Baugewerbe.

Die Bruttowertschöpfung der prozeßenergieintensiven Teilsektoren (Tabelle 4.1.2) erhöht sich bis zum Jahr 2005 im Teilsektor Handwerk/Kleinindustrie um rd. 22 % und im Teilsektor Baugewerbe um rd. 25 %; in der Landwirtschaft wird sie bis zum Jahr 2005 um rd. 12 % abnehmen. Im Zeitraum von 2005 bis 2020 wird die Bruttowertschöpfung in der Landwirtschaft fast konstant bleiben und in den übrigen Teilsektoren weiterhin leicht wachsen. Damit findet im Sektor Kleinverbraucher auch in den kommenden Jahren eine deutliche Strukturveränderung statt.

Tabelle 4.1.2 Bruttowertschöpfung in den drei prozeßenergieintensiven Branchen des Sektors Kleinverbraucher in Baden-Württemberg[3] im Szenario A

Teilsektor	Bruttowertschöpfung [Mrd.DM] (Preise von 1990)		
	1990	2005	2020
Landwirtsch./Gartenbau	6,70	5,9	5,5
Handwerk/Kleinindustrie	12,10	14,8	18,0
Baugewerbe	18,60	23,3	28,1
Summe	37,40	44,0	51,6

[3] E. Jochem, H. Bradke, W. Mannsbart, H. Oetjen: Industrie und prozeßenergieintensive Branchen des Kleinverbrauchs, Arbeitsbericht der Akademie für Technikfolgenabschätzung, Nr. 9, April 1994

Der künftige Raumwärmebedarf im Nichtwohnungsbereich ist nur mit großen Unsicherheiten angebbar. Bezogen auf die Zahl der Erwerbstätigen liegt die beheizte Nutzfläche pro Person in Baden-Württemberg heute bei 34 m^2. Dieser Mittelwert umfaßt Werte von 25 m^2/Erwerbstätiger in Verwaltungsgebäuden bis 80 m^2/Erwerbstätiger in Krankenhäusern. Künftig wird der Flächenbedarf spezifisch – bezogen auf die Zahl der Erwerbstätigen – im Kleinverbrauchssektor etwa gleichbleiben und absolut mit der Zahl der Erwerbstätigen zunehmen. Im Sektor Kleinverbraucher sind im Jahr 2005 rd. 3,12 Mio. Personen und im Jahr 2020 rd. 3,43 Mio. Personen beschäftigt (1990: rd. 2,79 Mio.).

Im Bereich der **Industrie** (Verarbeitendes Gewerbe und übriger Bergbau) erhöht sich der Nettoproduktionswert bis zum Jahr 2005 um rd. 37 %, d.h er wächst mit etwa 2,4 % pro Jahr. Danach schwächt sich das Wachstum auf rd. 1,7 % pro Jahr ab (Tabelle 4.1.3). Im Bereich des Grundstoff- und Produktionsgütergewerbes, das insgesamt unterdurchschnittlich wächst, wachsen die Chemische Industrie im gesamten Zeitraum sowie die Branche ‘Steine und Erden’ bis zum Jahr 2005 überdurchschnittlich. Ein größeres Wachstum als der Durchschnitt weisen auch die Nettoproduktionswerte des Investitionsgütergewerbes und des Verbrauchsgütergewerbes auf. Innerhalb der Industrie ergeben sich so in den kommenden Jahren deutliche strukturelle Verschiebungen, wobei der Rückgang des Anteils der energieintensiven Grundstoffindustrie am gesamten Nettoproduktionswert der Industrie von 16,4 % im Jahr 1990 auf 14,9 % im Jahr 2005 und 13,9 % im Jahr 2020 tendenziell zu einer Verringerung des mittleren Energiebedarfs pro Nettoproduktionswert der Industrie führt.

Tabelle 4.1.3 Entwicklung der Nettoproduktionswerte der Industrie in Baden-Württemberg in Mrd. DM (in Preisen von 1985) im Szenario A

	1990	2005	2020
Chemische Industrie	10,09	14,20	18,50
Zellstoff-/Papier-Industrie	2,58	3,20	3,70
Steine/Erden	2,86	3,80	4,30
Restliche Grundstoffindustrie	9,34	9,90	10,50
Elektrotechnische Industrie	24,84	37,50	50,00
Maschinenbau	28,03	36,75	49,50
Straßenfahrzeugbau	24,75	30,40	33,50
Textilindustrie	4,38	4,50	4,50
Restliche Industrie	44,73	67,90	92,50
Summe	151,6	208,15	267,00

Tabelle 4.1.4 Entwicklung der Verkehrsleistung im Personenverkehr in Baden-Württemberg im Szenario A

Jahr	zu Fuß/Fahrrad	MIV[1]	ÖPNV[2]	Bahn	Flugzeug	Gesamt
	Anteile in Prozent					Mrd. Pkm/a
1990	6,6	79,9	4,8	6,1	2,6	113,6
2005	5,6	79,3	4,1	6,9	4,1	136,0
2020	4,9	79,5	3,5	7,8	4,3	153,5

[1] Motorisierter Individualverkehr [2] Öffentlicher Personennahverkehr (einschl. S-Bahn)

Im **Verkehr** wird die Nachfrage in Zukunft anwachsen (Tabelle 4.1.4). Im Personennahverkehr bleibt das Verkehrsaufkommen mit rd. 1010 Fahrten/Wegen pro Einwohner und Jahr etwa gleich, die Wegelängen und damit die Verkehrsleistung nehmen aber zu. Im Personenfernverkehr nimmt die Zahl der jährlichen Fahrten/Wege (48,1 pro Einwohner im Jahr 1990) bis zum Jahr 2005 um rd. 7,1 % und bis zum Jahr 2020 um rd. 18,5 % ebenso zu wie die Verkehrsleistung. Die gesamte Personenverkehrsleistung in Baden-Württemberg wächst damit bis zum Jahr 2005 um ca. 20 % und bis zum Jahr 2020 um rd. 35 % gegenüber dem Wert von 1990 an.

Die Zunahme der Verkehrsleistung erfolgt im Nahverkehr in erster Linie bei den Fahrtzwecken Einkauf sowie Urlaub und Freizeit und im Fernverkehr bei den Zwecken Geschäft, Urlaub und Freizeit. Auch in Zukunft wächst der Individualverkehr insgesamt absolut weiter an. Im Personennahverkehr findet eine weitere leichte Verlagerung zum motorisierten Individualverkehr statt, und der Anteil des Öffentlichen Nahverkehrs geht bei gleichbleibender absoluter Transportleistung entsprechend zurück; im Personenfernverkehr nimmt der Anteil des Schienenverkehrs leicht zu. Im gesamten Personenverkehr bleibt der Anteil des motorisierten Individualverkehrs an den Verkehrsleistung etwa gleich und der Pkw behält seine dominante Rolle.

Sowohl im Nah- als auch im Fernverkehr nehmen die Komfortansprüche zu. Der durchschnittliche Besetzungsgrad der Pkw sinkt von 1,40 Personen im Jahr 1990 auf 1,38 im Jahr 2005 und 1,35 im Jahr 2020 ab. Die Auslastung der Bahn – gemessen als Quotient aus Platzkilometern und Personenkilometern – verschlechtert sich im Nahverkehr von 6,06 (1990) auf 6,15 (2005) und 6,28 im Jahr 2020 und im Fernverkehr von 3,00 auf 3,04 bzw. 3,11.

Bedingt durch die zugrunde gelegte wirtschaftliche Entwicklung und die damit verbundene, ansteigende Güterproduktion nimmt die Güterverkehrsleistung in Zukunft weiter zu (Tabelle 4.1.5). Im Nahverkehr ist der Güterverkehr im wesentlichen identisch mit dem Straßengüterverkehr; der Anteil des Güternahverkehrs an der gesamten Güterverkehrsleistung wird sich kontinuierlich erhöhen. Im Güterfernverkehr wird der Straßengüterfernverkehr eine noch größere Bedeutung gewinnen als heute, sein Anteil an der Fernverkehrsleistung wächst von 59,6 % im Jahr 1990 auf 62,0 % im Jahr 2005 und 64,5 % im Jahr 2020 an.

Tabelle 4.1.5 Entwicklung der Güterverkehrsleistung in Baden-Württemberg im Szenario A[4]

Jahr	Straße nah	Straße fern	Schiene fern	Binnenschiff	Summe Fernverkehr	Gesamt
	Anteile in Prozent					Mrd. tkm/a
1990	15,5	50,4	15,5	18,6	84,5	60,1
2005	16,6	51,7	16,3	15,4	83,4	79,6
2020	20,0	51,5	14,6	13,9	80,0	109,0

Aufgrund optimierter Produktionsstrukturen und verbesserter Logistik steigt die mittlere Auslastung der Lkw bis zum Jahr 2005 um 2,5 % und bis zum Jahr 2020 um 5 % gegenüber den heutigen Werten an.

Besondere energie- und verkehrspolitische **Maßnahmen**, die über das in der Vergangenheit Übliche hinausgehen, sind für die Realisierung der skizzierten Entwicklung der Nachfrage nach Dienstleistungen und Gütern nicht erforderlich, insbesondere keine auf Verhaltensänderungen zielende Eingriffe bei den Haushalten, in den Sektoren Kleinverbraucher oder in der Industrie.

Techniken zur Deckung des Nutzenergiebedarfs bei den Endverbrauchern

Die Nachfrage nach Raumwärme hängt sowohl von den genutzten Wohnflächen als auch von deren baulichem Zustand ab. Die durch Abriß und Neubau bewirkte Änderung der Altersstruktur des Wohnungsbestandes führt im Bereich der **Haushalte** zu einer langsamen Verbesserung der Wärmedämmung im Wohnungsbestand und damit zu einem sinkenden spezifischen Raumwärmebedarf.

Die Neubauten werden entsprechend den Vorschriften der Wärmeschutzverordnung von 1995 ausgeführt und haben dann bei Einfamilienhäusern einen durchschnittlichen spezifischen Nutzenergiebedarf von 68,4 kWh/m^{2}a und bei Mehrfamilienhäusern von 62,5 kWh/m^{2}a.

Eine weitere Verbesserung wird dadurch erreicht, daß die Wohnflächen im Altbaubestand über den gesamten Zeitraum in der bisher üblichen Häufigkeit von 0,5 % pro Jahr saniert und dabei auf den Standard der Wärmeschutzverordnung von 1995 angehoben werden. Der spezifische jährliche Nutzenergiebedarf für Raumwärme im Wohnungsbestand nimmt damit insgesamt von 133,3 kWh/m^2 im Jahr 1990 (temperaturbereinigt) auf 123,3 kWh/m^2 und 110,1 kWh/m^2 in den Jahren 2005 und 2020 (klimatische Normaljahre) ab.

Durch die Verbesserung der Heizungsanlagen und den vermehrten Einsatz von Brennwertkesseln wird außerdem der Energiebedarf zur Deckung der Nutz-

[4] C. Bonhoff, U. Fahl, A. Voß: Bedarfsszenario, Arbeitsbericht der Akademie für Technikfolgenabschätzung, Nr. 6, April 1994 – aktualisierte Werte
Der kleine Beitrag von Rohrleitungen an der Güterverkehrsleistung wird wegen des nachrangigen Einflusses auf die energetische Bilanz des Güterverkehrs vernachlässigt.

energienachfrage verringert. Der Jahresnutzungsgrad für Raumheizungen steigt von 73 % im Jahr 1990 auf 84 % im Jahr 2005 und auf 89 % im Jahr 2020 an.

Bei der Warmwasserbereitung der Haushalte steigt der Jahresnutzungsgrad – trotz des vermehrten Einsatzes von zentralen Versorgungssystemen – von 67 % im Jahr 1990 auf 70 % im Jahr 2005 und den nachfolgenden Jahren an.

Bei privaten Kaufentscheidungen für Geräte oder Kraftfahrzeuge und bei deren Nutzung spielen der Energieverbrauch oder die Umweltwirkungen vor dem Hintergrund des Leitbildes A keine besondere Rolle.

Bei den Haushaltsgeräten verbessert so sich die Energieeffizienz wie in der Vergangenheit allmählich und stetig weiter. Kauf und Einsatz der verbesserten Geräte bewirken dann in den kommenden Jahren eine kontinuierliche Verringerung der spezifischen Energieverbräuche im Gerätebestand (Tabelle 4.1.6). Kohle-Herde werden dabei bis zum Jahr 2005 fast vollständig verschwunden und vor allem durch Gas-Herde ersetzt sein.

Der Energiebedarf für die übrigen Kleingeräte wird mit 88 kWh/Haushalt und Jahr unverändert bleiben.

Bei der Beleuchtung gewinnen Energiesparlampen nur langsam an Bedeutung; ihr Anteil wächst von 1990 0,6 % auf 2,4 % im Jahr 2005 und 10 % im Jahr 2020 an. Der Anteil der Leuchtstoffröhren bleibt mit 5 % gleich.

Tabelle 4.1.6 Spezifischer Energiebedarf von Haushaltsgeräten in Baden-Württemberg im Szenario A

		Einheit	1990	2005	2020
Geschirrspüler		kWh/Anwendung	2,02	1,6	1,6
Kühlschrank		kWh/d	0,89	0,66	0,63
Gefrierschrank		kWh/d	1,33	0,98	0,93
Kühl-/Gefrier-Kombination		kWh/d	1,5	1,11	1,04
Fernseher:	Normalbetrieb	W	50	37	35,2
	Standby	W	8	6	5,7
Waschmaschine	30 °C	kWh/Waschgang	0,79	0,56	0,54
	60 °C	kWh/Waschgang	1,70	1,20	1,17
	95 °C	kWh/Waschgang	2,76	1,95	1,90
Wäschetrockner		kWh/Trockengang	3,44	3,19	3,19
Elektro-Herd		kWh/Normalmahlzeit	1,06	0,92	0,87
Gas-Herd		kWh/Normalmahlzeit	1,35	1,16	1,10
Kohle-Herd		kWh/Normalmahlzeit	2,62	2,35	2,23

Bei den **Kleinverbrauchern** und in der **Industrie** stellt der Energiebedarf einen Kostenfaktor dar. Maßnahmen zu seiner Reduzierung werden dann eingeleitet, wenn dies unter betriebswirtschaftlichen und unternehmerischen Gesichtspunkten geboten erscheint. Das Umweltverhalten dieses Sektors orientiert sich an den jeweils geltenden Vorschriften; darüber hinausgehende Maßnahmen werden dann ergriffen, wenn sie mit wirtschaftlichen Vorteilen verbunden sind.

Im Sektor **Kleinverbraucher** wird für Energieeinsparungen im Gebäudebereich gegenüber der Vergangenheit kein gesteigerter Handlungsbedarf gesehen. Die Sanierungsmaßnahmen erfolgen im gesamten betrachteten Zeitraum – wie im Wohnbereich – mit einer Rate von 0,5 %/a und werden auch hier mit einer Anhebung des Standards auf das Niveau der Wärmeschutzverordnung von 1995 verbunden. Neubauten werden entsprechend dem Standard der Wärmeschutzverordnung von 1995 errichtet.

Der spezifische jährliche Nutzenergiebedarf für Raumwärme betrug 1990 (temperaturbereinigt) 163 kWh/m^2; er wird in den Jahren 2005 und 2020 (klimatische Normaljahre) 152 kWh/m^2 bzw. 145 kWh/m^2 betragen.

Der Endenergiebedarf für Warmwasser in den raumwärmeintensiven Branchen sinkt – bezogen auf die Zahl der Erwerbstätigen – von 4.300 kWh/a im Jahr 1990 auf 3.500 kWh/a bzw. 2.800 kWh/a in den Jahren 2005 bzw. 2020. Der Bedarf an Strom für Licht und Geräte bleibt mit 2.000 kWh/a in den kommenden Jahren konstant und auf dem Niveau der Vergangenheit; die zunehmende Gerätenutzung wird durch technische Versbesserungen kompensiert.

In Fortsetzung der Tendenzen aus der Vergangenheit wird der Strombedarf in den prozeßenergieintensiven Branchen des Kleinverbrauchssektors, bezogen auf die Bruttowertschöpfung, auch in den kommenden Jahren anwachsen; in der Landwirtschaft wird sich auch der Brennstoffbedarf pro Bruttowertschöpfung durch den Einsatz energieintensiver Anbautechniken erhöhen (Tabelle 4.1.7). Die Zunahme des spezifischen Strombedarfs ist vor allem durch eine zunehmende Mechanisierung und Automatisierung in den güterproduzierenden Teilsektoren, den zunehmenden Einsatz von EDV- und Bürokommunikationsgeräten und durch die Klimatisierung von Gebäuden bedingt.

Tabelle 4.1.7 Spezifischer Energiebedarf in den prozeßenergieintensiven Branchen des Kleinverbrauchssektors in Baden-Württemberg im Szenario A in PJ pro Mrd. DM Bruttowertschöpfung (in Preisen von 1985)[5]

	spezifischer Brennstoffverbrauch			spezifischer Stromverbrauch		
	1990	2005	2020	1990	2005	2020
Landwirtschaft/Gartenbau	1,84	1,88	1,92	0,37	0,54	0,60
Handwerk/Kleinindustrie	1,47	1,25	1,13	0,49	0,71	0,78
Baugewerbe	0,31	0,25	0,22	0,01	0,02	0,02

In der **Industrie** setzt sich die Entwicklung der Vergangenheit zur kontinuierlichen graduellen Verbesserung der Energieeffizienz auch in den kommenden Jahren fort. Durch Prozeßverbesserungen, bessere Anlagennutzung und optimalen Werkstoffeinsatz, durch Abwärmenutzung und die Verbrennung von Ab-

[5] E. Jochem, H. Bradke, W. Mannsbart, H. Oetjen: Industrie und prozeßenergieintensive Branchen des Kleinverbrauchssektors, Arbeitsbericht der Akademie für Technikfolgenabschätzung, Nr. 9, April 1994 – aktualisierte Werte

Tabelle 4.1.8 Spezifischer Energiebedarf in der Industrie in Baden-Württemberg im Szenario A in PJ pro Mrd. DM Nettoproduktionswert (in Preisen von 1985)

	spezifischer Brennstoffverbrauch			spezifischer Stromverbrauch		
	1990	2005	2020	1990	2005	2020
Chemische Industrie	2,48	1,70	1,40	0,90	0,65	0,55
Zellstoff-/Papier-Industrie	8,14	5,23	4,06	4,48	3,17	2,61
Steine/Erden	8,99	7,45	6,88	1,54	1,34	1,28
Restliche Grundstoffindustrie	1,31	0,90	0,69	1,00	0,78	0,70
Elektrotechnische Industrie	0,25	0,15	0,11	0,28	0,23	0,20
Maschinenbau	0,35	0,28	0,25	0,25	0,23	0,20
Straßenfahrzeugbau	0,47	0,40	0,36	0,44	0,40	0,37
Textilindustrie	2,23	1,88	1,60	0,88	0,90	0,90
Restliche Industrie	0,82	0,60	0,45	0,47	0,43	0,40

fallstoffen, durch den verstärkten Einsatz der Kraft-Wärme-Kopplung und die Substitution von Kohle und Heizöl in der Wärmeerzeugung, durch verbesserten Wärmeschutz bei Neubauten und die Verwendung energieeffizienter Beleuchtungseinrichtungen sinkt der spezifische Energiebedarf in der gesamten Industrie von 1990 bis zum Jahr 2005 um durchschnittlich 1,9 %/a und im Zeitraum von 2005 bis 2020 um durchschnittlich 1,3 %/a.

Die Veränderung des spezifischen Energiebedarfs (Tabelle 4.1.8) entwickelt sich branchenabhängig unterschiedlich, weil innerhalb der einzelnen Branchen die strukturellen Veränderungen zu einer weniger energieintensiven Produktion verschieden verlaufen und weil zudem der Anteil der Energiekosten an den Gesamtkosten branchenspezifisch variiert und so die Anreize zur Minderung des Energiebedarfs aus wirtschaftlichen Gründen unterschiedlich hoch sind.

Im **Verkehr** wird der Energiebedarf vor allem durch die spezifischen Verbräuche der Straßenfahrzeuge bestimmt. Im Personenverkehr verringert sich – wie bereits in der Vergangenheit – der Energieverbrauch der Personenkraftwagen nur langsam. Wie in der Vergangenheit besteht die Tendenz zu größeren Fahrzeugen mit höherer Motorisierung und höheren Spitzengeschwindigkeiten fort, so daß Verbesserungen des spezifischen Kraftstoffverbrauchs in den einzelnen Fahrzeugklassen im Durchschnitt aller Neufahrzeuge teilweise kompensiert werden.

Bei den Neufahrzeugen mit Otto-Motor bleibt so der Durchschnittsverbrauch (Drittelmix) mit 8,0 l/100 km bis zum Jahr 2005 konstant und verringert sich dann bis zum Jahr 2020 auf 7,5 l/100; bei den Neufahrzeugen mit Diesel-Motor beträgt er bis zum Jahr 2005 6,5 l/100 km und im Jahr 2020 6,0 l/100 km. Mit dieser Entwicklung bei den Neufahrzeugen nimmt der durchschnittliche Kraftstoffverbrauch im Fahrzeugbestand – durch dessen stetige Modernisierung – weiter kontinuierlich ab (Tabelle 4.1.9). Wegen der weiterhin bestehenden wirtschaftlichen Nachteile beim Kauf wächst der Anteil der Dieselfahrzeuge, die einen besonders guten spezifischen Kraftstoffverbrauch aufweisen, an der Ver-

Tabelle 4.1.9 Durchschnittliche reale Energieverbräuche im Bestand der Verkehrsmittel im Personenverkehr in Baden-Württemberg im Szenario A

		Einheit	1990	2005	2020
Pkw	Otto-Motor	l/100 Fahrzeug-km	9,5	7,8	7,5
	Diesel-Motor	l/100 Fahrzeug-km	8,5	6,3	6,0
ÖPNV	Bus	l/100 Platz-km	0,45	0,39	0,37
	Schienenverkehrsmittel	Wh/Platz-km	39,6	37,7	37,2
Bahn	Diesel-Antrieb	g/Platz-km	11,5	11,3	11,1
	elektrischer Antrieb	Wh/Platz-km	45,2	44,4	43,5
Flugzeug		MJ/Platz-km	1,91	1,53	1,15

Tabelle 4.1.10 Durchschnittliche reale Energieverbräuche im Bestand der Verkehrsmittel im Güterverkehr in Baden-Württemberg im Szenario A

		Einheit	1990	2005	2020
Straßengüternahverkehr		kg/100 Fahrzeug-km	11,16	10,04	10,04
Straßengüterfernverkehr		kg/100 Fahrzeug-km	27,05	23,46	22,26
Bahn	Dieselantrieb	g/tkm	23,69	23,24	22,80
	elektrischer Antrieb	Wh/tkm	78,75	77,28	75,80
Binnenschiff		g/tkm	10,00	10,00	10,00

kehrsleistung in den kommenden Jahren (bis 2005) auf nur 20,5 % an und bleibt danach konstant (1990: 18 %).

Auch im öffentlichen Personenverkehr, der hinsichtlich Energieverbrauch und CO_2-Emissionen nur eine untergeordnete Rolle spielt, verbessert sich die Energieeffizienz in Fortsetzung der Vergangenheitsentwicklung kontinuierlich langsam weiter. Wesentlicher Antrieb für diese Verbesserungen ist die Fortsetzung der finanziellen Förderung des öffentlichen Verkehrs auch in der Zukunft, die kontinuierliche Investitionen und stetige Erneuerung des Fahrzeugbestandes ermöglichen.

Im Güterverkehr verringert sich der Verbrauch der Neufahrzeuge bei den Lkw im Nahverkehr wie bei den großen Diesel-Pkw, bei den Lkw im Fernverkehr sinkt er bis zum Jahr 2005 um 5 % und bis zum Jahr 2020 um 10%. Im Schienengüterverkehr bleiben die Verbräuche der Neufahrzeuge unverändert. Dies führt insgesamt zu nur leichten Verbesserungen des Energieverbrauchs im Bestand der Fahrzeuge (Tabelle 4.1.10).

Besondere **Maßnahmen**, die über das in der Vergangenheit Übliche hinausgehen, sind für die Realisierung der skizzierten Entwicklung der Energieeffizienz der im Endverbraucherbereich genutzten Techniken im Szenario A nicht erforderlich. Verbesserungen beim Raumwärmebedarf ergeben sich auf der Grundlage der geltenden Wärmeschutzverordnung. Die Erhöhung der Energieeffizienz bei Haushaltsgeräten und die Verringerung der Kraftstoffverbräuche im Straßenverkehr sind das Resultat von Wettbewerb und Marktkräften. Die Verbesserungen der Energieverbräuche im öffentlichen Verkehr werden maßgeblich durch dessen andauernde finanzielle Förderung und die damit verbundene kontinuierliche Bestandsverjüngung bewirkt.

Techniken im Umwandlungsbereich und Einsatz von Primärenergieformen mit geringeren CO_2-Emissionen

Für die Bereitstellung von **Raumwärme** stehen auch in den kommenden Jahren die fossilen Energieträger – vor allem Heizöl und Erdgas – im Vordergrund (Tabelle 4.1.11). Dabei wird sich die Tendenz der Vergangenheit zur Substitution von Heizöl durch Erdgas fortsetzen. Fernwärme und vor allem Nahwärmenetze gewinnen durch den Ausbau der Kraft-Wärme-Kopplung einen stetig wachsenden Anteil, der aber absolut klein bleibt.

Bei den regenerativen Energiequellen kann nur die Biomasse, die in einzelnen Bereichen die Schwelle der Wirtschaftlichkeit überschreiten kann, eine gewisse Bedeutung gewinnen; der Beitrag der solaren Wärmeerzeugung bleibt trotz deutlichem relativen Wachstum unerheblich (Tabelle 4.1.12), so daß die regenerativen Quellen insgesamt keine besondere Bedeutung gewinnen. Die Ausweitung der Nutzung regenerativer Energiequellen ist wie in der Vergangenheit vor allem das Ergebnis öffentlicher finanzieller Fördermaßnamen.

Tabelle 4.1.11 Struktur der Raumwärmebereitstellung in den Sektoren Haushalte und Kleinverbraucher in Baden-Württemberg im Szenario A[1] (in Prozent)

Energieträger	1990	2005	2020
Heizöl	54,1	47,6	33,7
Erdgas	27,6	32,8	43,0
Fern- und Nahwärme	5,9	7,7	11,2
Strom	8,1	8,4	7,4
Regenerative Quellen	2,2	2,7	4,7
Kohlen	2,1	0,8	0,0

[1] einschl. zentraler Warmwasserversorgung

Tabelle 4.1.12 Beitrag regenerativer Energiequellen zur Wärmeerzeugung in Baden-Württemberg im Szenario A

		Einheit	1990	2005	2020
Biomasse für Wärme, KWK		PJ	8,9	14,9	29,6
Solare Wärmeerzeugung	Kollektorfläche	Mio. m^2	0,04	0,2	1,0
	Primärenergieäquivalente[1]	PJ	–	1,5	4,0
Geothermie	Primärenergieäquivalente	PJ		0,5	1,0

[1] einschl. Wärmepumpen

Tabelle 4.1.13 Struktur der Energiebereitstellung für die dezentrale Warmwassserbereitung in den Sektoren Haushalte und Kleinverbraucher in Baden-Württemberg im Szenario A (in Prozent)

Energieträger	1990	2005	2020
Erdgas	56,7	54,0	50,5
Strom	43,3	45,6	44,7
Regenerative Quellen	0,05	0,4	4,8

Tabelle 4.1.14 Anteile der Primärenergieträger zur Stromerzeugung[1] in Baden-Württemberg im Szenario A (in Prozent)

Energieträger	1990	2005	2020
Kernenergie	58,9	50,0	49,1
Kohle	30,2	24,7	19,1
Erdgas	2,4	13,8	18,7
Regenerative Quellen [2]	6,7	7,9	10,5
Heizöl/Sonstige	1,8	3,6	2,6

[1] mit industrieller Eigenerzeugung [2] einschließlich Müllverbrennung

Bei der dezentralen **Warmwasserbereitung** geht der Anteil des Erdgases zugunsten der Stromnutzung wie in der Vergangenheit weiter langsam zurück; erst längerfristig beginnen auch die regenerativen Energiequellen – vor allem die solare Wärmeerzeugung – eine Rolle zu spielen (Tabelle 4.1.13).

Bei der **Stromerzeugung** werden sich in den kommenden Jahren die Anteile der Energieträger nicht wesentlich ändern. Die fortbestehende Uneinigkeit über die Nutzung der Kernenergie führt dazu, daß nur die auslaufenden Anlagen ersetzt werden und die Stromerzeugung (Jahresarbeit) aus Kernreaktoren im betrachteten Zeitraum mit 121 PJ_{el} konstant bleibt; wegen des insgesamt wachsenden Strombedarfs sinkt deren Anteil leicht ab (Tabelle 4.1.14). Aufgrund der bestehenden Abnahmeverpflichtungen bleibt auch der Primärenergieeinsatz von Kohle zur Stromerzeugung und in KWK-Anlagen zunächst bis zum Jahr 2005 mit 158 PJ konstant. Danach wird der Kohleeinsatz langsam bis auf 126 PJ im Jahr 2020 verringert. Der Strommehrbedarf wird im wesentlichen durch die wachsende Nutzung von Erdgas zur Stromerzeugung gedeckt; der Erdgasanteil nimmt dementsprechend im gesamten Zeitraum deutlich zu. Regenerative Energiequellen tragen nach dem Jahr 2005 vermehrt zur Stromerzeugung bei; ihr Anteil bleibt aber im gesamten betrachteten Zeitraum gering.

Bei den regenerativen Energiequellen steht – wie in der Vergangenheit – die Stromerzeugung aus Wasserkraft im Vordergrund (Tabelle 4.1.15)[6]. Da die Nutzung der Wasserkraft auf wachsende Widerstände von seiten des Naturschutzes stößt und die wirtschaftlich gewinnbaren Ressourcen bereits weitgehend ausgeschöpft sind, wird sie in den kommenden Jahren nur noch begrenzt

[6] Die Nutzung der Wasserkraft dient neben der Stromerzeugung auch Regelaufgaben; vorwiegend zu diesem Zweck sind in Baden-Württemberg ca. 2 GW Leistung in Speicher- und Pumpspeicheranlagen installiert.

ausgebaut werden. Da die Standortbedingungen für die Nutzung der Windkraft in Baden-Württemberg ungünstig sind, kann die Stromerzeugung aus Windkraft auch in Zukunft keine größere Bedeutung erlangen, obwohl diese Technik die Wirtschaftlichkeitsschwelle unter den geltenden Bedingungen für die Rückvergütung bei der Stromeinspeisung in das Netz und an günstigen Standorten mit ausreichendem Windangebot erreicht. Somit wird von einer eher moderaten Entwicklung ausgegangen. Die Photovoltaik spielt – vor allem aus Wirtschaftlichkeitsgründen – bis zum Jahr 2020 keine größere Rolle in der Stromerzeugung; der Ausbau der installierten Leistung ist das Resultat der öffentlichen Förderung, die sich in der Zukunft fortsetzt, und ihr Beitrag zur Stromerzeugung wird in erster Linie in Anlagen mit Demonstrationscharakter erbracht.

Mit der Verwendung zur Wärme- und Stromerzeugung erreichen die regenerativen Energiequellen – einschließlich der Müllverbrennung – einen Anteil am gesamten Primärenergieverbrauch von 4,2 % im Jahr 2005 und 5,7 % im Jahr 2020 (1990: 3,8 %). Der Beitrag der Müllverbrennung zur Deckung des Primärenergiebedarfs steigt dabei von 8,1 PJ im Jahr 1990 auf 9 PJ und 10 PJ in den Jahren 2005 und 2020.

Mit der wichtigen Rolle, die die Stromerzeugung aus Kohle auch in Zukunft spielt, setzen sich die Bemühungen zur Verbesserung der Kraftwerkstechnik fort. Optimierungen in der Prozeßführung, Wirkungsgradverbesserungen bei Gas- und Dampfturbinen und der verstärkte Einsatz von Gas- und Dampfturbinen-Kombiprozessen in Verbindung mit der verstärkten Erdgasnutzung führen dazu, daß sich der Wirkungsgrad der fossilen Stromerzeugung im Durchschnitt von 1990 38,0 % auf 46,0 % und 48,2 % in den Jahren 2005 und 2020 erhöht.

Tabelle 4.1.15 Beitrag regenerativer Energiequellen zur Stromerzeugung in Baden-Württemberg im Szenario A (ohne Stromerzeugung aus KWK)

		Einheit	1990	2005	2020
Wasserkraft[7]	installierte Leistung Stromproduktion	MW TWh	600 3,9	630 4,3	690 4,7
Photovoltaik	installierte Leistung Stromproduktion	MW TWh	0,15 –	10 0,01	200 0,18
Biogas	Primärenergie	PJ	–	1	3
Windenergie	installierte Leistung Stromproduktion	MW TWh	1* –	4 0,01	20 0,05

* Wert für 1993

[7] Die in der Tabelle angegebenen Werte beziehen sich auf Laufwasserkraftwerke (einschl. industrieller Werke) und umfassen nicht die Pumpspeicherwerke mit natürlichen Zuflüssen und Eigenversorgungsleistungen kleiner Betreiber. Der für das Jahr 1990 angegebene Wert entspricht den Angaben im Energiebericht Baden-Württemberg zuzüglich einer Trockenjahrkorrektur von 9 %; für die Jahre 2005 und 2020 werden das Regelarbeitsvermögen angenommen und die Ausbaupotentiale für große Laufwasserkraftwerke (> 1 MW) berücksichtigt. Bei Berücksichtigung der Ausbaupotentiale auch kleiner Wasserkraftwerke erhöht sich die Stromproduktion aus Wasserkraft um ca. 0,5 – 0,7 TWh/a.

Tabelle 4.1.16 Anteile der Energieträger bzw. -formen an der Deckung des Endenergiebedarfs an Brennstoffen in der Industrie und im Sektor Kleinverbraucher in Baden-Württemberg im Szenario A (in Prozent)

	Industrie			Kleinverbraucher		
	1995	2005	2020	1995	2005	2020
Gase	36,9	37,4	43,6	32,7	36,6	45,0
Heizöl	24,9	25,3	24,5	65,5	60,7	51,7
Kohlen	13,1	12,9	8,8			
Dampf	17,6	15,8	14,3			
Fernwärme	7,0	8,2	8,8	1,8	2,7	3,3
Regenerative (Holz)	0,5	0,4	0,0			

Durch die verstärkte Nutzung der Kraft-Wärme-Kopplung steigt die Wärmeauskopplung der Kraftwerke und Heizwerke für die Nah- und Fernwärmeversorgung auf 41,6 PJ im Jahr 2005 und 48,8 PJ im Jahr 2020 an. Hinzu kommt die Wärmeauskopplung bei der industriellen Eigenerzeugung, die – ohne Prozeßdampf für Raffinerien – im Jahr 2005 24,7 PJ und im Jahr 2020 23,1 PJ erreicht.

Auch bei der Deckung des Endenergiebedarfs an Brennstoffen in der Industrie und im Sektor Kleinverbraucher setzt sich in Zukunft die Substitution von Heizöl und Kohle fort. Erdgas vergrößert seinen Anteil und wird immer mehr zum bevorzugten Energieträger. Regenerative Energieträger spielen in diesem Bereich keine Rolle (Tabelle 4.1.16).

Im **Verkehrsbereich** wird der Endenergiebedarf im Straßenverkehr weiterhin durch die üblichen Kraftstoffe gedeckt. Ihre Herstellung erfordert in den Raffinerien in Baden-Württemberg bis zum Jahr 2020 einen auf dem heutigen Niveau verbleibenden, konstanten Eigenverbrauchsanteil.

Im Hinblick auf langfristig mögliche Antriebsalternativen wird die Wasserstoff-Technologie im bisherigen Umfang gefördert.

Trotz der – nicht nur in Baden-Württemberg – zunehmenden Verwendung von Erdgas werden hier bis zum Jahr 2020 keine Knappheiten oder Versorgungsengpässe entstehen.

Besondere **Maßnahmen**, die über das in der Vergangenheit Übliche hinausgehen, sind für die Realisierung der skizzierten Entwicklung bei der Deckung des Energiebedarfs im Szenario A nicht erforderlich. Der verstärkte Einsatz des Erdgases bei der Wärme- und Stromerzeugung und die Verbesserungen und Strukturveränderungen bei der Stromerzeugung vollziehen sich im Rahmen der geltenden Vorschriften unter dem Einfluß von Marktkräften. Der Ausbau der Nah- und Fernwärmeversorgung wird – wie in der Vergangenheit – durch Förderung, Beratung und Modellvorhaben unterstützt, und die Ausweitung der Nutzung regenerativer Energieträger hängt weiterhin von öffentlichen Finanzhilfen ab.

4.2 Szenario B – Techniknutzung[8]

Szenario B entwirft ein Bild des zukünftigen Energiesystems für Baden-Württemberg, das sich ergeben könnte, wenn innovative Technologien und Produkte, die zur Verringerung des Energiebedarfs und zur Reduktion der CO_2-Emissionen beitragen, gezielt entwickelt und verstärkt genutzt werden. Grundlage bilden, wie in Szenario A *Heutige Trends*, die Annahmen über die Bevölkerungsentwicklung, über die Entwicklung der Energieträgerpreise und über die Wirtschaftsentwicklung, wie sie als Rahmenbedingungen für den Szenario-Prozeß festgelegt wurden (Kapitel 3.3).

Nachfrage nach Energiedienstleistungen und Gütern

Die Nachfrage nach Energiedienstleistungen und Gütern entwickelt sich im Szenario B wie im Szenario A im Verlauf der kommenden Jahre als Fortschreibung der Tendenzen, die bereits in der Vergangenheit bestimmend waren. Beim Konsum dominiert der Aspekt der individuellen Nutzenoptimierung; das Freizeitverhalten orientiert sich an Erlebniswerten.

Im Bereich der **Haushalte** wachsen die Ansprüche an die Wohnfläche und damit an den Energiebedarf für die Bereitstellung von Raumwärme weiterhin und wie im Szenario A an; die Tendenz zu Einfamilienhäusern und zunehmenden Wohnflächen pro Kopf setzt sich fort. Der Wohnungsbestand und die beheizte Wohnungsfläche (Tabelle 4.2.1) nehmen damit kontinuierlich zu. Trotz rückläufiger Zahl der Wohnungsfertigstellungen pro Jahr verbessert sich die Wohnungssituation – vor allem aufgrund der ab dem Jahr 2005 im wesentlichen gleichbleibenden Bevölkerungszahl – stetig. Die durchschnittliche Wohnfläche

Tabelle 4.2.1 Entwicklung des Wohnungsbestandes und der Wohnflächen in Baden-Württemberg in den Szenarien A und B

Jahr	1990	2005	2020
1000 Wohnungen in			
Gebäuden mit 1 und 2 Wohnungen	2055,0	2364,5	2485,0
Gebäuden mit 3 bis 12 Wohnungen	1592,6	1826,8	1906,9
Gebäuden mit mehr als 12 Wohnungen	229,1	264,6	277,4
Gesamtsumme	3876,7	4455,9	4669,3
Mio. m^2 Wohnfläche in			
Gebäuden mit 1 und 2 Wohnungen	218,9	255,5	272,3
Gebäuden mit 3 bis 12 Wohnungen	107,7	125,4	133,0
Gebäuden mit mehr als 12 Wohnungen	15,6	18,2	19,4
Gesamtsumme	342,2	399,1	424,7

[8] Grau hinterlegte Bereiche markieren Änderungen gegenüber dem Szenario *Heutige Trends*

pro Kopf steigt von 34,8 m^2 im Jahr 1990 auf 37,5 m^2 im Jahr 2005 und danach bis zum Jahr 2020 auf rd. 40 m^2 an, vor allem durch die Zunahme des Anteils der Ein-Personen-Haushalte.

Die Nachfrage nach Energiedienstleistungen hat heute im Bereich der Haushalte vielfach bereits ein so hohes Niveau erreicht, daß diese sich spezifisch – bezogen auf die Bevölkerungszahl, die Zahl der Haushalte oder die Wohnfläche – in den kommenden Jahren nur wenig ändert. So bleiben der jährliche Bedarf an gespültem Geschirr (2060 Maßgedecken pro Haushalt), die Menge der gewaschenen/getrockneten Wäsche (263 kg pro Person und Jahr), die Zahl der Duschen/Baden-Anwendungen (182 pro Person und Jahr) und die Zahl der Beleuchtungsstellen pro Wohnfläche in den kommenden Jahren gleich; sie wachsen nur absolut mit der Zunahme von Bevölkerung, Haushalten und Wohnflächen. Beim Duschen/Baden wird sich eine leichte Tendenz zur Erhöhung des Dusch-Anteils (von 74 % auf 75 % im Jahr 2005) ergeben und die Zahl der warmen Mahlzeiten pro Haushalt und Jahr wird aufgrund der zunehmenden Verpflegung außer Haus im Zeitverlauf geringfügig abnehmen (1990: 412, 2005: 404).

Der Trend der Vergangenheit zum vermehrten Einsatz von Haushaltsgeräten setzt sich fort und führt vor allen in den Bereichen, die bislang noch geringe Sättigungsgrade aufweisen, zu einer weiteren Erhöhung der Ausstattung der Haushalte mit Geräten; dies gilt z.B. für Spülmaschinen und Wäschetrockner und einige Kleingeräte wie Mikrowelle, Video-Geräte oder Dunstabzugshauben.

Die wachsende Nutzung von Geschirrspülern führt zu einem entsprechenden Anstieg des Anteils maschinellen Spülens: von 37,7 % im Jahr 1990 auf 54,6 % im Jahr 2005 und 68,3 % im Jahr 2020. Aufgrund der hohen Bedeutung, die dem Komfort zugemessen wird, werden auch in Zukunft die Spülmaschinen nur mit einem durchschnittlichen Befüllungsgrad von 70 % genutzt werden.

In gleicher Weise bewirkt die höhere Ausstattung mit Wäschetrocknern, daß der Anteil der maschinengetrockneten Wäschemenge von 29,0 % im Jahr 1990 auf 51,7 % im Jahr 2005 und 74 % im Jahr 2020 anwächst. Die Waschmaschinen werden wie in der Vergangenheit mit einem durchschnittlichen Befüllungsgrad von 90 % genutzt und die Waschtemperaturen ändern sich im Zeitablauf nicht: 40 % der Wäschemenge werden bei 30 °C, 40 % bei 60 °C und 20 % bei 95 °C gewaschen.

Die Nutzung von Kühlgeräten und der Fernsehkonsum werden in den kommenden Jahren nicht nur mit der Zahl der Haushalte sondern auch bezogen auf die Haushalte weiterhin zunehmen. Das gekühlte Volumen pro Haushalt steigt von 299 l im Jahr 1990 auf 343 l im Jahr 2005 und 359 l im Jahr 2020 um rd. 15 % bzw. 20 % an, wobei der Anteil der Gefriergeräte und Kühl-Gefrierkombinationen, die zu höherem Energiebedarf führen, von rd. 62 % auf rd. 70 % anwächst. Der Ausstattungsgrad bei Fernsehgeräten (1990: rd. 100 %) erreicht in den Jahren 2005 bis 2020 durch Zweit- und Mehrfachgeräte in den Haushalten 160 %; die Zahl der Benutzungsstunden pro Haushalt (1990: 1540 h) wächst dadurch um rd. 60 %.

Im Sektor **Kleinverbraucher** sind viele sehr heterogene Wirtschaftssektoren zusammengefaßt. Raumwärme, Warmwasser, Licht- und Gerätestrom des gesamten Sektors sowie die Prozeßenergie der prozeßenergieintensiven Teilsektoren bestimmen den künftigen Energiebedarf der Kleinverbraucher und damit auch die Möglichkeiten zur Minderung deren CO_2-Emissionen. Zu den prozeßenergieintensiven Teilsektoren zählen Landwirtschaft (einschließlich Gartenbau), Handwerk und Kleinindustrie sowie Baugewerbe.

Die Bruttowertschöpfung der prozeßenergieintensiven Teilsektoren (Tabelle 4.2.2) erhöht sich – wie im Szenario A – bis zum Jahr 2005 im Teilsektor Handwerk/Kleinindustrie um rd. 22 % und im Teilsektor Baugewerbe um rd. 25 %; in der Landwirtschaft wird sie bis zum Jahr 2005 um rd. 12 % abnehmen. Im Zeitraum von 2005 bis 2020 wird die Bruttowertschöpfung in der Landwirtschaft fast konstant bleiben und in den übrigen Teilsektoren weiterhin leicht wachsen. Damit findet im Sektor Kleinverbraucher auch in den kommenden Jahren eine deutliche Strukturveränderung statt.

Der künftige Raumwärmebedarf im Nichtwohnungsbereich ist nur mit großen Unsicherheiten angebbar. Bezogen auf die Zahl der Erwerbstätigen liegt die beheizte Nutzfläche pro Person in Baden-Württemberg heute bei 34 m^2. Dieser Mittelwert umfaßt Werte von 25 m^2/Erwerbstätiger in Verwaltungsgebäuden bis 80 m^2/Erwerbstätiger in Krankenhäusern. Künftig wird der Flächenbedarf spezifisch – bezogen auf die Zahl der Erwerbstätigen – im Kleinverbrauchssektor etwa gleichbleiben und absolut mit der Zahl der Erwerbstätigen zunehmen. Im Sektor Kleinverbrauch sind im Jahr 2005 rd. 3,12 Mio. Personen und im Jahr 2020 rd. 3,43 Mio. Personen beschäftigt (1990: rd. 2,79 Mio.).

Im Bereich der **Industrie** (Verarbeitendes Gewerbe und übriger Bergbau) erhöht sich der Nettoproduktionswert bis zum Jahr 2005 um rd. 37 %, d.h er wächst mit etwa 2,4 % pro Jahr. Danach schwächt sich das Wachstum auf rd. 1,7 % pro Jahr ab (Tabelle 4.2.3). Im Bereich des Grundstoff- und Produktionsgütergewerbes, das insgesamt unterdurchschnittlich wächst, wachsen die Chemische Industrie im gesamten Zeitraum und die Branche „Steine und Erden" bis zum Jahr 2005 überdurchschnittlich. Ein größeres Wachstum als der Durch-

Tabelle 4.2.2 Bruttowertschöpfung in den drei prozeßenergieintensiven Branchen des Sektors Kleinverbraucher in Baden-Württemberg in den Szenarien A und B

Teilsektor	Bruttowertschöpfung [Mrd.DM] (Preise von 1990)		
	1990	2005	2020
Landwirtschaft/Gartenbau	6,70	5,9	5,5
Handwerk/Kleinindustrie	12,10	14,8	18,0
Baugewerbe	18,60	23,3	28,1
Summe	37,40	44,0	51,6

Tabelle 4.2.3 Entwicklung der Nettoproduktionswerte der Industrie in Baden-Württemberg in Mrd. DM (in Preisen von 1985) in den Szenarien A und B

	1990	2005	2020
Chemische Industrie	10,09	14,20	18,50
Zellstoff-/Papier-Industrie	2,58	3,20	3,70
Steine/Erden	2,86	3,80	4,30
Restliche Grundstoffindustrie	9,34	9,90	10,50
Elektrotechnische Industrie	24,84	37,50	50,00
Maschinenbau	28,03	36,75	49,50
Straßenfahrzeugbau	24,75	30,40	33,50
Textilindustrie	4,38	4,50	4,50
Restliche Industrie	44,73	67,90	92,50
Summe	151,6	208,15	267,00

schnitt weisen auch die Nettoproduktionswerte des Investitionsgütergewerbes und des Verbrauchsgütergewerbes auf. Innerhalb der Industrie ergeben sich so in den kommenden Jahren deutliche strukturelle Verschiebungen, wobei der Rückgang des Anteils der energieintensiven Grundstoffindustrie am gesamten Nettoproduktionswert der Industrie von 16,4 % im Jahr 1990 auf 14,9 % im Jahr 2005 und 13,9 % im Jahr 2020 tendenziell zu einer Verringerung des mittleren Energiebedarfs pro Nettoproduktionswert der Industrie führt.

Im **Verkehr** wird die Nachfrage in Zukunft anwachsen (Tabelle 4.2.4). Im Personennahverkehr bleibt das Verkehrsaufkommen mit rd. 1010 Fahrten/Wegen pro Einwohner und Jahr etwa gleich, die Wegelängen und damit die Verkehrsleistung nehmen aber zu. Im Personenfernverkehr nimmt die Zahl der jährlichen Fahrten/Wege (48,1 pro Einwohner im Jahr 1990) bis zum Jahr 2005 um rd. 7,1 % und bis zum Jahr 2020 um rd. 18,5 % ebenso zu wie die Verkehrsleistung. Die gesamte Personenverkehrsleistung in Baden-Württemberg wächst damit bis zum Jahr 2005 um ca. 20 % und bis zum Jahr 2020 um rd. 35 % an.

Die Zunahme der Verkehrsleistung erfolgt im Nahverkehr in erster Linie bei den Fahrtzwecken Einkauf sowie Urlaub und Freizeit und im Fernverkehr bei

Tabelle 4.2.4 Entwicklung der Verkehrsleistung im Personenverkehr in Baden-Württemberg in den Szenarien A und B

Jahr	zu Fuß/Fahrrad	MIV[1]	ÖPNV[2]	Bahn	Flugzeug	Gesamt
	Anteile in Prozent					Mrd. Pkm/a
1990	6,6	79,9	4,8	6,1	2,6	113,6
2005	5,6	78,3	4,1	6,9	4,1	136,0
2020	4,9	79,5	3,5	7,8	4,3	153,5

[1] Motorisierter Individualverkehr [2] Öffentlicher Personennahverkehr (einschl. S-Bahn)

Tabelle 4.2.5 Güterverkehrsleistung für Baden-Württemberg in den Szenarien A und B[9]

Jahr	Straße nah	Straße fern	Schiene fern	Binnenschiff	Summe Fernverkehr	Gesamt
	Anteile in Prozent					Mrd. tkm/a
1990	15,5	50,4	15,5	18,6	84,5	60,1
2005	16,6	51,7	16,3	15,4	83,4	79,6
2020	20,0	51,5	14,6	13,9	80,0	109,0

den Zwecken Geschäft, Urlaub und Freizeit. Auch in Zukunft wächst der Individualverkehr insgesamt absolut weiter an. Im Personennahverkehr findet eine weitere leichte Verlagerung zum motorisierten Individualverkehr statt und der Anteil des Öffentlichen Nahverkehrs geht entsprechend zurück; im Personenfernverkehr nimmt der Anteil des Schienenverkehrs leicht zu. Im gesamten Personenverkehr bleibt der Anteil des motorisierten Individualverkehrs an der Verkehrsleistung etwa gleich und der Pkw behält seine dominante Rolle.

Sowohl im Nah- als auch im Fernverkehr nehmen die Komfortansprüche zu. Der durchschnittliche Besetzungsgrad der Pkw sinkt von 1,40 Personen im Jahr 1990 auf 1,38 im Jahr 2005 und 1,35 im Jahr 2020 ab. Die Auslastung der Bahn – gemessen als Quotient aus Platzkilometern und Personenkilometern – verschlechtert sich im Nahverkehr von 6,06 (1990) auf 6,15 (2005) und 6,28 im Jahr 2020 und im Fernverkehr von 3,00 auf 3,04 bzw. 3,11.

Bedingt durch die zugrunde gelegte wirtschaftliche Entwicklung und die damit verbundene, ansteigende Güterproduktion nimmt die Güterverkehrsleistung in Zukunft weiter zu (Tabelle 4.2.5). Im Nahverkehr ist der Güterverkehr im wesentlichen identisch mit dem Straßengüterverkehr; der Anteil des Güternahverkehrs an der gesamten Güterverkehrsleistung wird sich kontinuierlich erhöhen. Im Güterfernverkehr wird der Straßengüterfernverkehr eine noch größere Bedeutung gewinnen als heute, sein Anteil an der Fernverkehrsleistung wächst von 59,6 % im Jahr 1990 auf 62,0 % im Jahr 2005 und 64,5 % im Jahr 2020 an.

Aufgrund optimierter Produktionsstrukturen und verbesserter Logistik steigt die mittlere Auslastung der Lkw bis zum Jahr 2005 um 5 % und bis zum Jahr 2020 um 10 % gegenüber den heutigen Werten an.

Besondere energie- und verkehrspolitische **Maßnahmen**, die über das in der Vergangenheit Übliche hinausgehen, sind – wie in Szenario A – für die Realisierung der skizzierten Entwicklung der Nachfrage nach Dienstleistungen und Gütern nicht erforderlich, insbesondere keine auf Verhaltensänderungen zielenden Eingriffe bei den Haushalten und in den Sektoren Kleinverbrauch und Industrie. Die erwartete und im Vergleich zu Szenario A bessere Auslastung der Lkw im Güterverkehr ergibt sich aus wirtschaftlichen Gründen und in Folge

[9] Der kleine Beitrag von Rohrleitungen an der Güterverkehrsleistung wird wegen des nachrangigen Einflusses auf die energetische Bilanz des Güterverkehrs vernachlässigt.

derjenigen Maßnahmen, die ergriffen werden, um die verstärkte Nutzung energieeffizienter Technologien zu erreichen.

Techniken zur Deckung des Nutzenergiebedarfs bei den Endverbrauchern

Die Nachfrage nach Raumwärme hängt sowohl von den genutzten Wohnflächen als auch von deren baulichem Zustand ab. Die durch Abriß und Neubau bewirkte Änderung der Altersstruktur des Wohnungsbestandes führt im Bereich der **Haushalte** zu einer langsamen Verbesserung der Wärmedämmung im Wohnungsbestand und damit zu einem sinkenden spezifischen Raumwärmebedarf.

Neubauten werden unter energetischen Gesichtspunkten und auf der Basis des Niedrigenergiehaus-Standards errichtet. Auf diese Weise wird bei Einfamilienhäusern ein durchschnittlicher spezifischer Heizenergiebedarf von 57,6 kWh/m^{2}a und bei Mehrfamilienhäusern von 50,4 kWh/m^{2}a erreicht.

Eine weitere Verbesserung wird dadurch erreicht, daß die Wohnflächen im Altbaubestand über den gesamten Zeitraum verstärkt saniert und dabei auf den Standard der Wärmeschutzverordnung von 1995 angehoben werden. Die Sanierungsrate beträgt zunächst 1 % pro Jahr und erhöht sich nach fünf Jahren – nach Aufbau der erforderlichen Kapazitäten im Baugewerbe und nach Regelung der Finanzierungsfragen – auf 2 % pro Jahr. Der spezifische jährliche Nutzenergiebedarf für Raumwärme im Wohnungsbestand nimmt damit insgesamt von 133,3 kWh/m^2 im Jahr 1990 (temperaturbereinigt) auf 105,8 kWh/m^2 und 75,8 kWh/m^2 in den Jahren 2005 und 2020 (klimatische Normaljahre) ab.

Durch die Verbesserung der Heizungsanlagen, verbessertes Energiemanagement und den vermehrten Einsatz von Brennwertkesseln wird außerdem der Energiebedarf zur Deckung der Nutzenergienachfrage verringert. Der Jahresnutzungsgrad für Raumheizungen steigt von 73 % im Jahr 1990 auf 84 % im Jahr 2005 und auf 89 % im Jahr 2020 an.

Bei der Warmwasserbereitung der Haushalte steigt der Jahresnutzungsgrad – trotz des Einsatzes von zentralen Versorgungssystemen – von 67 % im Jahr 1990 auf 73 % im Jahr 2005 und den nachfolgenden Jahren an.

Die Bevorzugung technisch innovativer Produkte führt dazu, daß sich die privaten Kaufentscheidungen für Geräte oder Kraftfahrzeuge und deren Nutzung vor dem Hintergrund des Leitbildes B am Energieverbrauch orientieren.

Bei den Haushaltsgeräten verbessert sich so die Energieeffizienz deutlich stärker als in der Vergangenheit. Kauf und Einsatz der energieeffizienten Geräte bewirken in den kommenden Jahren eine deutliche Verringerung der spezifischen Energieverbräuche im Gerätebestand (Tabelle 4.2.6).

Kohle-Herde werden dabei bis zum Jahr 2005 fast vollständig verschwunden und vor allem durch Gas-Herde ersetzt sein.

Der Energiebedarf für die übrigen Kleingeräte wird mit 88 kWh/Haushalt und Jahr unverändert bleiben; hier gleichen sich wachsende Gerätenutzung und verbesserte Energieeffizienz aus.

Tabelle 4.2.6 Spezifischer Energiebedarf von Haushaltsgeräten in Baden-Württemberg im Szenario B

		Einheit	1990	2005	2020
Geschirrspüler		kWh/Anwendung	2,02	1,39	1,39
Kühlschrank		kWh/d	0,89	0,28	0,25
Gefrierschrank		kWh/d	1,33	0,50	0,45
Kühl-/Gefrier-Kombination		kWh/d	1,5	0,86	0,77
Fernseher:	Normalbetrieb	W	50	37	35,2
	Standby	W	8	6	5,7
Waschmaschine	30 °C	kWh/Waschgang	0,79	0,48	0,46
	60 °C	kWh/Waschgang	1,70	1,05	1,00
	95 °C	kWh/Waschgang	2,76	1,71	1,62
Wäschetrockner		kWh/Trockengang	3,44	1,50	1,20
Elektro-Herd		kWh/Normalmahlzeit	1,06	0,78	0,74
Gas-Herd		kWh/Normalmahlzeit	1,35	1,12	1,06
Kohle-Herd		kWh/Normalmahlzeit	2,62	2,35	2,23

Bei der Beleuchtung werden Energiesparlampen an allen Brennstellen, die mehr als 2 h/d im Einsatz sind, eingesetzt. Dadurch wächst ihr Anteil von 0,6 % im Jahr 1990 auf 25 % im Jahr 2005 und 30 % im Jahr 2020 an. Der Anteil der Leuchtstoffröhren bleibt mit 5 % gleich.

Bei den **Kleinverbrauchern** und in der **Industrie** stellt der Energiebedarf einen Kostenfaktor dar und Maßnahmen zu seiner Reduzierung werden im Rahmen des wirtschaftlich Sinnvollen durch den gezielten Einsatz energetisch effizienter Anlagen und Geräte ergriffen.

Das Umweltverhalten orientiert sich in der Industrie und bei den Kleinverbrauchern an den jeweils geltenden Vorschriften; darüber hinausgehende Maßnahmen werden dann ergriffen, wenn sie mit wirtschaftlichen Vorteilen verbunden sind.

Im Sektor **Kleinverbraucher** werden für Energieeinsparungen im Gebäudebereich eine wärmeschutzorientierte Sanierung und Anhebung des Standards auf das Niveau der Wärmeschutzverordnung von 1995 durchgeführt Die Sanierungsrate beträgt zunächst 1 % pro Jahr der Nutzflächen im Altbaubestand und erhöht sich nach fünf Jahren – nach Aufbau der erforderlichen Kapazitäten im Baugewerbe und nach Regelung der Finanzierungsfragen – auf 2 % pro Jahr. Neubauten werden unter energetischen Gesichtspunkten auf der Basis des Niedrigenergiehaus-Standards errichtet.

Für Raumwärmeversorgung und Lüftung wird konsequent Hausleittechnik eingesetzt und z.B. über Temperaturabsenkungen in der Nacht und an Wochenenden eine deutliche Reduzierung des Energiebedarfs erreicht.

Durch diese Maßnahmen sinkt der spezifische jährliche Nutzenergiebedarf für Raumwärme von 163 kWh/m^2 im Jahr 1990 (temperaturbereinigt) auf

121 kWh/m² bzw. 98 kWh/m² in den Jahren 2005 und 2020 (klimatische Normaljahre) ab.

Der Endenergiebedarf für Warmwasser und Strom für Licht und Geräte in den raumwärmeintensiven Branchen (1990: 4.300 kWh/a bzw. 2.000 kWh/a) verringert sich durch den Einsatz verbesserter Technik bis zum Jahr 2005 – bezogen auf die Zahl der Erwerbstätigen – auf 3.500 kWh/a bzw. 1.800 kWh/a und bis zum Jahr 2020 auf 2.800 kWh/a bzw. 1.600 kWh/a.

Durch die konsequente Nutzung energieeffizienter Technik wird der Strombedarf in den prozeßenergieintensiven Branchen des Kleinverbrauchssektors, bezogen auf die Bruttowertschöpfung, in den kommenden Jahren weniger stark anwachsen als im Szenario A; auch beim Brennstoffbedarf ergeben sich aus den gleichen Gründen niedrigere Werte (Tabelle 4.2.7).

In der **Industrie** verstärkt sich die Entwicklung der Vergangenheit zur kontinuierlichen Verbesserung der Energieeffizienz in den kommenden Jahren deutlich. Durch Prozeßverbesserungen, bessere Anlagennutzung und optimalen Werkstoffeinsatz, durch Abwärmenutzung und die Verbrennung von Abfallstoffen, durch den verstärkten Einsatz der Kraft-Wärme-Kopplung und die Substitution von Kohle und Heizöl in der Wärmeerzeugung, durch verbesserten Wärmeschutz bei Neubauten, verstärkte Sanierung bei Altbauten und die Verwendung energieeffizienter Beleuchtungseinrichtungen sinkt der spezifische Ener-

Tabelle 4.2.7 Spezifischer Energiebedarf in den prozeßenergieintensiven Branchen des Kleinverbrauchssektors in Baden-Württemberg im Szenario B in PJ pro Mrd. DM Bruttowertschöpfung (in Preisen von 1985)

	spezifischer Brennstoffverbrauch			spezifischer Stromverbrauch		
	1990	2005	2020	1990	2005	2020
Landwirtschaft/Gartenbau	1,84	1,65	1,39	0,37	0,49	0,44
Handwerk/Kleinindustrie	1,47	1,07	0,95	0,49	0,66	0,64
Baugewerbe	0,31	0,22	0,19	0,01	0,01	0,01

Tabelle 4.2.8 Spezifischer Energiebedarf in der Industrie in Baden-Württemberg im Szenario B in PJ pro Mrd. DM Nettoproduktionswert (in Preisen von 1985)

	spezifischer Brennstoffverbrauch			spezifischer Stromverbrauch		
	1990	2005	2020	1990	2005	2020
Chemische Industrie	2,48	1,59	1,20	0,90	0,61	0,66
Zellstoff-/Papier-Industrie	8,14	5,00	3,35	4,48	3,04	2,80
Steine/Erden	8,99	6,46	5,82	1,54	2,03	1,87
Restliche Grundstoffindustrie	1,31	0,79	0,60	1,00	0,84	0,75
Elektrotechnische Industrie	0,25	0,12	0,08	0,28	0,23	0,19
Maschinenbau	0,35	0,24	0,19	0,25	0,20	0,19
Straßenfahrzeugbau	0,47	0,35	0,27	0,44	0,36	0,35
Textilindustrie	2,23	1,67	1,24	0,88	0,82	0,94
Restliche Industrie	0,82	0,47	0,35	0,47	0,44	0,39

giebedarf in der gesamten Industrie von 1990 bis zum Jahr 2005 um durchschnittlich 2,5 %/a und im Zeitraum von 2005 bis 2020 um durchschnittlich 1,5 %/a.

Die Veränderung des spezifischen Energiebedarfs (Tabelle 4.2.8) entwickelt sich branchenabhängig unterschiedlich, weil innerhalb der einzelnen Branchen die strukturellen Veränderungen zu einer weniger energieintensiven Produktion verschieden verlaufen und weil zudem der Anteil der Energiekosten an den Gesamtkosten branchenspezifisch variiert und so die Anreize zur Minderung des Energiebedarfs aus wirtschaftlichen Gründen unterschiedlich hoch sind.

Im **Verkehr** wird der Energiebedarf vor allem durch die spezifischen Verbräuche der Straßenfahrzeuge bestimmt. Im Personenverkehr führt die Einführung energieeffizienter Techniken durch die Fahrzeughersteller dazu, daß sich der Energieverbrauch der Personenkraftwagen deutlich stärker verringert als in Szenario A. Bei den Neufahrzeugen mit Otto-Motor liegt der spezifische Kraftstoffverbrauch (Drittelmix) im Durchschnitt aller gekauften Neufahrzeuge im Jahr 2005 um 1 l/100 km und im Jahr 2020 um 2 l/100 km niedriger als in Szenario A; bei den Neufahrzeugen mit Diesel- Motor um 1 l/100 km bzw. 1,5 l/100 km. Dabei hält aber die Tendenz der Vergangenheit zu größeren Fahrzeugen mit höherer Motorisierung und höheren Spitzengeschwindigkeiten weiter an, so daß Verbesserungen des spezifischen Kraftstoffverbrauchs in den einzelnen Fahrzeugklassen im Durchschnitt aller Neufahrzeuge teilweise kompensiert werden.

Mit dieser Entwicklung bei den Neufahrzeugen geht der durchschnittliche Kraftstoffverbrauch im Fahrzeugbestand – durch dessen stetige Modernisierung – kontinuierlich merklich zurück (Tabelle 4.2.9). Wegen der Bevorzugung energieeffizienter Technik werden gleichzeitig mehr Fahrzeuge mit Diesel-Motor gekauft, so daß deren Anteil an der Verkehrsleistung in den kommenden Jahren auf 27,2 % (2005) und 31,8 % (2020) anwächst (1990: 18 %).

Auch im öffentlichen Personenverkehr, der hinsichtlich Energieverbrauch und CO_2-Emissionen nur eine untergeordnete Rolle spielt, verbessert sich die Energieeffizienz etwas stärker als im Szenario A. Außerdem werden im Hinblick auf das Ziel der Minderung der CO_2-Emissionen im öffentlichen Straßen-

Tabelle 4.2.9 Durchschnittliche reale Energieverbräuche im Bestand der Verkehrsmittel im Personenverkehr in Baden-Württemberg im Szenario B

		Einheit	1990	2005	2020
Pkw	Otto-Motor	l/100 Fahrzeug-km	9,5	7,1	5,8
	Diesel-Motor	l/100 Fahrzeug-km	8,5	5,6	4,7
ÖPNV	Bus	l/100 Platz-km	0,45	0,39	0,35
	Schienenverkehrsmittel	Wh/Platz-km	39,6	37,5	35,3
Bahn	Diesel-Antrieb	g/Platz-km	11,5	11,3	11,1
	elektrischer Antrieb	Wh/Platz-km	45,2	44,4	43,5
Flugzeug		MJ/Platz-km	1,91	1,43	0,96

Tabelle 4.2.10 Durchschnittliche reale Energieverbräuche im Bestand der Verkehrsmittel im Güterverkehr in Baden-Württemberg im Szenario B

		Einheit	1990	2005	2020
Straßengüternahverkehr		kg/100 Fahrzeug-km	11,16	8,92	7,41
Straßengüterfernverkehr		kg/100 Fahrzeug-km	27,05	23,02	21,23
Bahn	Dieselantrieb	g/tkm	23,69	23,24	22,80
	elektrischer Antrieb	Wh/tkm	78,75	77,28	75,80
Binnenschiff		g/tkm	10,00	10,00	10,00

personenverkehr verstärkt alternative Antriebssysteme eingesetzt: bis zum Jahr 2005 erreichen gasgetriebene Linienbusse einen Anteil von 20 % an den Verkehrsleistung und elektrisch angetriebene Oberleitungs-Busse einen Anteil von 10 %. Diese Anteile erhöhen sich bis zum Jahr 2020 auf 40 % bzw. 30 %. Wesentlicher Antrieb für diese Verbesserungen ist die Fortsetzung der finanziellen Förderung des öffentlichen Verkehrs auch in der Zukunft, die kontinuierliche Investitionen und stetige Erneuerung des Fahrzeugbestandes ermöglichen.

Im Güterverkehr verringert sich der Verbrauch der Neufahrzeuge bei den Lkw im Nahverkehr wie bei den großen Diesel-Pkw, bei den Lkw im Fernverkehr sinkt er bis zum Jahr 2005 um 7,5 % und bis zum Jahr 2020 um 15 %. Im Schienengüterverkehr bleiben die Verbräuche unverändert. Dies führt insgesamt zu nur leichten Verbesserungen des Energieverbrauchs im Bestand der Fahrzeuge (Tabelle 4.2.10).

Die im Hinblick auf das Ziel verringerter CO_2-Emissionen im Szenario „Techniknutzung" gegenüber dem Szenario „Heutige Trends" angesetzen Veränderungen bei den Techniken zur Deckung des Nutzenergiebedarfs werden sich nur mit Hilfe gezielter **Maßnahmen** erreichen lassen. Diese Maßnahmen müssen dazu führen,

- daß neue Wohngebäude und Nichtwohngebäude verschärften Wärmeschutzvorschriften (Niedrigenergiehaus-Standard) entsprechen,
- daß Altbauten mit deutlich höheren Raten als bisher saniert und im Wärmeschutz verbessert werden,
- daß höhere Nutzungsgrade bei der Wärmebereitstellung für Raumwärme und Warmwasser erreicht werden,
- daß energieeffiziente Haushaltsgeräte beim Kauf bevorzugt und Energiesparlampen verstärkt eingesetzt werden,
- daß sich die Tendenz der Vergangenheit zum Einsatz energiesparender Techniken und Prozesse in der Industrie und beim Kleinverbrauch deutlich verstärkt, und
- daß die technischen Potentiale zur Verbesserung des Kraftstoffverbrauchs bei Kraftfahrzeugen so rasch und so weit wie möglich ausgeschöpft werden.

Dabei kann davon ausgegangen werden, daß sich die eher geringen Effizienzverbesserungen im öffentlichen Straßen- und Schienenverkehr im Kontext der Gesamtentwicklung weitgehend autonom ergeben und – wie in der Vergangenheit – vor allem durch die generelle und sich auch in Zukunft fortsetzende Förderung des öffentlichen Verkehrs und die damit verbundene kontinuierliche Bestandsverjüngung getragen werden.

Um die angesetzten Veränderungen gegenüber dem Szenario A zu erreichen, sind sehr unterschiedliche Maßnahmen bzw. Maßnahmenbündel denkbar, die je nach Präferenz der Akteure eher marktorientiert (Preissetzungen, finanzielle Anreize wie Förderung und Subventionen, Steuern etc.) oder eher ordnungspolitisch (gesetzliche Regelungen, Vorschriften, Richtlinien) ausgerichtet sein können, und die in der Regel eine Kombination derartiger Elemente darstellen. Bestandteile derartiger Maßnahmenbündel könnten sein:

- verbesserte Information der Öffentlichkeit und Schaffung von Informationsmöglichkeiten und Beratungskapazitäten,
- Vorbildfunktion der öffentlichen Hand bei Beschaffungen und Bauten,
- freiwillige Vereinbarungen von Herstellern und Importeuren zur Senkung des Energieverbrauchs von Geräten und Fahrzeugen,
- Anhebung der Energiepreise und zweckmäßige Gestaltung der Strom- und Gastarife,
- Novellierung der Wärmeschutzverordnung,
- Verbrauchsvorschriften für Geräte und Kraftfahrzeuge,
- Subventionen und steuerliche Anreize für energiesparende Investitionen.

Techniken im Umwandlungsbereich und Einsatz von Primärenergieformen mit geringeren CO_2-Emissionen

Für die Bereitstellung von **Raumwärme** stehen auch in den kommenden Jahren die fossilen Energieträger – vor allem Heizöl und Erdgas – im Vordergrund (Tabelle 4.2.11). Durch die Förderung effizienter Technologien bei der Raumwärmeerzeugung beschleunigt sich die Tendenz der Vergangenheit zur Substitution des Heizöls durch Erdgas und – zunehmend CO_2-frei erzeugten – Strom.

Tabelle 4.2.11 Struktur der Raumwärmebereitstellung in den Sektoren Haushalte und Kleinverbraucher in Baden-Württemberg im Szenario B[1] (in Prozent)

Energieträger	1990	2005	2020
Heizöl	54,1	42,0	24,6
Erdgas	27,6	36,3	42,7
Fern- und Nahwärme	5,9	8,6	8,3
Strom	8,1	9,3	15,9
Regenerative Quellen	2,2	2,9	8,5
Kohlen	2,1	0,9	0,0

[1] einschl. zentraler Warmwasserversorgung

Tabelle 4.2.12 Beitrag regenerativer Energiequellen zur Wärmeerzeugung in Baden-Württemberg im Szenario B

		Einheit	1990	2005	2020
Biomasse für Wärme, KWK		PJ	8,9	20,7	40,7
Solare Wärmeerzeugung	Kollektorfläche	Mio. m^2	0,04	1,0	5,0
	Primärenergieäquivalente[1]	PJ	–	2,7	12,1
Geothermie	Primärenergieäquivalente	PJ		0,3	1,0

[1] einschl. Wärmepumpen

Tabelle 4.2.13 Struktur der Energiebereitstellung für die dezentrale Warmwasserbereitung in den Sektoren Haushalte und Kleinverbraucher in Baden-Württemberg im Szenario B (in Prozent)

Energieträger	1990	2005	2020
Erdgas	56,7	37,8	17,3
Strom	43,3	54,4	75,3
Regenerative Quellen	0,05	7,8	7,4

Fernwärme und vor allem Nahwärmenetze gewinnen durch den Ausbau der Kraft-Wärme-Kopplung einen stetig wachsenden Anteil, der aber absolut klein bleibt.

Die Nutzung von regenerativen Energiequellen wird – vor allem unter technologischen Gesichtspunkten – ausdrücklich gefördert. Dadurch gewinnen die Biomasse, die in einzelnen Bereichen die Schwelle der Wirtschaftlichkeit überschreiten kann, und die solare Wärmeerzeugung nennenswerte Anteile an der Raumwärmebereitstellung (Tabelle 4.2.12).

Bei der dezentralen **Warmwasserbereitung** geht der Anteil des Erdgases zugunsten der Stromnutzung stärker als in der Vergangenheit zurück. Da Strom zunehmend mit geringen CO_2-Emissionen erzeugt wird, wird er längerfristig zum dominierenden Energieträger. Aufgrund der Förderung regenerativer Energiequellen erreichen diese – vor allem die solare Wärmeerzeugung – höhere Anteile als im Szenario A (Tabelle 4.2.13).

Bei der **Stromerzeugung** werden sich in den kommenden Jahren die Anteile der Energieträger deutlich verändern. Die konsequente Nutzung von Techniken mit geringen CO_2-Emissionen führt dazu, daß der Einsatz von Kohle stetig verringert wird und im Jahr 2020 keine Rolle mehr spielt und daß auch der Einsatz von Erdgas nach einer kurzfristigen Zunahme längerfristig abnimmt. Der Primärenergieeinsatz von Kohle geht auf 67 PJ im Jahr 2005 und 4 PJ im Jahr 2020 zurück. Der insgesamt wachsende Strombedarf wird zunehmend durch regenerative Energieträger und vor allem durch die Zuschaltung eines Kernkraftwerkes bereits zum Jahr 2005 gedeckt (Tabelle 4.2.14). Die Stromerzeugung (Jahresarbeit) aus Kernreaktoren bleibt dabei zunächst bis zum Jahr 2004 durch Verlängerung der Lebensdauer der bestehenden Anlagen oder durch Auslastungssteigerungen mit 121 PJ_{el} konstant; im Zeitraum von 2005 bis 2020 wer-

Tabelle 4.2.14 Anteile der Primärenergieträger an der Stromerzeugung[1] in Baden-Württemberg im Szenario B (in Prozent)

Energieträger	1990	2005	2020
Kernenergie	58,9	66,4	77,4
Kohle	30,2	10,8	1,0
Erdgas	2,4	10,7	8,5
Regenerative Quellen[2]	6,7	8,8	12,1
Heizöl/Sonstige	1,8	3,3	1,0

[1] mit industrieller Eigenerzeugung [2] einschließlich Müllverbrennung

Tabelle 4.2.15 Beitrag regenerativer Energiequellen zur Stromerzeugung in Baden-Württemberg im Szenario B (ohne Stromerzeugung aus KWK)

		Einheit	1990	2005	2020
Wasserkraft[10]	installierte Leistung	MW	600	630	660
	Stromproduktion	TWh	3,9	4,3	4,5
Photovoltaik	installierte Leistung	MW	0,15	30	1.000
	Stromproduktion	TWh	–	0,03	0,90
Biogas	Primärenergie	PJ	–	1	5
Windenergie	installierte Leistung	MW	1[1]	100	200
	Stromproduktion	TWh	–	0,18	0,27

[1] Wert für 1993

den 1–2 zusätzliche 1.400 MW-Blöcke in Betrieb gehen und die Jahresarbeit aus Kernenergie auf 160 PJ_{el} im Jahr 2005 und 208 PJ_{el} im Jahr 2020 anwachsen lassen.

Bei den regenerativen Energiequellen steht – wie in der Vergangenheit – die Stromerzeugung aus Wasserkraft im Vordergrund (Tabelle 4.2.15). Da die Nutzung der Wasserkraft auf wachsende Widerstände von seiten des Naturschutzes stößt, die wirtschaftlich gewinnbaren Ressourcen bereits weitgehend ausgeschöpft sind und die Stromerzeugung aus Kernenergie erweitert wird, wird die Wasserkraft langfristig geringfügiger ausgebaut werden als im Szenario A. Die Nutzung der Windkraft wird trotz ungünstiger Standortbedingungen in Baden-Württemberg im Rahmen der Förderung umweltfreundlicher Technologien gegenüber Szenario A ausgeweitet; die Stromerzeugung aus Windkraft kann aber auch in Zukunft keine größere Bedeutung erlangen, obwohl diese Technik die

[10] Die in der Tabelle angegebenen Werte beziehen sich auf Laufwasserkraftwerke (einschl. industrieller Werke) und umfassen nicht die Pumpspeicherwerke mit natürlichen Zuflüssen und Eigenversorgungsleistungen kleiner Betreiber. Der für das Jahr 1990 angegebene Wert entspricht den Angaben im Energiebericht Baden-Württemberg zuzüglich einer Trockenjahrkorrektur von 9 %; für die Jahre 2005 und 2020 werden das Regelarbeitsvermögen angenommen und die Ausbaupotentiale für große Laufwasserkraftwerke (> 1 MW) berücksichtigt.

Wirtschaftlichkeitsschwelle unter den geltenden Bedingungen für die Rückvergütung bei der Stromeinspeisung in das Netz und an günstigen Standorten mit ausreichendem Windangebot erreicht. Die Photovoltaik gewinnt durch intensive öffentliche Förderung bis zum Jahr 2020 nennenswerte Anteile an der Stromerzeugung.

Mit der Verwendung zur Wärme- und Stromerzeugung erreichen die regenerativen Energiequellen – einschließlich der Müllverbrennung – einen Anteil am gesamten Primärenergieverbrauch von 5,2 % im Jahr 2005 und 8,6 % im Jahr 2020 (1990: 3,8 %). Der Beitrag der Müllverbrennung zur Deckung des Primärenergiebedarfs steigt dabei von 8,1 PJ im Jahr 1990 auf 9 PJ und 10 PJ in den Jahren 2005 und 2020.

Trotz der in Zukunft abnehmenden Bedeutung der Stromerzeugung aus Kohle setzen sich die Bemühungen zur Verbesserung der Kraftwerkstechnik fort.

Parallel mit der abnehmenden Bedeutung der fossilen Kraftwerke bleibt die Wärmeauskopplung der Kraftwerke und Heizwerke für die Nah- und Fernwärmeversorgung mit 39,1 PJ im Jahr 2005 und 31,1 PJ im Jahr 2020 gegenüber der Entwicklung in Szenario A zurück. Ebenso sinkt die Wärmeauskopplung bei der industriellen Eigenerzeugung – ohne Prozeßdampf für Raffinerien – im Vergleich zum Szenario A auf 23,2 PJ im Jahr 2005 und 22,3 PJ im Jahr 2020 leicht ab.

Auch bei der Deckung des Endenergiebedarfs an Brennstoffen in der Industrie und im Sektor Kleinverbraucher setzt sich in Zukunft die Substitution von Heizöl und Kohle verstärkt fort. Erdgas vergrößert seinen Anteil und wird immer mehr zum bevorzugten Energieträger. Regenerative Energieträger spielen in diesem Bereich keine Rolle (Tabelle 4.2.16).

Im **Verkehrsbereich** wird der Endenergiebedarf im Straßenverkehr – bis auf den verstärkten Einsatz von Gas- und Oberleitungsbussen – weiterhin durch die üblichen Kraftstoffe gedeckt. Ihre Herstellung erfordert in den Raffinerien in Baden-Württemberg bis zum Jahr 2020 einen auf dem heutigen Niveau verbleibenden, konstanten Eigenverbrauchsanteil.

Tabelle 4.2.16 Anteile der Energieträger bzw. -formen an der Deckung des Endenergiebedarfs an Brennstoffen in der Industrie und im Sektor Kleinverbraucher in Baden-Württemberg im Szenario B (in Prozent)

	Industrie			Kleinverbraucher		
	1995	2005	2020	1995	2005	2020
Gase	36,9	41,7	47,1	32,7	35,0	45,0
Heizöl	24,9	21,9	19,4	65,5	62,3	51,7
Kohlen	13,1	9,8	5,5			
Dampf	17,6	17,6	18,3			
Fernwärme	7,0	8,5	9,4	1,8	2,7	3,3
Regenerative (Holz)	0,5	0,5	0,3			

Als langfristige Alternative zu den fossilen Kraftstoffen wird die Wasserstoff-Technologie weiterhin und mit leicht steigender Intensität gefördert.

Durch die im Vergleich zu Szenario A geringere Zunahme der Verwendung von Erdgas werden hier bis zum Jahr 2020 keine Knappheiten oder Versorgungsengpässe entstehen.

Die Realisierung und Durchsetzung der Entwicklungen im Umwandlungsbereich erfordern besondere **Maßnahmen**, die über das in der Vergangenheit Übliche hinausgehen. Diese Maßnahmen müssen dazu führen,

- daß kohlenstoffreiche Brennstoffe in der Wärmeerzeugung noch stärker als bisher substituiert werden,
- daß die Nutzung von Biomasse zur Wärmeerzeugung bzw. gekoppelten Strom-Wärmeerzeugung stark ausgeweitet (bis zum Jahr 2005 mehr als verdoppelt) wird,
- daß die solare Wärmeerzeugung nennenswerte Anteile erringt,
- daß der Einsatz von Kohle in der Stromerzeugung deutlich verringert wird,
- daß bis zum Jahr 2004 ein neues Kernkraftwerk in Betrieb geht und der weitere Ausbau der Kernenergienutzung gesichert wird.

Um die angesetzten Veränderungen gegenüber dem Szenario A zu erreichen, sind unterschiedliche Maßnahmen bzw. Maßnahmenbündel denkbar, die je nach Präferenz der Akteure eher marktorientiert (Preissetzungen, finanzielle Anreize wie Förderung und Subventionen, Steuern etc.) oder eher ordnungspolitisch (gesetzliche Regelungen, Vorschriften, Richtlinien) ausgerichtet sein können. Da die angesetzte verstärkte Nutzung regenerativer Energieträger mit erhöhten Energieerzeugungskosten verbunden ist, werden finanzielle Förderungen und Subventionen eine besondere Rolle spielen müssen. Der Ausbau der Kernenergienutzung erfordert vor allem politisches Handeln. Bestandteile derartiger Maßnahmenbündel könnten sein:

- Förderprogramme zum Ausbau der Nutzung von Biomasse, solarer Wärme, Windenergie und Photovoltaik,
- Subventionen und steuerliche Anreize zur Substitution kohlenstoffreicher Brennstoffe in der Wärmeerzeugung,
- Vereinbarungen zur Reduktion des Kohleeinsatzes in der Stromerzeugung und Förderung der Umrüstung von Kohlekraftwerken,
- Besteuerung der CO_2-Emissionen,
- rasches Festlegen eines Standortes für ein neues Kernkraftwerk und Förderung der Entwicklung neuer Kernkraftwerkskonzepte.

4.3 Szenario C – Ressourcenschonung[11]

Szenario C entwirft ein Bild des zukünftigen Energiesystems für Baden-Württemberg, das sich bei bewußter und an Ressourcenschonung orientierter Techniknutzung sowie bei Bereitschaft zu begrenzten Verhaltensänderungen, die eine Abkehr von Entwicklungen der Vergangenheit bedeuten, ergeben könnte. Grundlage bilden, wie in Szenario A, die Annahmen über die Bevölkerungsentwicklung, über die Entwicklung der Energieträgerpreise und über die Wirtschaftsentwicklung, wie sie als Rahmenbedingungen für den Szenario-Prozeß festgelegt wurden (Kapitel 3.3).

Nachfrage nach Energiedienstleistungen und Gütern

Die Nachfrage nach Energiedienstleistungen und Gütern entwickelt sich im Szenario C abweichend von den Tendenzen, die in der Vergangenheit bestimmend waren. Im Interesse von Umweltschutz und Ressourcenschonung werden Energiedienstleistungen und Nutzung von Gütern in begrenztem Umfang bewußt eingeschränkt. Konsum und Freizeitverhalten orientieren sich an neuen Statussymbolen, beim Pkw-Kauf werden zunehmend kleinere Fahrzeuge bevorzugt.

Im Bereich der **Haushalte** schwächt sich die Tendenz der Vergangenheit zu wachsenden Ansprüchen an die Wohnfläche und damit an den Energiebedarf für die Bereitstellung von Raumwärme leicht ab. Die Zahl der Wohnungen in Einzelhäusern und die Wohnflächen pro Kopf nehmen weniger stark zu als im Szenario A (Tabelle 4.3.1). Trotzdem verbessert sich auch bei dieser Entwicklung die Wohnungssituation, vor allem aufgrund der ab dem Jahr 2005 im we-

Tabelle 4.3.1 Entwicklung des Wohnungsbestandes und der Wohnflächen in Baden-Württemberg im Szenario C

Jahr	1990	2005	2020
1000 Wohnungen in			
Gebäuden mit 1 und 2 Wohnungen	2.055,0	2.320,9	2.202,6
Gebäuden mit 3 bis 12 Wohnungen	1.592,6	1.826,8	1.906,9
Gebäuden mit mehr als 12 Wohnungen	229,1	246,6	325,5
Gesamtsumme	3.876,6	4.412,3	4.435,0
Mio. m² Wohnfläche in			
Gebäuden mit 1 und 2 Wohnungen	218,9	50,4	239,3
Gebäuden mit 3 bis 12 Wohnungen	107,7	125,1	131,7
Gebäuden mit mehr als 12 Wohnungen	15,6	18,2	22,6
Gesamtsumme	342,2	393,7	393,6

[11] Grau hinterlegte Bereiche markieren Änderungen gegenüber dem Szenario *Heutige Trends*

sentlichen gleichbleibenden Bevölkerungszahl. Die durchschnittliche Wohnfläche pro Kopf steigt von 34,8 m^2 im Jahr 1990 auf 37,0 m^2 im Jahr 2005 an und bleibt danach bis zum Jahr 2020 konstant.

Die Nachfrage nach Energiedienstleistungen hat heute im Bereich der Haushalte vielfach bereits ein so hohes Niveau erreicht, daß diese sich spezifisch – bezogen auf die Bevölkerungszahl, die Zahl der Haushalte oder die Wohnfläche – in den kommenden Jahren nur wenig ändert. So bleiben der jährliche Bedarf an gespültem Geschirr (2060 Maßgedecken pro Haushalt), die Menge der gewaschenen/getrockneten Wäsche (263 kg pro Person und Jahr), die Zahl der Duschen/Baden-Anwendungen (182 pro Person und Jahr) und die Zahl der Beleuchtungsstellen pro Wohnfläche in den kommenden Jahren gleich; sie wachsen nur absolut mit der Zunahme von Bevölkerung, Haushalten und Wohnflächen. Beim Duschen/Baden wird sich die Tendenz zur Erhöhung des Dusch-Anteil verstärken (von 74 % auf 87,5 % im Jahr 2005 und 88,5% im Jahr 2020) und der Nutzenergiebedarf beim Duschen wird durch den sparsamen Umgang mit Warmwasser um 20 % gegenüber dem Wert von 1990 absinken. Die Zahl der warmen Mahlzeiten pro Haushalt und Jahr wird aufgrund der zunehmenden Verpflegung außer Haus geringfügig abnehmen (1990: 412, 2005: 404).

Der Trend der Vergangenheit zum vermehrten Einsatz von Haushaltsgeräten setzt sich fort und führt vor allen in den Bereichen, die bislang noch geringe Sättigungsgrade aufweisen, zu einer weiteren Erhöhung der Ausstattung der Haushalte mit Geräten; dies gilt z.B. für Spülmaschinen und Wäschetrockner und einige Kleingeräte wie Mikrowelle, Video-Geräte oder Dunstabzugshauben.

Die wachsende Nutzung von Geschirrspülern führt zu einem entsprechenden Anstieg des Anteils maschinellen Spülens: von 37,7 % im Jahr 1990 über 54,9 % im Jahr 2005 auf 68,3 % im Jahr 2020. Das Bestreben nach umweltgerechtem Handelnn führt dazu, daß die Spülmaschinen im Jahr 2005 mit einem durchschnittlichen Befüllungsgrad von 90 % und im Jahr 2020 von 95 % genutzt werden (1990: 70 %). Zusammen mit den technischen Verbesserungen wird auf ÿiese Weise das Maschinenspülen energetisch effizienter als Handspülen.

Umweltschutzkriterien bewirken eine – gegenüber dem Szenario A – geringere Nutzung von Wäschetrocknern; der Anteil der maschinengetrockneten Wäschemenge verharrt auch in Zukunft auf dem heutigen Niveau von 29,0 %. Der durchschnittliche Befüllungsgrad von Waschmaschinen bleibt mit 90 % konstant; die Waschtemperaturen werden im Zeitablauf aber auf geringere Werte als im Szenario *Heutige Trends* abgesenkt:

Waschtemperatur		30 °C	60 °C	95 °C
Mengenanteil	1990	40 %	40 %	20 %
	2005	50 %	40 %	10 %
	2020	65 %	30 %	5 %.

Das gekühlte Volumen pro Haushalt verbleibt mit 299 l auch in Zukunft auf dem Niveau des Jahres 1990, und auch der Anteil der Gefriergeräte und Kühl-Gefrierkombinationen, die zu höherem Energiebedarf führen, vergrößert sich nicht. Der Ausstattungsgrad bei Fernsehgeräten (1990: rd. 100 %) nimmt etwas geringer zu als in Szenario A und erreicht in den Jahren 2005 bis 2020 durch Zweit- und Mehrfachgeräte in den Haushalten 150 %; die Zahl der Benutzungsstunden pro Haushalt (1990: 1540 h) wächst auch dadurch um rd. 50%.

Im Sektor **Kleinverbraucher** sind viele sehr heterogene Wirtschaftssektoren zusammengefaßt. Raumwärme, Warmwasser, Licht- und Gerätestrom des gesamten Sektors sowie die Prozeßenergie der prozeßenergieintensiven Teilsektoren bestimmen den künftigen Energiebedarf der Kleinverbraucher und damit auch die Möglichkeiten zur Minderung deren CO_2-Emissionen. Zu den prozeßenergieintensiven Teilsektoren zählen Landwirtschaft (einschließlich Gartenbau), Handwerk und Kleinindustrie sowie Baugewerbe.

Die Bruttowertschöpfung der prozeßenergieintensiven Teilsektoren (Tabelle 4.3.2) erhöht sich bis zum Jahr 2005 – wie in Szenario A – im Teilsektor Handwerk/Kleinindustrie um rd. 22 % und im Teilsektor Baugewerbe um rd. 25 %; in der Landwirtschaft wird sie bis zum Jahr 2005 um rd. 12 % abnehmen. Im Zeitraum von 2005 bis 2020 wird die Bruttowertschöpfung in der Landwirtschaft nahezu konstant bleiben und in den übrigen Teilsektoren weiterhin leicht wachsen. Damit findet im Sektor Kleinverbraucher auch in den kommenden Jahren eine deutliche Strukturveränderung statt.

Der künftige Raumwärmebedarf im Nichtwohnungsbereich ist nur mit großen Unsicherheiten angebbar. Bezogen auf die Zahl der Erwerbstätigen liegt die beheizte Nutzfläche pro Person in Baden-Württemberg heute bei 34 m^2. Dieser Mittelwert umfaßt Werte von 25 m^2/Erwerbstätiger in Verwaltungsgebäuden bis 80 m^2/Erwerbstätiger in Krankenhäusern. Künftig wird der Flächenbedarf spezifisch – bezogen auf die Zahl der Erwerbstätigen – im Kleinverbrauchssektor etwa gleichbleiben und absolut mit der Zahl der Erwerbstätigen zunehmen. Im Sektor Kleinverbrauch sind im Jahr 2005 rd. 3,12 Mio. Personen und im Jahr 2020 rd. 3,43 Mio. Personen beschäftigt (1990: rd. 2,79 Mio.).

Tabelle 4.3.2 Bruttowertschöpfung in den drei prozeßenergieintensiven Branchen des Sektors Kleinverbraucher in Baden-Württemberg in den Szenarien A und C

Teilsektor	Bruttowertschöpfung [Mrd.DM] (Preise von 1990)		
	1990	2005	2020
Landwirtschaft/Gartenbau	6,7	5,9	5,5
Handwerk/Kleinindustrie	12,1	14,8	18,0
Baugewerbe	18,6	23,3	28,1
Summe	37,4	44,0	51,6

Tabelle 4.3.3 Entwicklung der Nettoproduktionswerte der Industrie in Baden-Württemberg in Mrd. DM (in Preisen von 1985) in den Szenarien A und C

	1990	2005	2020
Chemische Industrie	10,09	14,20	18,50
Zellstoff-/Papier-Industrie	2,58	3,20	3,70
Steine/Erden	2,86	3,80	4,30
Restliche Grundstoffindustrie	9,34	9,90	10,50
Elektrotechnische Industrie	24,84	37,50	50,00
Maschinenbau	28,03	36,75	49,50
Straßenfahrzeugbau	24,75	30,40	33,50
Textilindustrie	4,38	4,50	4,50
Restliche Industrie	44,74	67,90	92,50
Summe	151,6	208,15	267,00

Im Bereich der **Industrie** (Verarbeitendes Gewerbe und übriger Bergbau) erhöht sich der Nettoproduktionswert bis zum Jahr 2005 um rd. 37 %, d.h. er wächst mit etwa 2,4 % pro Jahr. Danach schwächt sich das Wachstum auf rd. 1,7 % pro Jahr ab (Tabelle 4.3.3). Im Bereich des Grundstoff- und Produktionsgütergewerbes, das insgesamt unterdurchschnittlich wächst, wachsen die Chemische Industrie im gesamten Zeitraum und die Branche 'Steine und Erden' bis zum Jahr 2005 überdurchschnittlich. Ein größeres Wachstum als der Durchschnitt weisen auch die Nettoproduktionswerte des Investitionsgütergewerbes und des Verbrauchsgütergewerbes auf. Innerhalb der Industrie ergeben sich so in den kommenden Jahren deutliche strukturelle Verschiebungen, wobei der Rückgang des Anteils der energieintensiven Grundstoffindustrie am gesamten Nettoproduktionswert der Industrie von 16,4 % im Jahr 1990 auf 14,9 % im Jahr 2005 und 13,9 % im Jahr 2020 tendenziell zu einer Verringerung des mittleren Energiebedarfs pro Nettoproduktionswert der Industrie führt.

Im **Verkehr** wird auch in Zukunft die Nachfrage anwachsen (Tabelle 4.3.4), allerdings schwächer als im Szenario A, da – vor allem im Freizeitbereich – zu-

Tabelle 4.3.4 Entwicklung der Verkehrsleistung im Personenverkehr in Baden-Württemberg im Szenario C

Jahr	zu Fuß/Fahrrad	MIV[1]	ÖPNV[2]	Bahn	Flugzeug	Gesamt
	Anteile in Prozent					Mrd. Pkm/a
1990	6,6	79,9	4,8	6,1	2,6	113,6
2005	7,6	75,5	5,0	7,6	4,3	114,2
2020	7,2	74,2	4,8	9,3	4,5	124,8

[1] Motorisierter Individualverkehr [2] Öffentlicher Personennahverkehr (einschl. S-Bahn)

nehmend weniger Fahrten unternommen werden. Im Personennahverkehr verringert sich das Verkehrsaufkommen im Privat- und Freizeitverkehr in den Jahren 2005 bis 2020 um 5 % im Vergleich zur Entwicklung in Szenario A, im Personenfernverkehr um 25 %. Gleichzeitig verringert sich das Aufkommen im Fernverkehr beim Fahrtzweck Geschäftsverkehr in der Zukunft um 5 % gegenüber der Entwicklung in Szenario A. Die Hälfte der Reduktion des privaten Fernverkehrs wird dabei zum Nahverkehr hin verlagert. Durch eine bewußte Auswahl der Fahrtziele verringern sich in Zukunft außerdem – in den Jahren 2005 bis 2020 – die mittleren Wegelängen bei den Fahrtzwecken Einkaufen, Freizeit und Urlaub sowohl im Nah- als auch im Fernverkehr um 10 % im Vergleich zum Szenario A.

Die Bereitschaft zum begrenzten Verzicht auf Komfort führt zusätzlich zu einer bewußten Reduzierung der Pkw-Nutzung: 45 % der Pkw-Fahrten unter 2 km Weglänge und 33 % mit Weglängen zwischen 2 und 5 km werden künftig zu Fuß oder mit dem Rad zurückgelegt, und schließlich werden verstärkt Fahrten mit dem ÖPNV bzw. mit der Bahn durchgeführt, was entsprechende Anteilsgewinne dieser Verkehrsmittel beim Aufkommen und bei der Verkehrsleistung bewirkt.

Die gesamte Personenverkehrsleistung in Baden-Württemberg wächst damit deutlich schwächer als in Szenario A bis zum Jahr 2005 um ca. 0,5 % und bis zum Jahr 2020 um rd. 9,9 % an. Der motorisierte Individualverkehr behält dennoch auch in Zukunft seine dominante Rolle bei der Verkehrsleistung.

Die bewußte Nutzung des Pkw und die begrenzte Bereitschaft zu Komfortverzichten bewirken auch eine bessere Ausnutzung der Verkehrsmittel. Der durchschnittliche Besetzungsgrad der Pkw steigt von 1,4 Personen im Jahr 1990 auf 1,5 im Jahr 2005 und 1,6 im Jahr 2020 an. Die Auslastung der Bahn – gemessen als Quotient aus Platzkilometern und Personenkilometern – verbessert sich – trotz einer räumlichen und zeitlichen Ausweitung des Angebots – im Nahverkehr von 6,06 (1990) auf 5,66 (2005) und 5,30 im Jahr 2020 und im Fernverkehr von 3,00 auf 2,80 bzw. 2,10.

Bedingt durch die zugrunde gelegte wirtschaftliche Entwicklung und die damit verbundene, ansteigende Güterproduktion nimmt die Güterverkehrsleistung in Zukunft – wenn auch schwächer als im Szenario A – weiter zu (Tabelle 4.3.5). Da das Aufkommen im Fernverkehr um 5 % geringer ansteigt als in

Tabelle 4.3.5 Güterverkehrsleistung für Baden-Württemberg im Szenario C[12]

Jahr	Straße nah	Straße fern	Schiene fern	Binnenschiff	Summe Fernverkehr	Gesamt
	Anteile in Prozent					Mrd. tkm/a
1990	15,5	50,4	15,5	18,6	84,5	60,1
2005	17,8	49,9	17,2	15,1	82,2	74,3
2020	24,8	46,8	15,5	12,9	75,2	87,8

[12] Der kleine Beitrag von Rohrleitungen an der Güterverkehrsleistung wird wegen des nachrangigen Einflusses auf die energetische Bilanz des Güterverkehrs vernachlässigt.

Szenario A wächst die Verkehrsleistung im Nahverkehr anteilig. Durch bewußte Zielwahl und Umstrukturierungen in der Produktion wachsen die Wegelängen im Güterfernverkehr bis zum Jahr 2005 um 5 % und bis zum Jahr 2020 um 10 % geringer an als im Szenario A. Da die Bahn außerdem im Fernverkehr Anteile gewinnen kann, verliert der Straßengüterfernverkehr bei der Verkehrsleistung anteilig etwas an Bedeutung.

Aufgrund optimierter Produktionsstrukturen und verbesserter Logistik steigt die mittlere Auslastung der Lkw bis zum Jahr 2005 um 5 % und bis zum Jahr 2020 um 10 % gegenüber den heutigen Werten an.

Die Veränderungen im Konsum und beim Verkehrsverhalten stellen eine deutliche Abkehr von typischen Verhaltensweisen der Vergangenheit dar und es ist davon auszugehen, daß sie sich nicht ohne besondere energie- und verkehrspolitische **Maßnahmen** einstellen werden. Diese Maßnahmen müssen dazu führen,

- daß sich die Tendenz der Vergangenheit zu wachsenden Wohnflächen pro Kopf abschwächt,
- daß sich die Individuen beim Warmwasserverbrauch, beim Spülen und Wäschewaschen energiebewußt verhalten und die Ansprüche der Haushalte an Kühlgeräte und andere Elektrogeräte weniger stark anwachsen,
- daß sich im Personennah- und Personenfernverkehr die Zahl der Fahrten – vor allem im Privat- und Freizeitverkehr – und die Wegelängen – vor allem bei den Zwecken Einkaufen, Freizeit und Urlaub – verringern,
- daß die Pkw-Nutzung bei kurzen Wegelängen deutlich reduziert und der mittlere Besetzungsgrad der Pkw erhöht werden,
- daß stärker als in der Vergangenheit Fahrten mit dem ÖPNV und der Bahn durchgeführt werden, und
- daß die Güterverkehrsleistung schwächer anwächst als in der Vergangenheit.

Um die angesetzten Veränderungen gegenüber dem Szenario A zu erreichen, sind sehr unterschiedliche Maßnahmen bzw. Maßnahmenbündel denkbar, die je nach Präferenz der Akteure eher marktorientiert (Preissetzungen, finanzielle Anreize wie Förderung und Subventionen, Steuern etc.) oder eher ordnungspolitisch (gesetzliche Regelungen, Vorschriften, Richtlinien) ausgerichtet sein können, und die in der Regel eine Kombination derartiger Elemente darstellen. Bestandteile derartiger Maßnahmenbündel könnten sein:

- verbesserte Information der Öffentlichkeit und Schaffung von Informationsmöglichkeiten und Beratungskapazitäten,
- Kennzeichnung des Energieverbrauchs von Geräten bzw. des Energiebedarfs von Wohnungen und Gebäuden,
- Anhebung der Energiepreise für die Haushalte und zweckmäßige Gestaltung der Strom- und Gastarife,
- erweiterte Förderung von Radverkehr und ÖPNV,

- Behinderung der Pkw-Nutzung vor allem im Nahbereich und Verteuerung der Pkw-Nutzung im Nah- wie im Fernbereich,
- Verdichten der Bebauung durch entsprechende Ausgestaltung der Flächennutzungspläne,
- Förderung von Kombi-Verkehren im Gütertransport.

Techniken zur Deckung des Nutzenergiebedarfs bei den Endverbrauchern

Die Nachfrage nach Raumwärme hängt sowohl von den genutzten Wohnflächen als auch von deren baulichem Zustand ab. Die durch Abriß und Neubau bewirkte Änderung der Altersstruktur des Wohnungsbestandes führt im Bereich der **Haushalte** zu einer langsamen Verbesserung der Wärmedämmung im Wohnungsbestand und damit zu einem sinkenden spezifischen Raumwärmebedarf.

Neubauten werden unter energetischen Gesichtspunkten und auf der Basis des Niedrigenergiehaus-Standards errichtet. Auf diese Weise wird bei Einfamilienhäusern ein durchschnittlicher spezifischer Heizenergiebedarf von 57,6 kWh/m^2a und bei Mehrfamilienhäusern ein Bedarf von 50,4 kWh/m^2a erreicht.

Eine weitere Verbesserung wird dadurch erreicht, daß die Wohnflächen im Altbaubestand über den gesamten Zeitraum verstärkt saniert und dabei auf den Standard der Wärmeschutzverordnung von 1995 angehoben werden. Die Sanierungsrate beträgt zunächst 1 % pro Jahr und erhöht sich nach fünf Jahren – nach Aufbau der erforderlichen Kapzitäten im Baugewerbe und nach Regelung der Finanzierungsfragen – auf 2 % pro Jahr. Der spezifische jährliche Nutzenergiebedarf für Raumwärme im Wohnungsbestand nimmt damit insgesamt von 133,3 kWh/m^2 im Jahr 1990 (temperaturbereinigt) auf 106,5 kWh/m^2 und 77,7 kWh/m^2 in den Jahren 2005 und 2020 (klimatische Normaljahre) ab.

Durch die Verbesserung der Heizungsanlagen, verbessertes Energiemanagement und den vermehrten Einsatz von Brennwertkesseln wird außerdem der Energiebedarf zur Deckung der Nutzenergienachfrage verringert. Der Jahresnutzungsgrad für Raumheizungen steigt von 73 % im Jahr 1990 auf 83 % im Jahr 2005 und auf 86 % im Jahr 2020 an.

Zur Vermeidung und Verringerung von Verlusten werden bei der Warmwasserbereitung dezentrale Versorgungssysteme bevorzugt; der Jahresnutzungsgrad steigt von 67 % im Jahr 1990 auf 73 % im Jahr 2005 und den nachfolgenden Jahren an.

Die Bevorzugung energetisch und ökologisch effizienter Produkte führt dazu, daß sich die privaten Kaufentscheidungen für Geräte oder Kraftfahrzeuge und deren Nutzung am Energieverbrauch orientieren; ökologisch effiziente Produkte werden auch dann vorgezogen, wenn sie nach den bisherigen Maßstäben moderat unwirtschaftlich sind.

Das veränderte Kaufverhalten zeigt sich bei den Haushalten vor allem darin, daß bei Neukäufen von Personenkraftwagen ein Fahrzeug gewählt wird, das um eine Klasse kleiner ist als das jeweilige Vorgängerfahrzeug.

Tabelle 4.3.6 Spezifischer Energiebedarf von Haushaltsgeräten in Baden-Württemberg im Szenario C

		Einheit	1990	2005	2020
Geschirrspüler		kWh/Anwendung	2,02	1,39	1,39
Kühlschrank		kWh/d	0,89	0,28	0,25
Gefrierschrank		kWh/d	1,33	0,50	0,45
Kühl-/Gefrier-Kombination		kWh/d	1,5	0,86	0,77
Fernseher:	Normalbetrieb	W	50	37	35,2
	Standby	W	8	6	5,7
Waschmaschine	30 °C	kWh/Waschgang	0,79	0,48	0,46
	60 °C	kWh/Waschgang	1,70	1,05	1,00
	95 °C	kWh/Waschgang	2,76	1,71	1,62
Wäschetrockner		kWh/Trockengang	3,44	1,50	1,20
Elektro-Herd		kWh/Normalmahlzeit	1,06	0,78	0,74
Gas-Herd		kWh/Normalmahlzeit	1,35	1,12	1,06
Kohle-Herd		kWh/Normalmahlzeit	2,62	2,35	2,23

Bei den Haushaltsgeräten verbessert sich so die Energieeffizienz deutlich stärker als in der Vergangenheit. Kauf und Einsatz der energieeffizienten Geräte bewirken in den kommenden Jahren eine deutliche Verringerung der spezifischen Energieverbräuche im Gerätebestand (Tabelle 4.3.6).

Kohle-Herde werden dabei bis zum Jahr 2005 fast vollständig verschwunden und vor allem durch Gas-Herde ersetzt sein.

Der Energiebedarf für die übrigen Kleingeräte wird mit 88 kWh/Haushalt und Jahr unverändert bleiben; hier gleichen sich wachsende Gerätenutzung und verbesserte Energieeffizienz aus.

Bei der Beleuchtung werden Energiesparlampen an allen Brennstellen, die mehr als 2 h/d im Einsatz sind, eingesetzt. Dadurch wächst ihr Anteil von 1990 0,6 % auf 25 % im Jahr 2005 und 30 % im Jahr 2020 an. Der Anteil der Leuchtstoffröhren bleibt mit 5 % gleich.

Bei den **Kleinverbrauchern** und in der **Industrie** stellt der Energiebedarf einen Kostenfaktor dar, und Maßnahmen zu seiner Reduzierung werden im Rahmen des wirtschaftlich Sinnvollen durch den gezielten Einsatz energetisch effizienter Anlagen und Geräte getroffen.

Das Umweltverhalten orientiert sich in der Industrie und bei den Kleinverbrauchern an den jeweils geltenden Vorschriften; darüber hinausgehende Maßnahmen werden dann ergriffen, wenn sie nicht mit wirtschaftlichen Nachteilen verbunden sind.

Im Sektor **Kleinverbraucher** werden für Energieeinsparungen im Gebäudebereich wärmeschutzorientierte Sanierungen und Anhebung des Standards auf das Niveau der Wärmeschutzverordnung von 1995, durchgeführt. Die Sanierungsrate beträgt zunächst 1 % pro Jahr der Nutzflächen im Altbaubestand und

Tabelle 4.3.7 Spezifischer Energiebedarf in den prozeßenergieintensiven Branchen des Kleinverbrauchssektors in Baden-Württemberg im Szenario C in PJ pro Mrd. DM Bruttowertschöpfung (in Preisen von 1985)

	spezifischer Brennstoffverbrauch			spezifischer Stromverbrauch		
	1990	2005	2020	1990	2005	2020
Landwirtschaft/Gartenbau	1,84	1,53	1,16	0,37	0,48	0,42
Handwerk/Kleinindustrie	1,47	1,01	0,85	0,49	0,65	0,61
Baugewerbe	0,31	0,21	0,18	0,01	0,01	0,01

erhöht sich nach fünf Jahren – nach Aufbau der erforderlichen Kapazitäten im Baugewerbe und nach Regelung der Finanzierungsfragen – auf 2 % pro Jahr. Neubauten werden unter energetischen Gesichtspunkten auf der Basis des Niedrigenergiehaus-Standards errichtet.

Zur Absenkung des Raumwärmebedarfs wird in Gebäuden der öffentlichen Hand die maximale Raumtemperatur um 1,5 °C auf 20 °C abgesenkt, so daß auf eine technisch aufwendige Gebäudeleittechnik verzichtet werden kann.

Durch diese Maßnahmen sinkt der spezifische jährliche Nutzenergiebedarf für Raumwärme von 163 kWh/m^2 im Jahr 1990 (temperaturbereinigt) auf 121 kWh/m^2 bzw. 98 kWh/m^2 in den Jahren 2005 und 2020 (klimatische Normaljahre) ab.

Der Endenergiebedarf an Warmwasser und Strom für Licht und Geräte in den raumwärmeintensiven Branchen (1990: 4.300 kWh/a bzw. 2.000 kWh/a) verringert sich durch den Einsatz verbesserter Technik bis zum Jahr 2005 – bezogen auf die Zahl der Erwerbstätigen – auf 3.500 kWh/a bzw. 1.800 kWh/a und bis zum Jahr 2020 auf 2.800 kWh/a bzw. 1.600 kWh/a.

Durch die Nutzung energieeffizienter Technik wird der Strombedarf in den prozeßenergieintensiven Branchen des Kleinverbrauchssektors, bezogen auf die Bruttowertschöpfung, in den kommenden Jahren weniger stark anwachsen als in Szenario A; auch beim Brennstoffbedarf ergeben sich aus den gleichen Gründen niedrigere Werte (Tabelle 4.3.7).

In der **Industrie** verstärkt sich die Entwicklung der Vergangenheit zur kontinuierlichen Verbesserung der Energieeffizienz in den kommenden Jahren deutlich. Durch Prozeßverbesserungen, bessere Anlagennutzung und optimalen Werkstoffeinsatz, durch Abwärmenutzung und die Verbrennung von Abfallstoffen, durch den verstärkten Einsatz der Kraft-Wärme-Kopplung und die Substitution von Kohle und Heizöl in der Wärmeerzeugung, durch verbesserten Wärmeschutz bei Neubauten und die Verwendung energieeffizienter Beleuchtungseinrichtungen sinkt der spezifische Energiebedarf in der gesamten Industrie von 1990 bis zum Jahr 2005 um durchschnittlich 2,5 %/a und im Zeitraum von 2005 bis 2020 um durchschnittlich 1,5 %/a. Dabei werden neue Produktionskonzepte (just-in-time, lean production) im Hinblick auf Energieverbrauch und Umweltschutz überprüft und verstärkt regenerative Energieträger eingesetzt.

Die Veränderung des spezifischen Energiebedarfs (Tabelle 4.3.8) entwickelt sich branchenabhängig unterschiedlich, weil innerhalb der einzelnen Branchen

Tabelle 4.3.8 Spezifischer Energiebedarf in der Industrie in Baden-Württemberg im Szenario C in PJ pro Mrd. DM Nettoproduktionswert (in Preisen von 1985)

	spezifischer Brennstoffverbrauch			spezifischer Stromverbrauch		
	1990	2005	2020	1990	2005	2020
Chemische Industrie	2,48	1,43	1,33	0,90	0,76	0,52
Zellstoff-/Papier-Industrie	8,14	4,54	3,72	4,48	3,49	2,43
Steine/Erden	8,99	7,18	6,47	1,54	1,31	1,22
Restliche Grundstoffindustrie	1,31	0,79	0,66	1,00	0,84	0,68
Elektrotechnische Industrie	0,25	0,13	0,09	0,28	0,21	0,18
Maschinenbau	0,35	0,24	0,21	0,25	0,20	0,17
Straßenfahrzeugbau	0,47	0,35	0,30	0,44	0,36	0,32
Textilindustrie	2,23	1,67	1,38	0,88	0,82	0,81
Restliche Industrie	0,82	0,52	0,38	0,47	0,38	0,35

die strukturellen Veränderungen zu einer weniger energieintensiven Produktion verschieden verlaufen und weil zudem der Anteil der Energiekosten an den Gesamtkosten branchenspezifisch variiert und so die Anreize zur Minderung des Energiebedarfs aus wirtschaftlichen Gründen unterschiedlich hoch sind.

Im **Verkehr** wird der Energiebedarf vor allem durch die spezifischen Verbräuche der Straßenfahrzeuge bestimmt. Im Personenverkehr führen die Nutzung energieeffizienter Techniken und der Übergang zu kleineren, leistungsschwächeren Fahrzeugen dazu, daß sich der Energieverbrauch der Personenkraftwagen im Bestand deutlich stärker verringert als im Szenario A. Bei den Neufahrzeugen mit Otto-Motor liegt der spezifische Kraftstoffverbrauch (Drittelmix) im Durchschnitt aller gekauften Neufahrzeuge im Jahr 2005 um 1,5 l/100 km und im Jahr 2020 um 3 l/100 km niedriger als in Szenario A sowie bei den Neufahrzeugen mit Diesel-Motor um 1,5 l/100 km bzw. 2,5 l/100 km. Mit dieser Entwicklung bei den Neufahrzeugen geht der durchschnittliche Kraftstoffverbrauch im Fahrzeugbestand – durch dessen stetige Modernisierung – kontinuierlich merklich zurück (Tabelle 4.3.9). Wegen der Bevorzugung energieeffizienter Technik werden gleichzeitig mehr Fahrzeuge mit Diesel-

Tabelle 4.3.9 Durchschnittliche reale Energieverbräuche im Bestand der Verkehrsmittel im Personenverkehr in Baden-Württemberg im Szenario C

		Einheit	1990	2005	2020
Pkw	Otto-Motor	l/100 Fahrzeug-km	9,5	6,8	5,0
	Diesel-Motor	l/100 Fahrzeug-km	8,5	5,3	3,8
ÖPNV	Bus	l/100 Platz-km	0,45	0,39	0,35
	Schienenverkehrsmittel	Wh/Platz-km	39,6	37,5	35,3
Bahn	Diesel-Antrieb	g/Platz-km	11,5	11,3	11,1
	elektrischer Antrieb	Wh/Platz-km	45,2	44,4	43,5
Flugzeug		MJ/Platz-km	1,91	1,43	0,96

Tabelle 4.3.10 Durchschnittliche reale Energieverbräuche im Bestand der Verkehrsmittel im Güterverkehr in Baden-Württemberg im Szenario C

		Einheit	1990	2005	2020
Straßengüternahverkehr		kg/100 Fahrzeug-km	11,16	8,92	7,41
Straßengüterfernverkehr		kg/100 Fahrzeug-km	27,05	23,02	21,23
Bahn	Dieselantrieb	g/tkm	23,69	23,24	22,80
	elektrischer Antrieb	Wh/tkm	78,75	77,28	75,80
Binnenschiff		g/tkm	10,00	10,00	10,00

Motor gekauft, so daß deren Anteil an der Verkehrsleistung in den kommenden Jahren auf 27,8 % (2005) und 32,4 % (2020) anwächst (1990: 18 %).

Auch im öffentlichen Personenverkehr, der hinsichtlich Energieverbrauch und CO_2-Emissionen nur eine untergeordnete Rolle spielt, verbessert sich die Energieeffizienz etwas stärker als im Szenario A. Außerdem werden im Hinblick auf das Ziel der Minderung der CO_2-Emissionen im öffentlichen Straßenpersonenverkehr verstärkt alternative Antriebssysteme eingesetzt: bis zum Jahr 2005 erreichen gasgetriebene Linienbusse einen Anteil von 20 % an der Verkehrsleistung und elektrisch angetriebene Oberleitungs-Busse einen Anteil von 10 %. Diese Anteile erhöhen sich bis zum Jahr 2020 auf 40 % bzw. 30 %.

Im Güterverkehr verringert sich der Verbrauch der Neufahrzeuge bei den Lkw im Nahverkehr wie bei den großen Diesel-Pkw; bei den Lkw im Fernverkehr sinkt er bis zum Jahr 2005 um 7,5 % und bis zum Jahr 2020 um 15 %. Im Schienengüterverkehr bleiben die Verbräuche unverändert. Dies führt insgesamt zu nur leichten Verbesserungen des Energieverbrauchs im Bestand der Fahrzeuge (Tabelle 4.3.10).

Die beschriebenen Energieeinsparungen im Raumwärmebereich, bei Geräten und Anlagen und im Straßenverkehr lassen sich nur mit Hilfe gezielter **Maßnahmen** erreichen, die über das in der Vergangenheit Übliche hinausgehen. Diese Maßnahmen müssen dazu führen,

- daß neue Wohngebäude und Nichtwohngebäude verschärften Wärmeschutzvorschriften (Niedrigenergiehaus-Standard) entsprechen,
- daß Altbauten mit deutlich höheren Raten als bisher saniert und im Wärmeschutz verbessert werden,
- daß höhere Nutzungsgrade bei der Wärmebereitstellung für Raumwärme und Warmwasser erreicht werden,
- daß energieeffiziente Haushaltsgeräte beim Kauf bevorzugt und verstärkt eingesetzt werden,
- daß sich die Tendenz der Vergangenheit zum Einsatz energiesparender Techniken und Prozesse in der Industrie und beim Kleinverbrauch deutlich verstärkt,

- daß beim Neukauf von Personenkraftwagen kleinere bzw. leistungsschwächere Fahrzeuge bevorzugt werden, und
- daß die technischen Potentiale zur Verbesserung des Kraftstoffverbrauchs bei Kraftfahrzeugen so rasch und so weit wie möglich ausgeschöpft werden.

Dabei kann davon ausgegangen werden, daß sich die eher geringen Effizienzverbesserungen im öffentlichen Straßen- und Schienenverkehr im Kontext der Gesamtentwicklung weitgehend autonom ergeben und – wie in der Vergangenheit – vor allem durch die generelle und sich auch in Zukunft fortsetzende Förderung des öffentlichen Verkehrs und die damit verbundene kontinuierliche Bestandsverjüngung getragen werden.

Um die angesetzten Veränderungen gegenüber dem Szenario A zu erreichen, sind sehr unterschiedliche Maßnahmen bzw. Maßnahmenbündel denkbar, die je nach Präferenz der Akteure eher marktorientiert (Preissetzungen, finanzielle Anreize wie Förderung und Subventionen, Steuern etc.) oder eher ordnungspolitisch (gesetzliche Regelungen, Vorschriften, Richtlinien) ausgerichtet sein können, und die in der Regel eine Kombination derartiger Elemente darstellen. Bestandteile derartiger Maßnahmenbündel könnten sein:

- verbesserte Information der Öffentlichkeit und Schaffung von Informationsmöglichkeiten und Beratungskapazitäten,
- Vorbildfunktion der öffentlichen Hand bei Beschaffungen und Bauten,
- freiwillige Vereinbarungen von Herstellern und Importeuren von Geräten und Fahrzeugen,
- Anhebung der Energiepreise und zweckmäßige Gestaltung der Strom- und Gastarife,
- Novellierung der Wärmeschutzverordnung
- Verbrauchsvorschriften für Geräte und Kraftfahrzeuge,
- Verteuerung der Pkw-Nutzung,
- Subventionen und steuerliche Anreize für energiesparende Investitionen.

Techniken im Umwandlungsbereich und Einsatz von Primärenergieformen mit geringeren CO_2-Emissionen

Für die Bereitstellung von **Raumwärme** stehen auch in den kommenden Jahren die fossilen Energieträger – vor allem Heizöl und Erdgas – im Vordergrund (Tabelle 4.3.11). Durch die Förderung effizienter Technologien bei der Raumwärmeerzeugung beschleunigt sich die Tendenz der Vergangenheit zur Substitution des Heizöls durch kohlenstoffärmere Endenergieformen.

Fernwärme und vor allem Nahwärmenetze gewinnen durch den Ausbau der Kraft-Wärme-Kopplung einen stetig wachsenden und längerfristig auch nennenswerten Anteil.

Die Nutzung von regenerativen Energiequellen wird vor allem unter technologischen Gesichtspunkten gefördert. Dadurch gewinnen die Biomasse, die in

Tabelle 4.3.11 Struktur der Raumwärmebereitstellung in den Sektoren Haushalte und Kleinverbraucher in Baden-Württemberg im Szenario C[1] (in Prozent)

Energieträger	1990	2005	2020
Heizöl	54,1	39,8	21,6
Erdgas	27,6	34,0	32,0
Fern- und Nahwärme	5,9	10,0	20,6
Strom	8,1	8,4	6,7
Regenerative Quellen	2,2	7,0	19,1
Kohlen	2,1	0,8	0,0

[1] einschl. zentraler Warmwasserversorgung

einzelnen Bereichen die Schwelle der Wirtschaftlichkeit überschreiten kann, und die solare Wärmeerzeugung längerfristig große Anteile an der Raumwärmebereitstellung (Tabelle 4.3.12). Der Zuwachs der solaren Wärmeerzeugung wird vor allem dadurch erreicht, daß zunehmend solare Nahwärmenetze errichtet und Neubauten mit Anlagen zur solaren Wärmeerzeugung für Raumwärme und Warmwasser ausgerüstet werden. Einzelanlagen zur Raumwärmeerzeugung haben dabei einen Deckungsgrad von 12 % und Anlagen zur Warmwasserbereitung von 50 – 60 %.

Bei der dezentralen **Warmwasserbereitung** geht der Anteil des Erdgases zugunsten der Stromnutzung stärker als in der Vergangenheit zurück. Längerfristig erreichen die regenerativen Energieträger einen mit Strom und Erdgas gleichwertigen Anteil an der Wärmeerzeugung.

Bei der **Stromerzeugung** werden sich in den kommenden Jahren die Anteile der Energieträger deutlich verändern. Die konsequente Nutzung von Techniken mit geringen CO_2-Emissionen und die Ablehnung der Kernenergie führen dazu, daß Strom längerfristig vor allem aus Erdgas und regenerativen Quellen erzeugt wird (Tabelle 4.3.14). Die Kohleverstromung und der Kohleeinsatz in KWK-Anlagen werden nach und nach zurückgefahren und laufen im Jahr 2020 praktisch aus; der Primärenergieeinsatz von Kohle geht auf 80 PJ im Jahr 2005 und 2 PJ im Jahr 2020 zurück. Die vorhandenen Kernkraftwerke werden bis zum Ende einer Lebensdauer von 35 Jahren genutzt und danach nicht ersetzt; die

Tabelle 4.3.12 Beitrag regenerativer Energiequellen zur Wärmeerzeugung in Baden-Württemberg im Szenario C

		Einheit	1990	2005	2020
Biomasse für Wärme, KWK		PJ	8,9	40,7	90,0
Solare Wärmeerzeugung	Kollektorfläche	Mio. m^2	0,04	3,0	30,0
	Primärenergieäquivalente[1]	PJ	–	6,0	52,3
Geothermie	Primärenergieäquivalente	PJ		0,3	0,3

[1] einschl. Wärmepumpen

Tabelle 4.3.13 Struktur der Energiebereitstellung für die dezentrale Warmwasserbereitung in den Sektoren Haushalte und Kleinverbraucher in Baden-Württemberg im Szenario C (in Prozent)

Energieträger	1990	2005	2020
Erdgas	56,7	30,3	31,2
Strom	43,3	49,0	32,2
Regenerative Quellen	0,05	20,7	36,5

Tabelle 4.3.14 Anteile der Primärenergieträger an der Stromerzeugung[1] in Baden-Württemberg im Szenario C (in Prozent)

Energieträger	1990	2005	2020
Kernenergie	58,9	52,1	18,2
Kohle	30,2	14,1	0,9
Erdgas	2,4	18,4	42,1
Regenerative Quellen[2]	6,7	11,3	37,4
Heizöl/Sonstige	1,8	4,1	1,4

[1] mit industrieller Eigenerzeugung [2] einschließlich Müllverbrennung

Stromerzeugung (Jahresarbeit) aus Kernreaktoren geht damit auf 112 PJ_{el} im Jahr 2005 und 34 PJ_{el} im Jahr 2020 zurück.

Bei den regenerativen Energiequellen steht – wie in der Vergangenheit – zunächst noch die Stromerzeugung aus Wasserkraft im Vordergrund (Tabelle 4.3.15). Trotz wachsender Widerstände von seiten des Naturschutzes wird die Nutzung der Wasserkraft noch deutlich ausgeweitet. Die Nutzung der Wind-

Tabelle 4.3.15 Beitrag regenerativer Energiequellen zur Deckung des Strombedarfs in Baden-Württemberg im Szenario C (ohne Stromerzeugung aus KWK)

		Einheit	1990	2005	2020
Wasserkraft[13]	installierte Leistung	MW	600	630	750
	Stromproduktion	TWh	3,9	4,3	5,0
Photovoltaik	installierte Leistung	MW	0,15	80	5.000
	Stromproduktion	TWh	–	0,07	4,52
Biogas	Primärenergie	PJ	–	2	10
Windenergie	installierte Leistung	MW	1[1]	100	500
	Stromproduktion	TWh	–	0,18	0,58
importierter Solarstrom		TWh	–	–	0,8

[1] Wert für 1993

[13] Die in der Tabelle angegebenen Werte beziehen sich auf Laufwasserkraftwerke (einschl. industrieller Werke) und umfassen nicht die Pumpspeicherwerke mit natürlichen Zuflüssen und Eigenversorgungsleistungen kleiner Betreiber. Der für das Jahr 1990 angegebene Wert entspricht den Angaben im Energiebericht Baden-Württemberg zuzüglich einer Trockenjahrkorrektur von 9 %; für die Jahre 2005 und 2020 werden das Regelarbeitsvermögen angenommen und die Ausbaupotentiale für große Laufwasserkraftwerke (> 1 MW) berücksichtigt.

kraft wird trotz ungünstiger Standortbedingungen in Baden-Württemberg im Rahmen der Förderung umweltfreundlicher Technologien gegenüber Szenario A ausgeweitet; die Stromerzeugung aus Windkraft kann aber auch in Zukunft keine größere Bedeutung erlangen, obwohl diese Technik die Wirtschaftlichkeitsschwelle unter den geltenden Bedingungen für die Rückvergütung bei der Stromeinspeisung in das Netz und an günstigen Standorten mit ausreichendem Windangebot erreicht. Den größten Zuwachs erfährt die Photovoltaik und gewinnt so durch intensive öffentliche Förderung bis zum Jahr 2020 einen nennenswerten Anteil an der Stromerzeugung. Hinzukommt ab dem Jahr 2015 der Import solar erzeugten Stromes (aus Nordafrika oder Südeuropa) über eine leistungsfähige HGÜ-Leitung, an der sich das Land Baden-Württemberg zusammen mit anderen Bundesländern beteiligt. Der hohe Anteil der regenerativen Energieträger mit zeitlich schwankendem Angebot erfordert zusätzliche Maßnahmen wie beispielsweise die Entwicklung und den Bau einer größeren Zahl saisonaler Speicher bis zum Jahr 2020.

Mit der Verwendung zur Wärme- und Stromerzeugung erreichen die regenerativen Energiequellen – einschließlich der Müllverbrennung – einen Anteil am gesamten Primärenergieverbrauch von 7,6 % im Jahr 2005 und 22,5 % im Jahr 2020 (1990: 3,8 %). Der Beitrag der Müllverbrennung zur Deckung des Primärenergiebedarfs verändert sich dabei von 8,1 PJ im Jahr 1990 auf 6,8 PJ und 7,5 PJ in den Jahren 2005 und 2020.

Mit der in Zukunft wachsenden Bedeutung der Stromerzeugung aus Erdgas setzen sich die Bemühungen zur Verbesserung der Kraftwerkstechnik fort. Erdgas wird überwiegend in GuD-Kraftwerken mit und ohne Wärmeauskopplung verstromt.

Die konsequente Orientierung an ökologischen Aspekten führt zum deutlichen Ausbau von Nah- und Fernwärmenetzen; die Wärmeauskopplung der Kraftwerke und Heizwerke für die Nah- und Fernwärmeversorgung steigt auf 42,8 PJ im Jahr 2005 und 69,3 PJ im Jahr 2020 an. Außerdem erhöht sich die Wärmeauskopplung bei der industriellen Eigenerzeugung – ohne Prozeßdampf für Raffinerien – im Vergleich zu Szenario A auf 25,1 PJ im Jahr 2005 und 30,0 PJ im Jahr 2020.

Auch bei der Deckung des Endenergiebedarfs an Brennstoffen in der Industrie und im Sektor Kleinverbraucher setzt sich in Zukunft die Substitution von Heizöl und Kohle fort. Erdgas bleibt bzw. wird dominierender Energieträger und die Fernwärme vergrößert ihren Anteil deutlich. Regenerative Energieträger spielen in diesem Bereich nur eine geringe Rolle (Tabelle 4.3.16).

Im **Verkehrsbereich** wird der Endenergiebedarf im Straßenverkehr – bis auf den verstärkten Einsatz von Gas- und Oberleitungsbussen – weiterhin durch die üblichen Kraftstoffe gedeckt. Ihre Herstellung erfordert in den Raffinerien in Baden-Württemberg bis zum Jahr 2020 einen auf dem heutigen Niveau verbleibenden, konstanten Eigenverbrauchsanteil.

Tabelle 4.3.16 Anteile der Energieträger bzw. -formen an der Deckung des Endenergiebedarfs an Brennstoffen in der Industrie und im Sektor Kleinverbraucher in Baden-Württemberg im Szenario C (in Prozent)

	Industrie			Kleinverbraucher		
	1995	2005	2020	1995	2005	2020
Gase	36,9	37,2	36,0	32,7	35,0	45,0
Heizöl	24,9	25,4	20,4	65,5	62,3	50,9
Kohlen	13,1	11,2	8,0			
Dampf	17,6	16,8	17,1			
Fernwärme	7,0	9,1	18,1	1,8	2,7	4,1
Regenerative (Holz)	0,5	0,3	0,4			

Als langfristige Alternative zu den fossilen Kraftstoffen wird die Wasserstoff-Technologie weiterhin und mit leicht steigender Intensität gefördert.

Durch die Zunahme der Verwendung von Erdgas, die in ihrer absoluten Höhe in der gleichen Größenordnung liegt wie in Szenario A, werden hier bis zum Jahr 2020 keine Knappheiten oder Versorgungsengpässe entstehen.

Die Realisierung und Durchsetzung der Entwicklungen im Umwandlungsbereich erfordern besondere **Maßnahmen**, die über das in der Vergangenheit Übliche hinausgehen. Diese Maßnahmen müssen dazu führen

- daß kohlenstoffreiche Brennstoffe in der Wärmeerzeugung noch stärker als bisher substituiert werden,
- daß die Nutzung von Biomasse zur Wärmeerzeugung bzw. gekoppelten Strom-Wärmeerzeugung stark ausgeweitet (bis zum Jahr 2005 mehr als vervierfacht) wird,
- daß die solare Wärmeerzeugung größere Anteile erringt,
- daß Nah- und Fernwärmenetze deutlich ausgebaut werden,
- daß der Einsatz von Kohle in der Stromerzeugung deutlich verringert wird,
- daß die vorhandenen Wasserkraftpotentiale stärker ausgeschöpft werden, und
- daß die Nutzung von Windenergie und Photovoltaik sehr stark ausgeweitet wird.

Um die angesetzten Veränderungen gegenüber dem Szenario A zu erreichen, sind unterschiedliche Maßnahmen bzw. Maßnahmenbündel denkbar, die je nach Präferenz der Akteure eher marktorientiert (Preissetzungen, finanzielle Anreize wie Förderung und Subventionen, Steuern etc.) oder eher ordnungspolitisch (gesetzliche Regelungen, Vorschriften, Richtlinien) ausgerichtet sein können. Da die angesetzte verstärkte Nutzung regenerativer Energieträger mit erhöhten Energieerzeugungskosten verbunden ist, werden finanzielle Förderungen und Subventionen eine besondere Rolle spielen müssen. Bestandteile derartiger Maßnahmenbündel könnten sein:

- Förderprogramme zum Ausbau der Nutzung von Biomasse, solarer Wärme, Windenergie und Photovoltaik,
- Subventionen und Finanzhilfen für die Nutzung regenerativer Energieträger,
- Subventionen und steuerliche Anreize zur Substitution kohlenstoffreicher Brennstoffe in der Wärmeerzeugung,
- finanzielle Hilfen und Vorschriften zum verstärkten Aufbau von Nah- und Fernwärmeversorgungsnetzen,
- Vereinbarungen zur Reduktion des Kohleeinsatzes in der Stromerzeugung und Förderung der Umrüstung von Kohlekraftwerken,
- Besteuerung der CO_2-Emissionen.

4.4 Szenario D – Neue Lebensstile[14]

Szenario D entwirft ein Bild des zukünftigen Energiesystems für Baden-Württemberg, das sich bei konsequent an ökologischen Zielen orientierter Techniknutzung und bei Bereitschaft zur Veränderung von Verhaltensweisen und Lebensstilen in entschiedener Abkehr von der Entwicklung der Vergangenheit ergeben könnte. Grundlage bilden, wie in Szenario A, die Annahmen über die Bevölkerungsentwicklung, über die Entwicklung der Energieträgerpreise und über die Wirtschaftsentwicklung, wie sie als Rahmenbedingungen für den Szenario-Prozeß festgelegt wurden (Kapitel 3.3).

Nachfrage nach Energiedienstleistungen und Gütern

Die Nachfrage nach Energiedienstleistungen und Gütern entwickelt sich im Szenario D abweichend von den Tendenzen, die in der Vergangenheit bestimmend waren. Im Interesse von Umweltschutz und Ressourcenschonung und als Folge der geänderten Lebenstile werden Energiedienstleistungen und Nutzung von Gütern bewußt eingeschränkt, wenn diese nicht ökologisch verträglich sind. Die Nachfrageentwicklung bleibt somit deutlich hinter der des Szenarios A zurück. Im Freizeitverhalten werden alle Aktivitäten eingeschränkt oder unterlassen, bei denen Naturressourcen in besonderem Maße verbraucht werden; Konsum und Freizeitverhalten orientieren sich an neuen Statussymbolen, beim Pkw-Kauf werden zunehmend kleinere Fahrzeuge bevorzugt.

Im Bereich der **Haushalte** verändert sich die Tendenz der Vergangenheit zu wachsenden Ansprüchen an die Wohnfläche und damit an den Energiebedarf für die Bereitstellung von Raumwärme. Die Zahl der Wohnungen in Einfamilienhäusern nimmt ab und für wenig genutzte Wohnungsteile entwickeln sich Nutzungsgemeinschaften, so daß die Wohnflächen pro Kopf stagnieren (Tabelle 4.4.1). Die durchschnittliche Wohnfläche pro Kopf steigt zunächst noch von 34,8 m^2 im Jahr 1990 auf 35,4 m^2 im Jahr 2005 und nimmt dann wieder auf 34,8 m^2 im Jahr 2020 ab.

---

[14] Grau hinterlegte Bereiche markieren Änderungen gegenüber dem Szenario *Heutige Trends*

Tabelle 4.4.1 Entwicklung des Wohnungsbestandes und der Wohnflächen in Baden-Württemberg im Szenario D

Jahr	1990	2005	2020
1000 Wohnungen in			
Gebäuden mit 1 und 2 Wohnungen	2.055,0	2.237,6	1.989,8
Gebäuden mit 3 bis 12 Wohnungen	1.592,6	1.732,5	1.812,6
Gebäuden mit mehr als 12 Wohnungen	229,1	251,7	434,8
Gesamtsumme	3.876,6	4.221,8	4.237,2
Mio. m^2 Wohnfläche in			
Gebäuden mit 1 und 2 Wohnungen	218,9	240,9	215,3
Gebäuden mit 3 bis 12 Wohnungen	107,7	118,4	125.,0
Gebäuden mit mehr als 12 Wohnungen	15,6	17,3	30,4
Gesamtsumme	342,2	376,6	370,7

Die Nachfrage nach Energiedienstleistungen hat heute im Bereich der Haushalte vielfach bereits ein so hohes Niveau erreicht, daß unter ökologischen Aspekten in einzelnen Bereichen Abstriche gemacht werden können. Der jährliche Bedarf an gespültem Geschirr (2060 Maßgedecke pro Haushalt) und die Zahl der Duschen/Baden-Anwendungen (182 pro Person) bleiben in den kommenden Jahren gleich; die Menge der gewaschenen/ getrockneten Wäsche sinkt durch Verzicht auf übertriebenen Luxus von 263 kg pro Person und Jahr im Jahr 1990 auf 237 kg und 210 kg in den Jahren 2005 und 2020 ab, und die Zahl der Beleuchtungsstellen pro Wohnfläche verringert sich bis zum Jahr 2005 um 15 % und bis zum Jahr 2020 um 30 % gegenüber dem Stand von 1990. Beim Duschen/Baden wird sich die Tendenz zur Erhöhung des Dusch-Anteil deutlich verstärken (von 74 % im Jahr 1990 auf 95 % im Jahr 2005 und den folgenden Jahren) und der Nutzenergiebedarf beim Duschen durch den sparsamen Umgang mit Warmwasser um 20 % gegenüber dem Wert von 1990 absinken. Die Zahl der warmen Mahlzeiten pro Haushalt und Jahr wird – wie in Szenario A – aufgrund der zunehmenden Verpflegung außer Haus geringfügig abnehmen (1990: 412, 2005: 404).

Der Trend der Vergangenheit zum vermehrten Einsatz von Haushaltsgeräten setzt sich abgeschwächt fort und führt vor allem zu einer weiteren Erhöhung der Ausstattung der Haushalte mit Spülmaschinen.

Die wachsende Nutzung von Geschirrspülern führt zu einem entsprechenden Anstieg des Anteil maschinellen Spülens: von 37,7 % im Jahr 1990 54,6 % im Jahr 2005 und 68,3 % im Jahr 2020. Das Bestreben nach umweltgerechtem Handeln führt dazu, daß die Spülmaschinen im Jahr 2005 mit einem durchschnittlichen Befüllungsgrad von 90 % und im Jahr 2020 von 95 % genutzt werden (1990: 70 %). Zusammen mit den technischen Verbesserungen wird auf diese Weise das Maschinenspülen energetisch effizienter als Handspülen.

Die Berücksichtigung ökologischer Aspekte bewirkt eine künftig geringere Nutzung von Wäschetrocknern; der Anteil der maschinengetrockneten Wäschemenge geht von 29,0 % im Jahr 1990 auf 10 % im Jahr 2005 und den folgenden Jahren zurück. Der durchschnittliche Befüllungsgrad von Waschmaschinen steigt auf 100 % an und die Waschtemperaturen werden im Zeitablauf auf geringere Werte als im Szenario *Heutige Trends* abgesenkt:

Waschtemperatur		30 °C	60 °C	95 °C
Mengenanteil	1990	40 %	40 %	20 %
	2005	50 %	40 %	10 %
	2020	65 %	30 %	5 %.

Das gekühlte Volumen pro Haushalt verbleibt mit 299 l auch in Zukunft auf dem Niveau des Jahres 1990, und auch der Anteil der Gefriergeräte und Kühl-Gefrierkombinationen, die zu höherem Energiebedarf führen, vergrößert sich nicht. Der Ausstattungsgrad bei Fernsehgeräten (1990: rd. 100 %) nimmt im Zeitablauf geringfügig ab; die Zahl der Benutzungsstunden pro Haushalt (1990: 1540 h) verbleibt auf etwa dem gleichen Niveau wie 1990.

Im Sektor **Kleinverbraucher** sind viele sehr heterogene Wirtschaftssektoren zusammengefaßt. Raumwärme, Warmwasser, Licht- und Gerätestrom des gesamten Sektors sowie die Prozeßenergie der prozeßenergieintensiven Teilsektoren bestimmen den künftigen Energiebedarf der Kleinverbraucher und damit auch die Möglichkeiten zur Minderung deren CO_2-Emissionen. Zu den prozeßenergieintensiven Teilsektoren zählen Landwirtschaft (einschließlich Gartenbau), Handwerk und Kleinindustrie sowie Baugewerbe.

Die Bruttowertschöpfung der prozeßenergieintensiven Teilsektoren (Tabelle 4.4.2) erhöht sich bis zum Jahr 2005 im Teilsektor Handwerk/Kleinindustrie um rd. 17 % und im Teilsektor Baugewerbe um rd. 25 %; in der Landwirtschaft wird sie bis zum Jahr 2005 um rd. 12 % abnehmen. Im Zeitraum von 2005 bis 2020 wird die Bruttowertschöpfung in der Landwirtschaft konstant bleiben und in den übrigen Teilsektoren weiterhin leicht wachsen. Damit findet im Sektor Kleinverbraucher auch in den kommenden Jahren eine deutliche Strukturveränderung statt.

Der künftige Raumwärmebedarf im Nichtwohnungsbereich ist nur mit großen Unsicherheiten angebbar. Bezogen auf die Zahl der Erwerbstätigen liegt die beheizte Nutzfläche pro Person in Baden-Württemberg heute bei 34 m^2. Dieser Mittelwert umfaßt Werte von 25 m^2/Erwerbstätiger in Verwaltungsgebäuden bis 80 m^2/Erwerbstätiger in Krankenhäusern. Künftig wird der Flächenebedarf spezifisch – bezogen auf die Zahl der Erwerbstätigen – im Kleinverbrauchssektor etwa gleichbleiben und absolut mit der Zahl der Erwerbstätigen zunehmen. Im Sektor Kleinverbrauch sind im Jahr 2005 rd. 3,12 Mio. Personen und im Jahr 2020 rd. 3,37 Mio. Personen beschäftigt (1990: rd. 2,79 Mio.).

Tabelle 4.4.2 Bruttowertschöpfung in den drei prozeßenergieintensiven Branchen des Sektors Kleinverbraucher in Baden-Württemberg im Szenario D

Teilsektor	Bruttowertschöpfung [Mrd.DM] (Preise von 1990)		
	1990	2005	2020
Landwirtschaft/Gartenbau	6,7	5,9	5,9
Handwerk/Kleinindustrie	12,1	14,2	15,3
Baugewerbe	18,6	23,3	28,1
Summe	37,4	43,4	49,3

Tabelle 4.4.3 Entwicklung der Nettoproduktionswerte der Industrie in Baden-Württemberg in Mrd. DM (in Preisen von 1985) im Szenario D

	1990	2005	2020
Chemische Industrie	10,09	12,74	14,78
Zellstoff-/Papier-Industrie	2,58	2,87	2,96
Steine/Erden	2,86	3,80	4,30
Restliche Grundstoffindustrie	9,34	8,88	8,38
Elektrotechnische Industrie	24,84	34,87	42,91
Maschinenbau	28,03	34,17	42,48
Straßenfahrzeugbau	24,75	28,27	28,75
Textilindustrie	4,38	4,18	3,86
Restliche Industrie	44,73	63,15	79,40
Summe	151,6	192,93	227,82

Im Bereich der **Industrie** (Verarbeitendes Gewerbe und übriger Bergbau) erhöht sich der Nettoproduktionswert bis zum Jahr 2005 um rd. 27 %, d.h er wächst mit etwa 1,6 % pro Jahr, danach schwächt sich das Wachstum auf rd. 1,1 % pro Jahr ab (Tabelle 4.4.3), d.h. die Nettoproduktionswerte entwickeln sich insgesamt schwächer als in Szenario A. Innerhalb der Industrie ergeben sich in den kommenden Jahren deutliche strukturelle Verschiebungen, wobei auch der Rückgang der energieintensiven Grundstoffindustrie tendenziell zu einer Verringerung des mittleren Energiebedarfs pro Nettoproduktionswert der Industrie führt.

Im **Verkehr** führt das bewußte Orientieren aller Aktivitäten an ökologischen Kriterien in Zukunft zu einer Abnahme der Mobilität (Tabelle 4.4.4), da zunehmend Fahrten nicht unternommen werden. Im Personennahverkehr verringert sich das Verkehrsaufkommen im Privat- und Freizeitverkehr bis zum Jahr 2005 um 10 % im Vergleich zur Entwicklung im Szenario A, im Personenfernverkehr sogar um 50 %, u.a. weil der mobile Teil der Bevölkerung nur noch

Tabelle 4.4.4 Entwicklung der Verkehrsleistung im Personenverkehr in Baden-Württemberg im Szenario D

Jahr	zu Fuß/Fahrrad	MIV[1]	ÖPNV[2]	Bahn	Flugzeug	Gesamt
	Anteile in Prozent					Mrd. Pkm/a
1990	6,6	79,9	4,8	6,1	2,6	113,6
2005	10,6	68,1	7,5	9,8	4,0	94,0
2020	10,9	61,2	9,1	14,9	3,9	98,1

[1] Motorisierter Individualverkehr [2] Öffentlicher Personennahverkehr (einschl. S-Bahn)

eine Urlaubsreise pro Jahr durchführt. Aufgrund geänderter Produktions- und Siedlungsstrukturen verringert sich das Aufkommen im Geschäftsverkehr gegenüber der Entwicklung in Szenario A künftig im Nahverkehr um 10 % und im Fernverkehr um 15 % und das ökologiebewußte Verhalten beim Einkauf bewirkt – unterstützt durch siedlungsstrukturelle Änderungen – eine Reduktion der Einkaufsfahrten im Nahverkehr um 5 % und im Fernverkehr um 7,5 % (2005) bzw. 10 % (2020). Durch eine bewußte Auswahl der Fahrtziele verringern sich in Zukunft außerdem – in den Jahren 2005 bis 2020 – die mittleren Wegelängen bei den Fahrtzwecken Einkaufen, Freizeit und Urlaub sowohl im Nah- als auch im Fernverkehr um 10 %.

Die Bereitschaft zum Verzicht auf Komfort führt zusätzlich zu einer bewußten Reduzierung der Pkw-Nutzung: 90 % der Pkw-Fahrten unter 2 km Weglänge und 67 % mit Wegelängen zwischen 2 und 5 km werden künftig zu Fuß oder mit dem Rad zurückgelegt, und schließlich werden verstärkt Fahrten mit dem ÖPNV bzw. mit der Bahn durchgeführt, was entsprechende Anteilsgewinne dieser Verkehrsmittel bewirkt.

Aufgrund dieser Änderungen sinkt die gesamte Personenverkehrsleistung in Baden-Württemberg bis zum Jahr 2005 um rd. 17,3 % und bis zum Jahr 2020 um rd. 13,7 % gegenüber dem Wert von 1990. Der motorisierte Individualverkehr behält aber auch in Zukunft seine dominante Rolle bei der Verkehrsleistung.

Die bewußte Nutzung des Pkw und die Bereitschaft zu Komfortverzichten bewirkt eine bessere Ausnutzung der Verkehrsmittel: der durchschnittliche Besetzungsgrad der Pkw steigt von 1,4 Personen im Jahr 1990 auf 1,8 im Jahr 2005 und 2,0 im Jahr 2020 an. Die Auslastung der Bahn – gemessen als Quotient aus Platzkilometern und Personenkilometern – verbessert sich – trotz einer deutlichen räumlichen und zeitlichen Ausweitung des Angebots – im Nahverkehr von 6,06 (1990) auf 4,71 (2005) und 4,24 im Jahr 2020 und im Fernverkehr von 3,00 auf 2,33 bzw. 2,10.

Bedingt durch die zugrunde gelegte wirtschaftliche Entwicklung und die damit verbundene, geringer ansteigende Güterproduktion nimmt die Güterverkehrsleistung in Zukunft schwächer zu als im Szenario A (Tabelle 4.4.5). Da das Aufkommen im Fernverkehr um 10 % geringer ansteigt als in Szenario A wächst die Verkehrsleistung im Nahverkehr anteilig. Die Wegelängen im Güter-

Tabelle 4.4.5 Güterverkehrsleistung für Baden-Württemberg im Szenario D[15]

Jahr	Straße nah	Straße fern	Schiene fern	Binnenschiff	Summe Fernverkehr	Gesamt
	Anteile in Prozent					Mrd. tkm/a
1990	15,5	50,4	15,5	18,6	84,5	60,1
2005	18,2	44,9	21,9	15,0	81,8	66,8
2020	24,3	36,2	26,6	12,9	75,7	69,6

fernverkehr wachsen durch bewußte Zielwahl und Umstrukturierungen in der Produktion um 5 % bis zum Jahr 2005 und um 10 % bis zum Jahr 2020 geringer an als im Szenario A. Da die Bahn außerdem im Fernverkehr Anteile gewinnen kann, verliert der Straßengüterfernverkehr bei der Verkehrsleistung anteilig an Bedeutung.

Aufgrund optimierter Produktionsstrukturen und verbesserter Logistik steigt die mittlere Auslastung der Lkw bis zum Jahr 2005 um 5 % und bis zum Jahr 2020 um 10 % gegenüber den heutigen Werten an.

Die Veränderungen im Konsum und beim Verhalten stellen eine deutliche Abkehr von typischen Verhaltensweisen der Vergangenheit dar und es ist davon auszugehen, daß sie sich nicht ohne besondere energie- und verkehrspolitische **Maßnahmen** einstellen werden. Diese Maßnahmen müssen dazu führen,

- daß die Wohnflächen pro Kopf in Zukunft nicht mehr anwachsen,
- daß sich die Individuen beim Warmwasserverbrauch, beim Spülen und Wäschewaschen energiebewußt verhalten und die Ansprüche der Haushalte an Kühlgeräte und andere Elektrogeräte weniger stark anwachsen,
- daß sich im Personennah- und Personenfernverkehr die Zahl der Fahrten – vor allem im Privat- und Freizeitverkehr – und die Wegelängen – vor allem bei den Zwecken Einkaufen, Freizeit und Urlaub – deutlich verringern,
- daß die Pkw-Nutzung bei kurzen Wegelängen stark reduziert und der mittlere Besetzungsgrad der Pkw deutlich erhöht werden,
- daß deutlich stärker als in der Vergangenheit Fahrten mit dem ÖPNV und der Bahn durchgeführt werden, und
- daß die Güterverkehrsleistung schwächer anwächst als in der Vergangenheit.

Um die angesetzten Veränderungen gegenüber dem Szenario A zu erreichen, sind sehr unterschiedliche Maßnahmen bzw. Maßnahmenbündel denkbar, die je nach Präferenz der Akteure eher marktorientiert (Preissetzungen, finanzielle Anreize wie Förderung und Subventionen, Steuern etc.) oder eher ordnungspolitisch (gesetzliche Regelungen, Vorschriften, Richtlinien) ausgerichtet sein können, und die in der Regel eine Kombination derartiger Elemente darstellen. Bestandteile derartiger Maßnahmenbündel könnten sein:

---

15 Der kleine Anteil von Rohrleitungen an der Güterverkehrsleistung wird wegen des nachrangigen Einflusses auf die energetische Bilanz des Güterverkehrs vernachlässigt.

- verbesserte Information der Öffentlichkeit und Schaffung von Informationsmöglichkeiten und Beratungskapazitäten,
- Kennzeichnung des Energieverbrauchs von Geräten bzw. des Energiebedarfs von Wohnungen und Gebäuden,
- Lenkungsmaßnahmen zur Begrenzung der Wohnfläche pro Kopf,
- Anhebung der Energiepreise für die Haushalte und zweckmäßige Gestaltung der Strom- und Gastarife,
- deutlich erweiterte Förderung von Radverkehr und ÖPNV,
- starke Behinderung der Pkw-Nutzung vor allem im Nahbereich und deutliche Verteuerung der Pkw-Nutzung im Nah- wie im Fernbereich,
- Verdichten der Bebauung durch entsprechende Ausgestaltung der Flächennutzungspläne,
- Förderung von Kombi-Verkehren im Gütertransport.

Techniken zur Deckung des Nutzenergiebedarfs bei den Endverbrauchern

Die Nachfrage nach Raumwärme hängt sowohl von den genutzten Wohnflächen als auch von deren baulichem Zustand ab. Die durch Abriß und Neubau bewirkte Änderung der Altersstruktur des Wohnungsbestandes führt im Bereich der **Haushalte** zu einer langsamen Verbesserung der Wärmedämmung im Wohnungsbestand und damit zu einem sinkenden spezifischen Raumwärmebedarf.

Neubauten werden unter energetischen Gesichtspunkten und auf der Basis von Anforderungen errichtet, die um 20 % höher liegen als der Niedrigenergiehaus-Standard. Auf diese Weise wird bei Einfamilienhäusern ein durchschnittlicher spezifischer Heizenergiebedarf von 46,1 kWh/m^{2}a und bei Mehrfamilienhäusern von 40,3 kWh/m^{2}a erreicht.

Eine weitere Verbesserung wird dadurch bewirkt, daß die Wohnflächen im Altbaubestand über den gesamten Zeitraum verstärkt saniert und dabei auf den Standard der Wärmeschutzverordnung von 1995 angehoben werden. Die Sanierungsrate beträgt zunächst 1 % pro Jahr und erhöht sich nach fünf Jahren – nach Aufbau der erforderlichen Kapazitäten im Baugewerbe und nach Regelung von Finanzierungsfragen – auf 2 % pro Jahr. Der spezifische jährliche Nutzenergiebedarf für Raumwärme nimmt damit insgesamt von 133,3 kWh/m^2 im Jahr 1990 (temperaturbereinigt) auf 109,0 kWh/m^2 und 77,9 kWh/m^2 in den Jahren 2005 und 2020 (klimatische Normaljahre) ab.

Durch die Verbesserung der Heizungsanlagen, verbessertes Energiemanagement und den vermehrten Einsatz von Brennwertkesseln wird außerdem der Energiebedarf zur Deckung der Nutzenergienachfrage verringert. Der Jahresnutzungsgrad für Raumheizungen steigt von 73 % im Jahr 1990 auf 83 % im Jahr 2005 und auf 86 % im Jahr 2020 an.

Zur Vermeidung und Verringerung von Verlusten werden bei der Warmwasserbereitung dezentrale Versorgungssysteme bevorzugt; der Jahresnutzungsgrad steigt von 67 % im Jahr 1990 auf 73 % im Jahr 2005 und den nachfolgenden Jahren an.

Die Bevorzugung ökologisch effizienter Produkte führt dazu, daß sich die privaten Kaufentscheidungen für Geräte oder Kraftfahrzeuge und deren Nutzung am Energieverbrauch orientieren; ökologisch effiziente Produkte werden auch dann vorgezogen, wenn sie nach den bisherigen Maßstäben unwirtschaftlich und mit ihrer Nutzung Verringerungen des materiellen Lebensstandards verbunden sind.

Das veränderte Kaufverhalten zeigt sich bei den Haushalten vor allem darin, daß bei Neukäufen von Personenkraftwagen ein Fahrzeug gewählt wird, das um eine Klasse kleiner ist als das jeweilige Vorgängerfahrzeug.

Bei den Haushaltsgeräten verbessert sich so die Energieeffizienz deutlich stärker als in der Vergangenheit. Kauf und Einsatz der energieeffizienten Geräte bewirken in den kommenden Jahren eine deutliche Verringerung der spezifischen Energieverbräuche im Gerätebestand (Tabelle 4.4.6).

Kohle-Herde werden dabei bis zum Jahr 2005 fast vollständig verschwunden und vor allem durch Gas-Herde ersetzt sein.

Der Energiebedarf für die übrigen Kleingeräte wird mit 88 kWh/Haushalt und Jahr unverändert bleiben; hier gleichen sich wachsende Gerätenutzung und verbesserte Energieeffizienz aus.

Bei der Beleuchtung werden Energiesparlampen an allen Brennstellen, die mehr als 2 h/d im Einsatz sind, eingesetzt. Dadurch wächst ihr Anteil von 0,6 % im Jahr auf 25 % im Jahr 2005 und 30 % im Jahr 2020 an. Der Anteil der Leuchtstoffröhren bleibt mit 5 % gleich.

Tabelle 4.4.6 Spezifischer Energiebedarf von Haushaltsgeräten in Baden-Württemberg im Szenario D

		Einheit	1990	2005	2020
Geschirrspüler		kWh/Anwendung	2,02	1,39	1,39
Kühlschrank		kWh/d	0,89	0,28	0,25
Gefrierschrank		kWh/d	1,33	0,50	0,45
Kühl-/Gefrier-Kombination		kWh/d	1,5	0,86	0,77
Fernseher:	Normalbetrieb	W	50	37	35,2
	Standby	W	8	6	5,7
Waschmaschine	30 °C	kWh/Waschgang	0,79	0,48	0,46
	60 °C	kWh/Waschgang	1,70	1,05	1,00
	95 °C	kWh/Waschgang	2,76	1,71	1,62
Wäschetrockner		kWh/Trockengang	3,44	1,50	1,20
Elektro-Herd		kWh/Normalmahlzeit	1,06	0,78	0,74
Gas-Herd		kWh/Normalmahlzeit	1,35	1,12	1,06
Kohle-Herd		kWh/Normalmahlzeit	2,62	2,35	2,23

Tabelle 4.4.7 Spezifischer Energiebedarf in den prozeßenergieintensiven Branchen des Kleinverbrauchssektors in Baden-Württemberg im Szenario D in PJ pro Mrd. DM Bruttowertschöpfung (in Preisen von 1985)

	spezifischer Brennstoffverbrauch			spezifischer Stromverbrauch		
	1990	2005	2020	1990	2005	2020
Landwirtschaft/Gartenbau	1,84	1,43	1,08	0,37	0,43	0,36
Handwerk/Kleinindustrie	1,47	1,01	0,83	0,49	0,65	0,61
Baugewerbe	0,31	0,21	0,18	0,01	0,01	0,01

Bei den **Kleinverbrauchern** und in der **Industrie** stellt der Energiebedarf einen Kostenfaktor dar, Maßnahmen zu seiner Reduzierung werden im Rahmen des wirtschaftlich Sinnvollen durch den gezielten Einsatz energetisch effizienter Anlagen und Geräte getroffen.

Das Umweltverhalten orientiert sich in der Industrie und bei den Kleinverbrauchern an den jeweils geltenden Vorschriften; darüber hinausgehende Maßnahmen werden dann ergriffen, wenn sie nicht mit wirtschaftlichen Nachteilen verbunden sind.

Im Sektor **Kleinverbraucher** werden für Energieeinsparungen im Gebäudebereich wärmeschutzorientierte Sanierungen und Anhebung des Standards auf das Niveau der Wärmeschutzverordnung von 1995, durchgeführt. Die Sanierungsrate beträgt zunächst 1 % pro Jahr der Nutzflächen im Altbaubestand und erhöht sich nach fünf Jahren – nach Aufbau der erforderlichen Kapazitäten im Baugewerbe und nach Regelung von Finanzierungsfragen – auf 2 % pro Jahr. Neubauten werden unter energetischen Gesichtspunkten auf der Basis des Niedrigenergiehaus-Standards errichtet.

Zur Absenkung des Raumwärmebedarfs wird in Gebäuden der öffentlichen Hand die maximale Raumtemperatur um 1,5 °C auf 20 °C abgesenkt, so daß auf eine technisch aufwendige Gebäudeleittechnik verzichtet werden kann.

Durch diese Maßnahmen sinkt der spezifische jährliche Nutzenergiebedarf für Raumwärme von 163 kWh/m^2 im Jahr 1990 (temperaturbereinigt) auf 121 kWh/m^2 bzw. 98 kWh/m^2 in den Jahren 2005 und 2020 (klimatische Normaljahre) ab.

Der Endenergiebedarf für Warmwasser und Strom für Licht und Geräte in den raumwärmeintensiven Branchen (1990: 4.300 kWh/a bzw. 2.000 kWh/a) verringert sich durch deutliche Verhaltensänderung und etwas geringeren Einsatz verbesserter Technik bis zum Jahr 2005 – bezogen auf die Zahl der Erwerbstätigen – auf 3.200 kWh/a bzw. 1.800 kWh/a und bis zum Jahr 2020 auf 2.800 kWh/a bzw. 1.500 kWh/a.

Durch die Nutzung energieeffizienter Technik wird der Strombedarf in den prozeßenergieintensiven Branchen des Kleinverbrauchssektors bezogen auf die Bruttowertschöpfung in den kommenden Jahren weniger stark anwachsen als in Szenario A; auch beim Brennstoffbedarf ergeben sich aus den gleichen Gründen niedrigere Werte (Tabelle 4.4.7).

In der **Industrie** verstärkt sich die Entwicklung der Vergangenheit zur kontinuierlichen Verbesserung der Energieeffizienz in den kommenden Jahren deutlich. Durch Prozeßverbesserungen, bessere Anlagennutzung und optimalen Werkstoffeinsatz, durch Abwärmenutzung und die Verbrennung von Abfallstoffen, durch den verstärkten Einsatz der Kraft-Wärme-Kopplung und die Substitution von Kohle und Heizöl in der Wärmeerzeugung, durch verbesserten Wärmeschutz bei Neubauten, verstärkte Sanierung von Altbauten und die Verwendung energieeffizienter Beleuchtungseinrichtungen sinkt der spezifische Energiebedarf in der gesamten Industrie von 1990 bis zum Jahr 2005 um durchschnittlich 2,6 %/a und im Zeitraum von 2005 bis 2020 um durchschnittlich 1,6 %/a. Dabei werden neue Produktionskonzepte (just-in-time, lean production) im Hinblick auf Energieverbrauch und Umweltschutz überprüft sowie verstärkt regenerative Energieträger eingesetzt.

Die Veränderung des spezifischen Energiebedarfs (Tabelle 4.4.8) entwickelt sich branchenabhängig unterschiedlich, weil innerhalb der einzelnen Branchen die strukturellen Veränderungen zu einer weniger energieintensiven Produktion verschieden verlaufen und weil zudem der Anteil der Energiekosten an den Gesamtkosten branchenspezifisch variiert und so die Anreize zur Minderung des Energiebedarfs aus wirtschaftlichen Gründen unterschiedlich hoch sind.

Im **Verkehr** wird der Energiebedarf vor allem durch die spezifischen Verbräuche der Straßenfahrzeuge bestimmt. Im Personenverkehr führen die Nutzung energieeffizienter Techniken und der Übergang zu kleineren, leistungsschwächeren Fahrzeugen dazu, daß sich der Energieverbrauch der Personenkraftwagen deutlich stärker verringert als im Szenario A. Bei den Neufahrzeugen mit Otto-Motor liegt der spezifische Kraftstoffverbrauch (Drittelmix) im Durchschnitt aller gekauften Neufahrzeuge im Jahr 2005 um 1,0 l/100 km und im Jahr 2020 um 1,5 l/100 km niedriger als in Szenario A und bei den Neufahrzeugen mit Diesel-Motor um 0,5 l/100 km bzw. 1,0 l/100 km. Mit dieser Entwicklung bei den Neufahrzeugen geht der durchschnittliche Kraftstoffverbrauch im Fahrzeugbestand – durch dessen stetige Modernisierung – kontinuierlich

Tabelle 4.4.8 Spezifischer Energiebedarf in der Industrie in Baden-Württemberg im Szenario D in PJ pro Mrd. DM Nettoproduktionswert (in Preisen von 1985)

	spezifischer Brennstoffverbrauch			spezifischer Stromverbrauch		
	1990	2005	2020	1990	2005	2020
Chemische Industrie	2,48	1,59	1,32	0,90	0,61	0,52
Zellstoff-/Papier-Industrie	8,14	4,99	3,68	4,48	3,03	2,41
Steine/Erden-Industrie	8,99	7,17	6,43	1,54	1,31	1,22
Restliche Grundstoffindustrie	1,31	0,88	0,65	1,00	0,75	0,68
Elektrotechnische Industrie	0,25	0,13	0,09	0,28	0,21	0,18
Maschinenbau	0,35	0,24	0,21	0,25	0,20	0,17
Straßenfahrzeugbau	0,47	0,35	0,29	0,44	0,36	0,32
Textilindustrie	2,23	1,67	1,37	0,88	0,82	0,80
Restliche Industrie	0,82	0,52	0,38	0,47	0,38	0,35

Tabelle 4.4.9 Durchschnittliche reale Energieverbräuche im Bestand der Verkehrsmittel im Personenverkehr in Baden-Württemberg im Szenario D

		Einheit	1990	2005	2020
Pkw	Otto-Motor	l/100 Fahrzeug-km	9,5	7,1	6,2
	Diesel-Motor	l/100 Fahrzeug-km	8,5	6,0	5,2
ÖPNV	Bus	l/100 Platz-km	0,45	0,39	0,35
	Schienenverkehrsmittel	Wh/Platz-km	39,6	37,5	35,3
Bahn	Diesel-Antrieb	g/Platz-km	11,5	11,3	11,1
	elektrischer Antrieb	Wh/Platz-km	45,2	44,4	43,5
Flugzeug		MJ/Platz-km	1,91	1,43	0,96

Tabelle 4.4.10 Durchschnittliche reale Energieverbräuche im Bestand der Verkehrsmittel im Güterverkehr in Baden-Württemberg im Szenario D

		Einheit	1990	2005	2020
Straßengüternahverkehr		kg/100 Fahrzeug-km	11,16	9,49	8,20
Straßengüterfernverkehr		kg/100 Fahrzeug-km	27,05	23,02	21,23
Bahn	Dieselantrieb	g/tkm	23,69	23,24	22,80
	elektrischer Antrieb	Wh/tkm	78,75	77,28	75,80
Binnenschiff		g/tkm	10,00	10,00	10,00

merklich zurück (Tabelle 4.4.9). Wegen der Bevorzugung energieeffizienter Technik werden gleichzeitig mehr Fahrzeuge mit Diesel-Motor gekauft, so daß deren Anteil in den kommenden Jahren auf 28,8 % (2005) und 33,8 % (2020) anwächst (1990: 18 %).

Auch im öffentlichen Personenverkehr, der hinsichtlich Energieverbrauch und CO_2-Emissionen nur eine untergeordnete Rolle spielt, verbessert sich die Energieeffizienz etwas stärker als in Szenario A. Außerdem werden im Hinblick auf das Ziel der Minderung der CO_2-Emissionen im öffentlichen Straßenpersonenverkehr verstärkt von alternative Antriebssysteme eingesetzt: bis zum Jahr 2005 erreichen gasgetriebene Linienbusse einen Anteil von 20 % an der Verkehrsleistung und elektrisch angetriebene Oberleitungs-Busse einen Anteil von 10 %. Diese Anteile erhöhen sich bis zum Jahr 2020 auf 40 % bzw. 30 %.

Im Güterverkehr verringert sich der Verbrauch der Neufahrzeuge bei den Lkw im Nahverkehr wie bei den großen Diesel-Pkw, bei den Lkw im Fernverkehr sinkt er bis zum Jahr 2005 um 7,5 % und bis zum Jahr 2020 um 15 %. Im Schienengüterverkehr bleiben die Verbräuche unverändert. Dies führt insgesamt zu nur leichten Verbesserungen des Energieverbrauchs im Bestand der Fahrzeuge (Tabelle 4.4.10).

Die beschriebenen Energieeinsparungen im Raumwärmebereich, bei Geräten und Anlagen und im Straßenverkehr lassen sich nur mit Hilfe gezielter **Maß-**

nahmen erreichen, die über das in der Vergangenheit Übliche hinausgehen. Diese Maßnahmen müssen dazu führen,

- daß neue Wohngebäude und Nichtwohngebäude verschärften Wärmeschutzvorschriften (verschärfter Niedrigenergiehaus-Standard) entsprechen,
- daß Altbauten mit deutlich höheren Raten als bisher saniert und im Wärmeschutz verbessert werden,
- daß höhere Nutzungsgrade bei der Wärmebereitstellung für Raumwärme und Warmwasser erreicht werden,
- daß energieeffiziente Haushaltsgeräte beim Kauf bevorzugt und verstärkt eingesetzt werden,
- daß sich die Tendenz der Vergangenheit zum Einsatz energiesparender Techniken und Prozesse in der Industrie und beim Kleinverbrauch deutlich verstärkt,
- daß beim Neukauf von Personenkraftwagen kleinere bzw. leistungsschwächere Fahrzeuge bevorzugt werden, und
- daß die technischen Potentiale zur Verbesserung des Kraftstoffverbrauchs bei Kraftfahrzeugen so rasch und so weit wie möglich ausgeschöpft werden.

Dabei kann davon ausgegangen werden, daß sich die eher geringen Effizienzverbesserungen im öffentlichen Straßen- und Schienenverkehr im Kontext der Gesamtentwicklung weitgehend autonom ergeben und – wie in der Vergangenheit – vor allem durch die generelle und sich auch in Zukunft fortsetzende Förderung des öffentlichen Verkehrs und die damit verbundene kontinuierliche Bestandsverjüngung getragen werden.

Um die angesetzten Veränderungen gegenüber dem Szenario A zu erreichen, sind sehr unterschiedliche Maßnahmen bzw. Maßnahmenbündel denkbar, die je nach Präferenz der Akteure eher marktorientiert (Preissetzungen, finanzielle Anreize wie Förderung und Subventionen, Steuern etc.) oder eher ordnungspolitisch (gesetzliche Regelungen, Vorschriften, Richtlinien) ausgerichtet sein können, und die in der Regel eine Kombination derartiger Elemente darstellen. Bestandteile derartiger Maßnahmenbündel könnten sein:

- verbesserte Information der Öffentlichkeit und Schaffung von Informationsmöglichkeiten und Beratungskapazitäten,
- Vorbildfunktion der öffentlichen Hand bei Beschaffungen und Bauten,
- freiwillige Vereinbarungen von Herstellern und Importeuren von Geräten und Fahrzeugen,
- Anhebung der Energiepreise und zweckmäßige Gestaltung der Strom- und Gastarife,
- Novellierung der Wärmeschutzverordnung
- Verbrauchsvorschriften für Geräte und Kraftfahrzeuge,
- Verteuerung der Pkw-Nutzung,
- Subventionen und steuerliche Anreize für energiesparende Investitionen.

Techniken im Umwandlungsbereich und Einsatz von Primärenergieformen mit geringeren CO_2-Emissionen

Für die Bereitstellung von **Raumwärme** stehen auch in den kommenden Jahren die fossilen Energieträger - vor allem Heizöl und Erdgas - im Vordergrund (Tabelle 4.4.11). Durch die Förderung effizienter Technologien und regenerativer Energien bei der Raumwärmeerzeugung beschleunigt sich die Tendenz der Vergangenheit zur Substitution des Heizöls durch kohlenstoffärmere Endenergieformen. Fernwärme und vor allem Nahwärmenetze gewinnen durch den Ausbau der Kraft-Wärme-Kopplung einen stetig wachsenden und längerfristig auch nennenswerten Anteil.

Die Nutzung von regenerativen Energiequellen wird vor allem unter ökologischen Gesichtspunkten gefördert. Dadurch gewinnen die Biomasse, die in einzelnen Bereichen die Schwelle der Wirtschaftlichkeit überschreiten kann, und die solare Wärmeerzeugung längerfristig große Anteile an der Raumwärmebereitstellung (Tabelle 4.4.12). Der Zuwachs der solaren Wärmeerzeugung wird vor allem dadurch erreicht, daß zunehmend solare Nahwärmenetze errichtet und alle Neubauten mit Anlagen zur solaren Wärmeerzeugung für Raumwärme und Warmwasser ausgerüstet werden. Einzelanlagen zur Raumwärmeerzeugung haben dabei einen Deckungsgrad von 12 % und Anlagen zur Warmwasserbereitung von 50 – 60 %.

Bei der dezentralen Warmwasserbereitung geht der Anteil des Erdgases zugunsten der Stromnutzung stärker als in der Vergangenheit zurück. Längerfri-

Tabelle 4.4.11 Struktur der Raumwärmebereitstellung in den Sektoren Haushalte und Kleinverbraucher in Baden-Württemberg im Szenario D[1] (in Prozent)

Energieträger	1990	2005	2020
Heizöl	54,1	40,4	20,4
Erdgas	27,6	34,3	31,3
Fern- und Nahwärme	5,9	9,8	21,9
Strom	8,1	7,5	6,1
Regenerative Quellen	2,2	7,2	20,3
Kohlen	2,1	0,8	0,0

[1] einschl. zentraler Warmwasserversorgung

Tabelle 4.4.12 Beitrag regenerativer Energiequellen zur Wärmeerzeugung in Baden-Württemberg im Szenario D

		Einheit	1990	2005	2020
Biomasse für Wärme, KWK		PJ	8,9	40,7	90,0
Solare Wärmeerzeugung	Kollektorfläche	Mio. m^2	0,04	3,0	30,0
	Primärenergieäquivalente[1]	PJ	–	6,0	52,3
Geothermie	Primärenergieäquivalente	PJ		0,3	0,3

[1] einschl. Wärmepumpen

Tabelle 4.4.13 Struktur der Energiebereitstellung für die dezentrale Warmwasserbereitung in den Sektoren Haushalte und Kleinverbraucher in Baden-Württemberg im Szenario D (in Prozent)

Energieträger	1990	2005	2020
Erdgas	56,7	27,5	26,9
Strom	43,3	51,8	42,8
Regenerative Quellen	0,05	20,7	30,3

stig erreichen die regenerativen Energieträger einen mit Strom und Erdgas gleichwertigen Anteil an der Wärmeerzeugung.

Bei der **Stromerzeugung** werden sich in den kommenden Jahren die Anteile der Energieträger deutlich verändern. Die konsequente Nutzung von Techniken mit geringen CO_2-Emissionen und die Ablehnung der Kernenergie führen dazu, daß Strom längerfristig vor allem aus Erdgas und regenerativen Quellen erzeugt wird (Tabelle 4.4.14). Die Kohleverstromung und der Kohleeinsatz in KWK-Anlagen werden nach und nach zurückgefahren und laufen im Jahr 2020 praktisch aus; der Primärenergieeinsatz von Kohle geht auf 80 PJ im Jahr 2005 und 2 PJ im Jahr 2020 zurück. Die vorhandenen Kernkraftwerke werden vorzeitig außer Betrieb genommen, so daß der letzte Block im Jahr 2010 vom Netz gehen wird. Die Stromerzeugung (Jahresarbeit) aus Kernreaktoren geht dadurch auf 34 PJ_{el} im Jahr 2005 und auf Null im Jahr 2020 zurück.

Bei den regenerativen Energiequellen steht – wie in der Vergangenheit – zunächst noch die Stromerzeugung aus Wasserkraft im Vordergrund (Tabelle 4.4.15). Trotz wachsender Widerstände von seiten des Naturschutzes wird die Nutzung der Wasserkraft noch deutlich ausgeweitet. Die Nutzung der Windkraft wird trotz ungünstiger Standortbedingungen in Baden-Württemberg im Rahmen der Förderung umweltfreundlicher Technologien gegenüber Szenario A ausgeweitet; die Stromerzeugung aus Windkraft kann aber auch in Zukunft keine größere Bedeutung erlangen, obwohl diese Technik die Wirtschaftlichkeitsschwelle unter den geltenden Bedingungen für die Rückvergütung bei der Stromeinspeisung in das Netz und an günstigen Standorten mit ausreichendem Windangebot erreicht. Den größten Zuwachs erfährt die Photovoltaik und gewinnt so durch intensive öffentliche Förderung bis zum Jahr 2020 einen nen-

Tabelle 4.4.14 Anteile der Primärenergieträger an der Stromerzeugung[1] in Baden-Württemberg im Szenario D (in Prozent)

Energieträger	1990	2005	2020
Kernenergie	58,9	20,0	0,0
Kohle	30,2	17,8	0,9
Erdgas	2,4	43,7	54,8
Regenerative Quellen[2]	6,7	13,9	42,9
Heizöl/Sonstige	1,8	4,6	1,4

[1] mit industrieller Eigenerzeugung [2] einschließlich Müllverbrennung

nenswerten Anteil an der Stromerzeugung. Hinzukommt ab dem Jahr 2015 der Import solar erzeugten Stromes (aus Nordafrika oder Südeuropa) über eine leistungsfähige HGÜ-Leitung, an der sich das Land Baden-Württemberg zusammen mit anderen Bundesländern beteiligt. Der hohe Anteil der regenerativen Energieträger mit zeitlich schwankendem Angebot erfordert zusätzliche Maßnahmen wie beispielsweise die Entwicklung und den Bau einer größeren Zahl saisonaler Speicher bis zum Jahr 2020.

Mit der Verwendung zur Wärme- und Stromerzeugung erreichen die regenerativen Energiequellen – einschließlich der Müllverbrennung – einen Anteil am gesamten Primärenergieverbrauch von 8,3 % im Jahr 2005 und 25,3 % im Jahr 2020 (1990: 3,8 %). Der Beitrag der Müllverbrennung zur Deckung des Primärenergiebedarfs verändert sich dabei von 8,1 PJ im Jahr 1990 auf 4,5 PJ und 5 PJ in den Jahren 2005 und 2020.

Mit der in Zukunft wachsenden Bedeutung der Stromerzeugung aus Erdgas setzen sich die Bemühungen zur Verbesserung der Kraftwerkstechnik fort. Erdgas wird überwiegend in GuD-Kraftwerken mit und ohne Wärmeauskopplung verstromt.

Die konsequente Orientierung an ökologischen Aspekten führt zum deutlichen Ausbau von Nah- und Fernwärmenetzen; die Wärmeauskopplung der Kraftwerke und Heizwerke für die Nah- und Fernwärmeversorgung steigt auf 42,5 PJ im Jahr 2005 und 67,0 PJ im Jahr 2020 an. Außerdem erhöht sich die Wärmeauskopplung bei der industriellen Eigenerzeugung – ohne Prozeßdampf für Raffinerien – auf 25,1 PJ im Jahr 2005 und 25,2 PJ im Jahr 2020.

Tabelle 4.4.15 Beitrag regenerativer Energiequellen zur Deckung des Strombedarfs in Baden-Württemberg im Szenario D (ohne Stromerzeugung aus KWK)

		Einheit	1990	2005	2020
Wasserkraft[16]	installierte Leistung	MW	600	630	750
	Stromproduktion	TWh	3,9	3,9	5,0
Photovoltaik	installierte Leistung	MW	0,15	80	5.000
	Stromproduktion	TWh	–	0,07	4,52
Biogas	Primärenergie	PJ	–	2	10
Windenergie	installierte Leistung	MW	1[1]	100	500
	Stromproduktion	TWh	–	0,8	0,58
importierter Solarstrom		TWh	–	–	0,8

[1] Wert für 1993

[16] Die in der Tabelle angegebenen Werte beziehen sich auf Laufwasserkraftwerke (einschl. industrieller Werke) und umfassen nicht die Pumpspeicherwerke mit natürlichen Zuflüssen und Eigenversorgungsleistungen kleiner Betreiber. Der für das Jahr 1990 angegebene Wert entspricht den Angaben im Energiebericht Baden-Württemberg zuzüglich einer Trockenjahrkorrektur von 9 %; für die Jahre 2005 und 2020 werden das Regelarbeitsvermögen angenommen und die Ausbaupotentiale für große Laufwasserkraftwerke (> 1 MW) berücksichtigt.

Tabelle 4.4.16 Anteile der Energieträger bzw. -formen an der Deckung des Endenergiebedarfs an Brennstoffen in der Industrie und im Sektor Kleinverbraucher in Baden-Württemberg im Szenario D (in Prozent)

	Industrie			Kleinverbraucher		
	1995	2005	2020	1995	2005	2020
Gase	36,9	37,3	37,5	32,7	35,0	45,0
Heizöl	24,9	24,5	18,7	65,5	62,3	50,9
Kohlen	13,1	11,9	8,2			
Dampf	17,6	16,1	16,7			
Fernwärme	7,0	9,7	18,5	1,8	2,7	4,1
Regenerative (Holz)	0,5	0,5	0,4			

Auch bei der Deckung des Endenergiebedarfs an Brennstoffen in der Industrie und im Sektor Kleinverbraucher setzt sich in Zukunft die Substitution von Heizöl und Kohle fort. Erdgas bleibt bzw. wird zum dominierenden Energieträger und die Fernwärme vergrößert ihren Anteil deutlich. Regenerative Energieträger spielen in diesem Bereich nur eine geringe Rolle (Tabelle 4.4.16).

Im **Verkehrsbereich** wird der Endenergiebedarf im Straßenverkehr weiterhin- bis auf den verstärkten Einsatz von Gas- und Oberleitungsbussen – durch die üblichen Kraftstoffe gedeckt. Ihre Herstellung erfordert in den Raffinerien in Baden-Württemberg bis zum Jahr 2020 einen auf dem heutigen Niveau verbleibenden, konstanten Eigenverbrauchsanteil.

Als langfristige Alternative zu den fossilen Kraftstoffen wird die Wasserstoff-Technologie weiterhin und mit leicht steigender Intensität gefördert.

Durch die Zunahme der Verwendung von Erdgas, die in ihrer absoluten Höhe in der gleichen Größenordnung liegt wie in Szenario A, werden hier bis zum Jahr 2020 keine Knappheiten oder Versorgungsengpässe entstehen.

Die Realisierung und Durchsetzung der Entwicklungen im Umwandlungsbereich erfordern besondere **Maßnahmen**, die über das in der Vergangenheit Übliche hinausgehen. Diese Maßnahmen müssen dazu führen,

- daß kohlenstoffreiche Brennstoffe in der Wärmeerzeugung noch stärker als bisher substituiert werden,
- daß die Nutzung von Biomasse zur Wärmeerzeugung bzw. gekoppelten Strom-Wärmeerzeugung stark ausgeweitet (bis zum Jahr 2005 mehr als vervierfacht) wird,
- daß die solare Wärmeerzeugung größere Anteile erringt,
- daß Nah- und Fernwärmenetze deutlich ausgebaut werden,
- daß der Einsatz von Kohle in der Stromerzeugung deutlich verringert wird,
- daß die vorhandenen Wasserkraftpotentiale stärker ausgeschöpft werden, und
- daß die Nutzung von Windenergie und Photovoltaik sehr stark ausgeweitet wird.

Um die angesetzten Veränderungen gegenüber dem Szenario A zu erreichen, sind unterschiedliche Maßnahmen bzw. Maßnahmenbündel denkbar, die je nach Präferenz der Akteure eher marktorientiert (Preissetzungen, finanzielle Anreize wie Förderung und Subventionen, Steuern etc.) oder eher ordnungspolitisch (gesetzliche Regelungen, Vorschriften, Richtlinien) ausgerichtet sein können. Da die angesetzte verstärkte Nutzung regenerativer Energieträger mit erhöhten Energieerzeugungskosten verbunden ist, werden finanzielle Förderungen und Subventionen eine besondere Rolle spielen müssen. Bestandteile derartiger Maßnahmenbündel könnten sein:

- Förderprogramme zum Ausbau der Nutzung von Biomasse, solarer Wärme, Windenergie und Photovoltaik,
- Subventionen und Finanzhilfen für die Nutzung regenerativer Energieträger,
- Subventionen und steuerliche Anreize zur Substitution kohlenstoffreicher Brennstoffe in der Wärmeerzeugung,
- finanzielle Hilfen und Vorschriften zum verstärkten Aufbau von Nah- und Fernwärmeversorgungsnetzen,
- Vereinbarungen zur Reduktion des Kohleeinsatzes in der Stromerzeugung und Förderung der Umrüstung von Kohlekraftwerken,
- Besteuerung der CO_2-Emissionen.

5. Die Szenarien im Vergleich

Die in den Szenarien getroffenen und in Kapitel 4 dargestellten Annahmen zur Nachfrage nach Energiedienstleistungen und Gütern, zu Techniken und deren Effizienzverbesserungen und zum Einsatz konkurrierender Primärenergieformen führen zu unterschiedlich hohem Endenergiebedarf

- für Raumwärme in den Sektoren Private Haushalte und Kleinverbraucher,
- für Warmwasser und Geräte im Sektor Haushalte,
- für Warmwasser, Licht- und Gerätestrom und Prozeßenergie im Sektor Kleinverbraucher,
- für Raumwärme, Warmwasser, Licht- und Gerätestrom und Prozeßenergie im Sektor Industrie,
- im Sektor Verkehr

und zu verschiedenen Möglichkeiten für die Erzeugung von Strom sowie von Nah- und Fernwärme.

Die Unterschiede zwischen den Szenarien und die verschiedene Berücksichtigung der prinzipiell gegebenen Optionen zur Umgestaltung des Energieversorgungssystems bzw. zur Verringerung der CO_2-Emissionen ergeben sich aus den zugrunde gelegten Leitbildern; sie spiegeln die Einschätzung der an der Entwicklung der Szenarien Beteiligten über die in den jeweiligen Welten möglichen und umsetzbaren Änderungen von Technik oder Verhalten wider.

5.1 Der Endenergiebedarf in den Szenarien

Die unterschiedliche Höhe des Endenergiebedarfs in den betrachteten Szenarien ist vor allem eine Folge der jeweils getroffenen Annahmen über mögliche Verhaltensänderungen und die sich daraus ergebenden Veränderungen in der Nachfrage nach Energiedienstleistungen und Gütern. Zu den Verhaltens- und Nachfrageänderungen werden in allen Szenarien aber immer auch geänderte Technologien oder Effizienzverbesserungen der genutzten Geräte und Anlagen betrachtet, so daß zur Beeinflussung von Energieverbrauch und CO_2-Emissionen unterschiedlich abgestufte Maßnahmenkombinationen zur Verfügung stehen:

- Verhaltensänderungen, die dazu führen, daß die gewünschte Energiedienstleistung in herkömmlichem Umfang und mit herkömmlicher Technik, jedoch mit weniger Energie- bzw. CO_2-Aufwand erbracht werden kann (z.B. kurze intensive Lüftungsphasen statt schwacher Dauerbelüftung in beheizten Räumen),
- Kauf und Nutzung technisch-effizienter Güter, die die erwünschte Funktion bzw. Energiedienstleistung in herkömmlichem Umfang, jedoch mit weniger Energie- bzw. CO_2-Aufwand erbringen (z.B. Einbau einer Wärmeschutzverglasung oder Ersatz von Kohlekraftwerken durch Kern- oder Photovoltaikkraftwerke),
- Verhaltensänderungen, die zum Ersetzen von energieintensiven Dienstleistungen durch energieextensive Leistungen führen (z.B. Ersetzen eines warmen Bades durch eine Duschanwendung),
- Kauf und Nutzung von Gütern, die die erwünschte Funktion bzw. Energiedienstleistung mit Einbußen an Komfort oder sonstigen sekundären Nutzenaspekten, dafür aber mit weniger Energie- bzw. CO_2-Aufwand erbringen (z.B. Kauf eines kleineren Pkw), und
- Verzicht auf Energiedienstleistungen (z.B. Verzicht auf Fahrten im Freizeitbereich).

Die Möglichkeiten zur Nutzung anderer oder effizienterer technischer Produkte hängen dann davon ab, ob diese Techniken zur Verfügung stehen oder im hier betrachteten Zeitraum absehbar bereitgestellt werden können, und bedingen u.U. besondere Maßnahmen zu deren Entwicklung.

Energiebedarf für Raumwärme in den Sektoren Haushalte und Kleinverbraucher

Die Bereitstellung von Raumwärme für Wohn- und Nichtwohngebäude trug 1990 mit ca. 30 % zum Endenergiebedarf des Landes bei. Damit kommt der Reduktion der CO_2-Emissionen im Bereich Raumwärme in allen Szenarien eine besondere Bedeutung zu.

In der Referenz-Entwicklung (Szenario A) wird zunächst ein schwacher Anstieg des Endenergiebedarfs für die Raumwärme bis zum Jahr 2005 und danach ein allmählicher Rückgang erwartet. Diese Entwicklung ergibt sich aus der Überlagerung mehrerer gegenläufiger Einflüsse:

- Bedarfssteigernd wirkt sich aus, daß die Bevölkerungszahl bis zum Jahr 2005 noch anwächst (Kapitel 3.3), und daß die Wohnfläche pro Einwohner weiterhin zunimmt, und so die gesamte Wohnfläche überproportional mit der Bevölkerungszahl wächst (Tabelle 4.1.1).
- Bedarfsmindernd wirkt dagegen, daß Neubauten künftig auf der Basis der Wärmeschutzverordnung von 1995 mit verbessertem Wärmeschutz errichtet werden, daß die Altbauten mit einer Rate von 0,5 % pro Jahr (bezogen auf

die Wohnfläche) saniert und dabei ebenfalls auf das Niveau der Wärmeschutzverordnung von 1995 angehoben werden, und daß auch die Heizungstechnik durch Anhebung der Jahresnutzungsgrade zu einer Verringerung des Energiebedarfs beiträgt.

Trotz dieser Verbesserungen beim Wärmeschutz wird der Heizenergiebedarf im Szenario A im hier betrachteten Zeitraum maßgeblich von den dominierenden Wohnflächen im nicht sanierten Altbaubestand bestimmt.

Um daher im Raumwärmebereich zu einer im Vergleich zur Referenz-Entwicklung deutlichen Verringerung des Energiebedarfs zu gelangen, müssen weitere Verbesserungen der Heizungstechnik und eine weitere Verringerungen des Heizenergiebedarfs pro Wohnfläche vor allem im Altbaubestand erreicht, aber auch der wachsende Anspruch an die Wohnfläche pro Kopf in Frage gestellt werden.

Bei der **Wohnfläche** pro Kopf wird im Szenario B *Techniknutzung* entsprechend dem Leitbild davon ausgegangen, daß sich die Ansprüche an die Wohnfläche gegenüber der Referenz-Entwicklung nicht ändern und genauso anwachsen wie in Szenario A (Abb. 5.1.1).

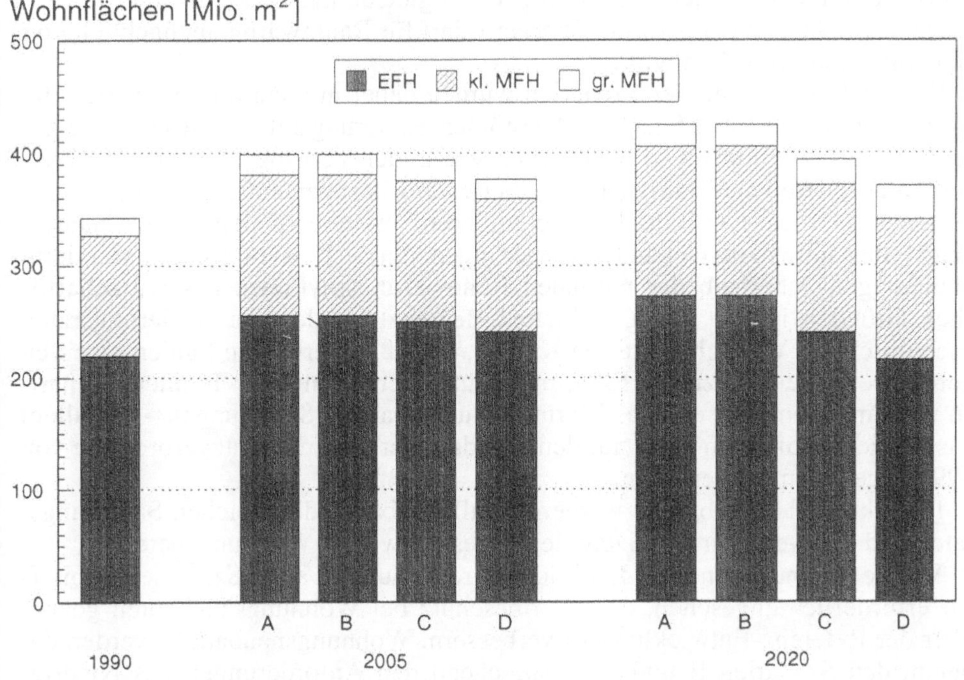

Abb. 5.1.1 Entwicklung der absoluten Wohnflächen in Baden-Württemberg in den Szenarien A bis D (EFH: Einfamilienhäuser, MFH: Mehrfamilienhäuser)

Im Szenario C *Ressourcenschutz* wird von einer begrenzten Rücknahme der Ansprüche ausgegangen. Dementsprechend wird hier angenommen, daß im Sinne des Leitbildes ein im Vergleich zu Szenario A geringerer Anstieg der Wohnfläche pro Kopf gerechtfertigt erscheint und längerfristig ein nur etwa halb so großer Zuwachs der spezifischen Wohnfläche erstrebenswert wäre. Gleichzeitig sollten im Hinblick auf Umweltschutz und Energiebedarf neue Wohnungen vermehrt in Mehrfamilienhäusern erstellt werden. Damit verringern sich dann im Vergleich zu Szenario A sowohl die gesamte Wohnfläche in Baden-Württemberg als auch die Wohnfläche in Einfamilienhäusern, die dann im Jahr 2020 nur wenig über dem heutigen Wert liegt.

Im Szenario D *Neue Lebensstile* wird von einer deutlichen Rücknahme der Ansprüche ausgegangen. Dementsprechend wird hier angenommen, daß die Wohnfläche pro Kopf gegenüber dem heutigen Wert nicht mehr gesteigert wird und daß es erstrebenswert wäre, auch längerfristig auf diesem Niveau zu verharren. Gleichzeitig sollten Neubauten aus energetischen und ökologischen Gründen fast ausschließlich als Mehrfamilienhäuser errichtet werden. Damit verstärken sich die Tendenzen des Szenarios C; die gesamte Wohnfläche bleibt in ihrem Wachstum stärker gegenüber der Referenz-Entwicklung zurück, und die Wohnfläche in Einfamilienhäusern liegt im Jahr 2020 unter dem heutigen Wert.

Maßnahmen zur Verringerung des **Heizenergiebedarfs** pro Fläche im Altbaubestand müssen in den Szenarien B bis D gleichermaßen als erforderlich angesehen werden, da der gesamte Energiebedarf für Raumwärme maßgeblich von den Altbauten beeinflußt wird.

Bei der Entwicklung der Szenarien wurden daher in allen drei Szenarien die gleichen und gegenüber Szenario A erhöhten Sanierungsraten angesetzt, die zunächst mit 1 %/a doppelt so hoch liegen wie in der Vergangenheit und nach einer Anlaufphase von 5 Jahren auf 2 %/a (jeweils bezogen auf die Wohnflächen) gesteigert werden. Die Raten für die Sanierung orientieren sich an den Häufigkeiten der normalen Gebäuderenovierungen, da sich wärmeschutzorientierte Sanierungen außerhalb der normalen Renovierungsrhythmen aus wirtschaftlichen Gründen in der Regel verbieten. Begrenzt werden die Sanierungsraten auch durch die Verfügbarkeit von Kapital, so daß die erhöhten Sanierungsraten durch geeignete finanzielle Hilfen unterstützt werden müssen. In allen Szenarien wird angenommen, daß das Wärmeschutzniveau bei Sanierungen – vor allem aus baulichen Gründen – nur auf den Standard der Wärmeschutzverordnung von 1995 angehoben werden kann.

Im Sektor Kleinverbrauch werden für alle Gebäude die gleichen Sanierungsraten und Zielwerte für alle Szenarien angesetzt wie im Wohnungsbereich.

Vor dem Hintergrund der Leitbilder wird es auch in allen Szenarien B bis D für erforderlich angesehen, den Wärmeschutz bei Wohnungsneubauten gegenüber der Referenz-Entwicklung zu verbessern. Wohnungsneubauten werden daher in den Szenarien B und C entsprechend den Anforderungen des Niedrigenergiehaus-Standards errichtet; in B, weil entsprechend dem Leitbild verfügbare und innovative Techniken zur CO_2-Minderung immer eingesetzt werden, wenn dies mit keinem Nutzenverzicht verbunden ist, und in C vor allem, weil diese Technologie zum Umweltschutz und zur Ressourcenschonung beiträgt. Entsprechend dem besonderen Gewicht ökologischer Aspekte und unterstützt durch die Konzentration auf Mehrfamilienhäuser werden im Szenario D noch höhere Einsparungen angestrebt und daher angesetzt, daß Wohnungsneubauten nach einem um 20 % verschärften Niedrigenergiehaus-Standard errichtet werden.

Im Sektor Kleinverbrauch werden Neubauten in den Szenarien B bis D aus wirtschaftlichen Gründen entsprechend einem einheitlichen Niedrigenergiehaus-Standard errichtet.

Da nach den Leitbildern der Szenarien C und D mehr oder weniger große Komforteinbußen im Interesse von Umweltschutz und Ökologie gerechtfertigt sind, läßt sich hier eine zusätzliche Verminderung des Energiebedarfs für Raumwärme durch Absenken des des Temperaturniveaus erreichen. Für die Entwicklung der Szenarien wird daher in beiden Fällen angesetzt, daß die Raumtemperatur in Gebäuden der öffentlichen Hand um 1,5 °C abgesenkt werden kann. Diese Absenkung wird nur für öffentliche Gebäude vorgesehen, weil nur hier eine Umsetzung realisierbar erscheint. Für Szenario B wird angenom-

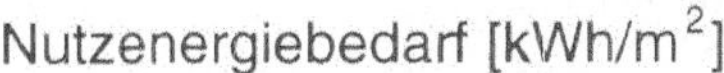

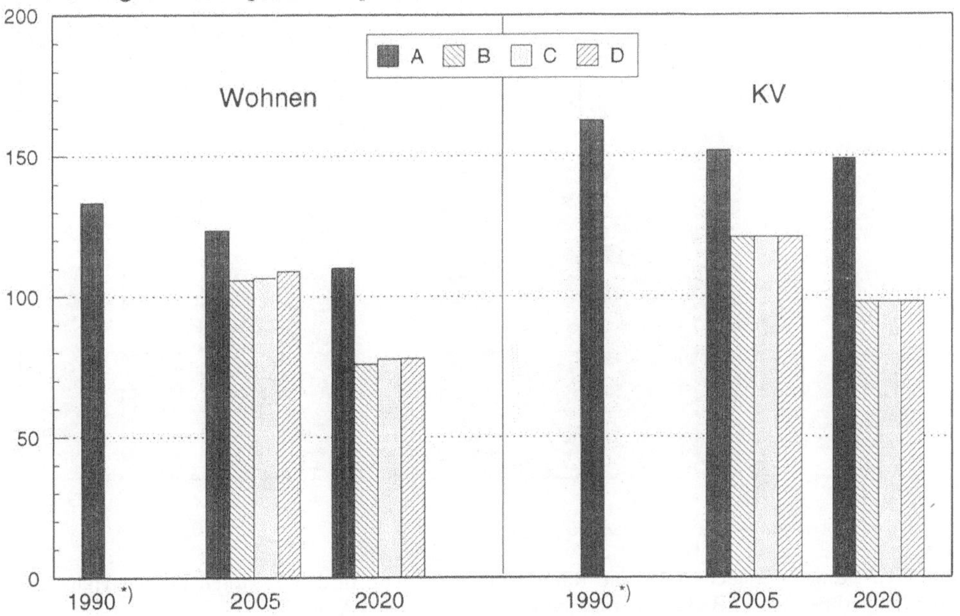

Abb. 5.1.2 Nutzenergiebedarf zur Raumwärmeerzeugung pro m^2 beheizte Fläche und Jahr für Wohnflächen (links) und Gewerbeflächen des Kleinverbrauchersektors (rechts) in Baden-Württemberg für die Szenarien A bis D

men, daß sich hier die gleichen Energieeinsparung wie in den Szenarien C und D ohne Komforteinbußen durch den Einsatz effizienter Gebäude-Leittechnik für die Raumwärmeversorgung und Lüftung erreichen lassen.

Die unter diesen Voraussetzungen erreichbaren Einsparungen sind in der Abb. 5.1.2 dargestellt. Es ergeben sich für die Szenarien B bis D ähnliche Änderungen und spezifische Heizenergiebedarfe in der gleichen Größenordnung, in allen Fällen aber eine deutliche Verringerung des Nutzenergiebedarfs gegenüber der Referenz-Entwicklung.[1]

Die leicht höheren spezifischen Nutzenergiebedarfe der Szenarien C und D gegenüber Szenario B im Wohnbereich sind eine Folge des in diesen Szenarien verringerten Wohnflächenbedarfs, der dazu führt, daß sich die hohen Neubaustandards im Wohnungsbestand nur verlangsamt auswirken.

In allen Szenarien verbessern sich die Jahresnutzungsgrade von **Heizanlagen** in ähnlicher Weise, da der Einsatz effizienter Technik in allen Leitbildern erstrebenswert ist; sie steigen im Mittel über alle Gebäude von 76 % (1990) auf 84 % im Jahr 2005 (Szenario A und B) bzw. 83 % (Szenario C und D) und auf

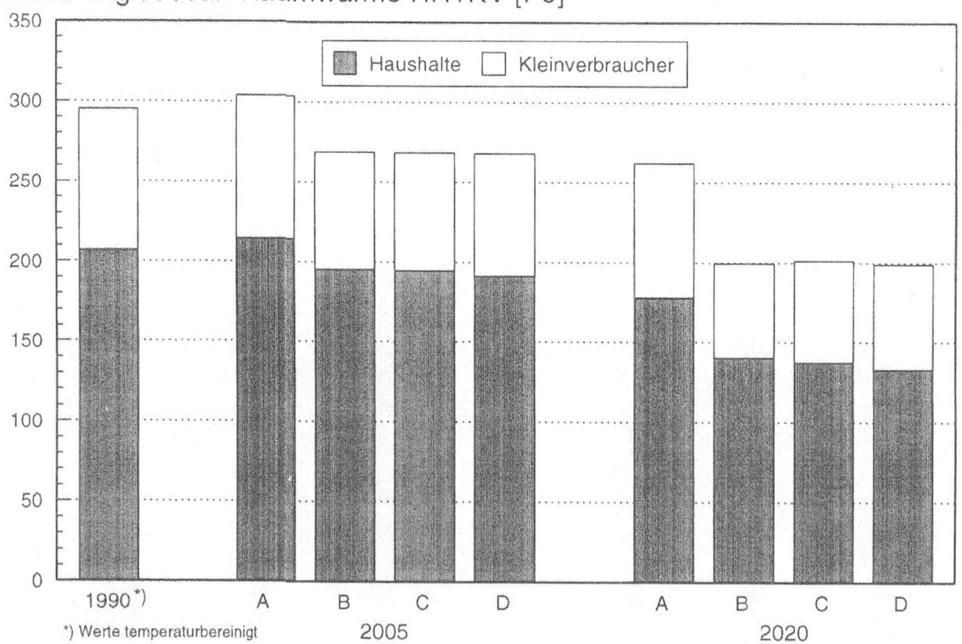

Abb 5.1.3 Endenergiebedarf für die Raumwärmeerzeugung in den Sektoren private Haushalte und Kleinverbraucher in Baden-Württemberg in den Szenarien A bis D

[1] Bei den Rechnungen wird vom Bezugsjahr 1990 ausgegangen und dementsprechend die erhöhte Sanierungsrate im Altbaubestand beginnend mit dem Jahr 1990 zugrunde gelegt. Geht man davon aus, daß die erhöhten Sanierungsraten ab dem Jahr 1995 realisiert werden, dann erhöht sich der Nutzenergiebedarf für Raumwärme im Jahr 2005 um ca. 5–7 %.

89 % im Jahr 2020 (Szenario A und B) bzw. 86 % (Szenario C und D). Die Entwicklung der mittleren Jahresnutzungsgrade bleibt in den Szenarien C und D wegen der dort verringerten Neubaurate und der dadurch leicht verzögerten Durchdringung mit moderner Technik etwas hinter der Entwicklung in den Szenarien A und B zurück.

Mit den getroffenen Annahmen ergibt sich der in Abb. 5.1.3 dargestellte **Endenergiebedarf** für die Bereitstellung von Raumwärme in Baden-Württemberg in den Szenarien A bis D. Dieser Energiebedarf hängt vom klimatischen Verlauf des jeweiligen Bezugsjahres ab. Für die Berechnungen des Endenergiebedarfs wurden die Jahre 2005 und 2020 als klimatische Normaljahre angenommen und der tatsächliche Endenergiebedarf für 1990, das ein Warmjahr war, auf Normaljahrbedingungen umgerechnet.

Die Abbildung macht deutlich, daß bereits in der Referenz-Entwicklung (Szenario A) erhebliche Effizienzverbesserungen erwartet werden. Diese werden zwar in den nächsten Jahren von der Wohnflächenentwicklung kompensiert, so daß der Endenergiebedarf für die Raumwärmeerzeugung bis zum Jahr 2005 in Szenario A absolut noch leicht zunimmt, längerfristig aber unter den Wert von 1990 absinkt. Da die Änderungen, die für die anderen Szenarien angesetzt wurden, unter Berücksichtigung der Leitbilder zwar etwas unterschiedlich, insgesamt jedoch sehr ähnlich sind, ergeben sich für diese Szenarien praktisch die gleichen Endenergiebedarfe sowohl im Jahr 2005 als auch im Jahr 2020. Zu den Einsparungen gegenüber der Referenz-Entwicklung tragen die privaten Haushalte und der Sektor Kleinverbraucher mit vergleichbar großen relativen Verbesserungen bei.

Eine zusätzliche Option zur Verringerung der CO_2-Emissionen im Raumwärmebereich besteht in der Veränderung der **Endenergieträgerstruktur** zur Raumwärmegewinnung. Durch den Übergang von kohlenstoffintensiven Energieträgern wie Kohle und Heizöl zu kohlenstoffarmen Endenergieformen wie Erdgas, Fernwärme, regenerativen Energieträgern oder CO_2-arm erzeugtem Strom können die CO_2-Emissionen bei gleichem Endenergiebedarf weiter verringert werden. Diese Option wird in allen Szenarien – wenn auch unterschiedlich – ausgenutzt (Abb. 5.1.4).

In allen Szenarien wird davon ausgegangen, daß der ohnehin kleine Kohleanteil bei den Energieträgern bis zum Jahr 2020 vollständig verschwindet, und daß die Nutzung von Heizöl zunehmend eingeschränkt wird. Die dadurch entstehende Deckungslücke wird im Szenario B überwiegend – wie in Szenario A – durch einen steigenden Anteil an Erdgas und teilweise auch durch Nachtstrom geschlossen, der durch die zunehmende Kernenergienutzung CO_2-arm erzeugt werden kann. Auch in den Szenarien C und D übernimmt Erdgas eine wichtige Rolle; längerfristig übernehmen aber Fernwärme und regenerative Quellen wachsende Anteile, da in beiden Szenarien zunehmend viele Haushalte und Kleinverbrauchergebäude an Fernwärmenetze angeschlossen werden, sich an

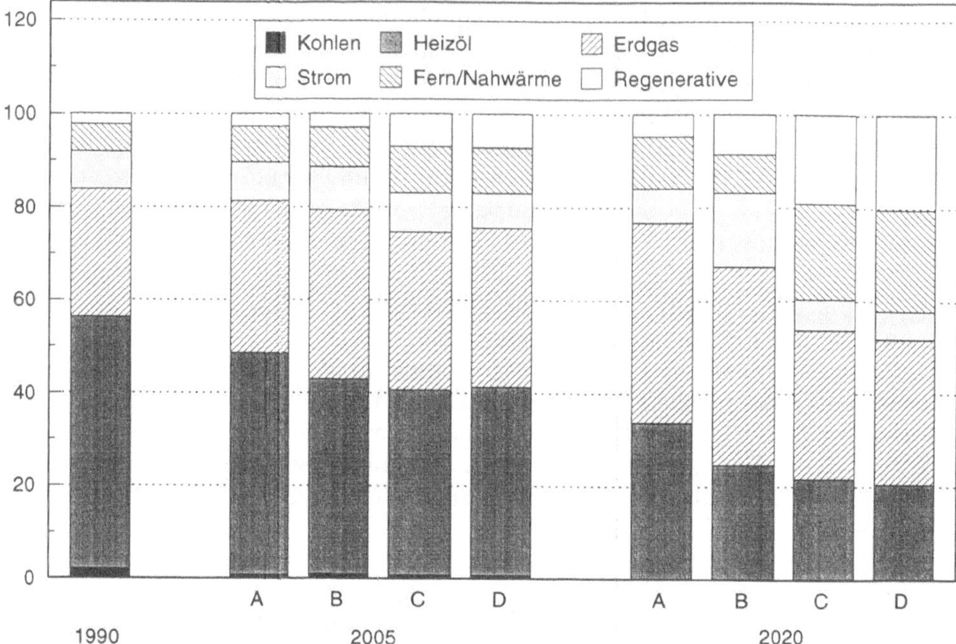

Abb. 5.1.4 Energieträger-Struktur der Raumwärmeerzeugung und zentralen Warmwasserbereitung für die Sektoren private Haushalte und Kleinverbraucher in Baden-Württemberg in den Szenarien A bis D. (Die regenerativen Energieträger umfassen: Holznutzung, Hausanlagen zur solaren Wärmegewinnung und Wärmepumpen; solare Nahwärmesysteme und weitere Beiträge der Biomasse sind in dem Segment Fern/Nahwärme enthalten.)

Nahwärmenetzen beteiligen oder solare Hausanlagen bzw. Wärmepumpenanlagen zur Stützung der konventionellen Heizanlage errichten.

Energiebedarf für Warmwasser und Geräte im Sektor Haushalte

Ohne den Energiebedarf für die Erzeugung von Raumwärme und ohne Berücksichtigung der indirekten Energieaufwendungen durch den Bezug von Gütern trugen die privaten Haushalte im Jahr 1990 mit ca. 7 % zum Endenergiebedarf in Baden-Württemberg bei. Dieser im Hinblick auf die CO_2-Emissionen weniger bedeutende Anteil am Endenergiebedarf wird durch die Nachfrage nach Warmwasser für die Körper- und Raumpflege, Wäsche- und Geschirreinigung, nach Wärme für Kochen, Backen und Wäschetrocknen, nach Kälte in Kühlgeräten und nach Haushaltsstrom für Licht, Gerätemotoren und Unterhaltungselektronik verursacht.

In der Referenz-Entwicklung (Szenario A) wird wegen der auch in Zukunft wachsenden Komfortansprüche eine weitere Zunahme der Nachfrage nach spezifischen Energiedienstleistungen, bezogen auf die Zahl der Personen bzw. die

Zahl der Haushalte, erwartet. Dies gilt vor allem für den Einsatz von Geschirrspülern und Wäschetrocknern, die Nutzung von Kühlgeräten, besonders auch von Gefriergeräten und Kühl-/Gefrierkombinationen und für die Nutzung von Haushaltselektronik (Fernsehern). Mit der noch wachsenden Bevölkerungszahl und der zunehmenden Zahl der Haushalte führt dies zu einem deutlichen absoluten Anstieg der Nachfrage nach Energiedienstleistungen. Gleichzeitig wird davon ausgegangen, daß sich der Trend der Vergangenheit zur Effizienzverbesserung der Haushaltsgeräte fortsetzt, und der spezifische Energiebedarf der Geräte damit weiterhin sinkt (Tabelle 4.1.6). Außerdem besteht ein leichter Trend zu einer weiteren Erhöhung des Duschen-Anteils an den Baden/Duschen-Anwendungen und so zu geringerem mittleren Energiebedarf pro Anwendung. Insgesamt können die Effizienzverbesserungen und schwachen Verhaltensänderungen den Zuwachs der Nachfrage nach Energiedienstleistungen kompensieren, so daß der Energiebedarf für Haushaltsanwendungen im Szenario A in den kommenden Jahren leicht sinkt (Abb. 5.1.5).

Bei der Entwicklung der Szenarien wurde davon ausgegangen, daß es vor dem Hintergrund der Leitbilder in allen Szenarien B bis D erstrebenswert ist, die Energieeffizienz der **Haushaltsgeräte** stärker zu verbessern als in der Referenz-Entwicklung und daher zu versuchen, die heute erkennbaren technischen Verbesserungsmöglichkeiten weitgehend auszuschöpfen. Es wird daher angenommen, daß sich der spezifische Energiebedarf der Haushaltsgeräte in Zukunft in den Szenarien B, C und D in der gleichen Weise entwickelt bzw. sich im gleichen Ausmaß verbessert. Dadurch werden die Spülmaschinen so verbessert, daß der Energieverbrauch pro Spülgang im Jahr 2020 niedriger liegt als beim Spülen mit Hand, und die Nutzung von Geschirrspülern in allen Szenarien dem Spülen mit Hand vorzuziehen ist.

Vor dem Hintergrund der zugrunde gelegten Leitbilder kann davon ausgegangen werden, daß sich das **Nutzerverhalten** in den Szenarien unterscheidet und sich daraus weitere Möglichkeiten zur Verringerung des Energiebedarfs ergeben.

Das Leitbild *Techniknutzung* schließt Verzichte auf Energiedienstleistungen aus, führt aber zur Bevorzugung energetisch effizienter Geräte beim Kauf. Dies bewirkt im Szenario B im Zeitablauf eine raschere Verbesserung der mittleren Energiebedarfe der Geräte im Bestand als in Szenario A und führt damit zu einem etwas geringeren Energieverbrauch für Haushaltsanwendungen.

Diese Bevorzugung energetisch und damit auch ökologisch effizienter Geräte kann auch vor dem Hintergrund der Leitbilder *Ressurcenschonung* und *Neue Lebensstile* angenommen werden und hat dann in den Szenarien C und D die gleiche Wirkung wie in Szenario B.

In den Szenarien C und D ist aber zusätzlich von einer Änderung des Verhaltens auszugehen, das zu einer Senkung der Nachfrage nach Energiedienstleistungen und damit zu weiteren Energieeinsparungen führt.

Bei der Entwicklung der Szenarien wurde so für das Szenario C u.a. angenommen (s. Kapitel 4.3):

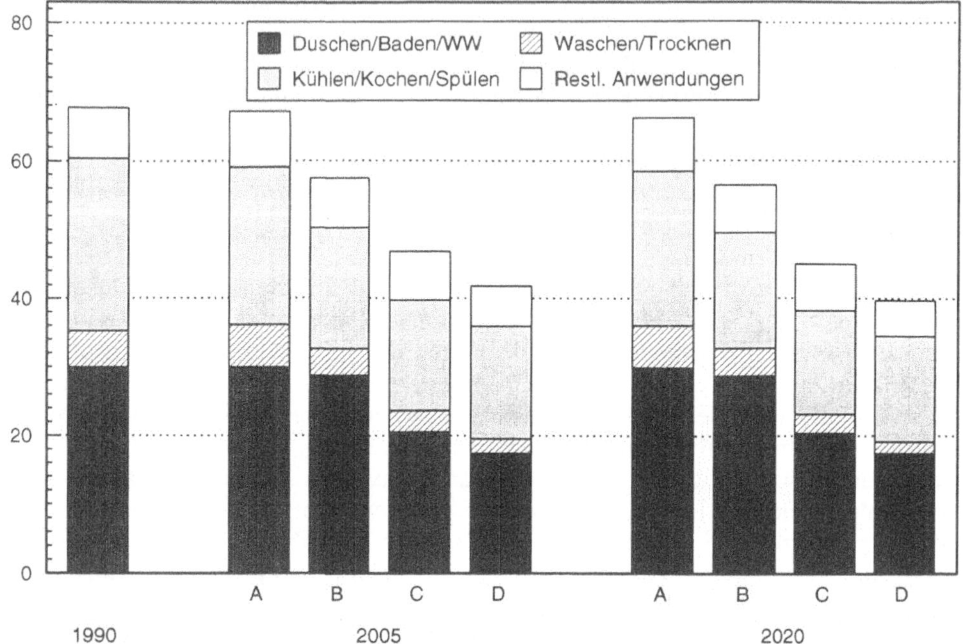

Abb. 5.1.5 Entwicklung des Endenergiebedarfs für Haushaltsanwendungen (ohne Raumwärme) in Baden-Württemberg in den Szenarien A bis D

- daß auf die Hälfte der Vollbäder verzichtet wird und diese durch die gleiche Zahl von Duschanwendungen ersetzt werden, und der Nutzenergiebedarf einer Duschanwendung, z.B. durch zeitweises Abstellen des Warmwasserflusses während des Duschens, um 20 % reduziert wird;
- daß auf eine zunehmende Nutzung von Wäschetrocknern verzichtet und der heutige Nutzungsumfang beibehalten wird;
- daß beim Waschen mit Waschmaschinen in großem Umfang die im Hinblick auf Wäscheart und Verschmutzungsgrad minimal erforderlichen Waschtemperaturen eingestellt werden;
- daß die Ansprüche an das erforderliche Kühlvolumen in Zukunft nicht mehr gesteigert und der Nutzungsumfang des Jahres 1990 beibehalten wird;
- daß die Nutzung von Unterhaltungselektronik weniger stark gesteigert wird als in der Referenz-Entwicklung.

Für das Szenario D wurde u.a. angenommen (s. Kapitel 4.4):

- daß im Bevölkerungsdurchschnitt rd. 80 % der Badevorgänge durch Duschen ersetzt werden und der Nutzenergiebedarf einer Duschanwendung – wie in Szenario C – um 20 % reduziert wird;
- daß die Anwendung von Wäsche-Trocknern gegenüber heute reduziert wird;
- daß beim Waschen weitgehend die im Hinblick auf Wäscheart und Verschmutzungsgrad minimal erforderlichen Waschtemperaturen eingestellt werden und durch Verzicht auf übertriebenen Komfort das Aufkommen an Waschgut leicht reduziert und so die erforderliche Zahl der Waschvorgänge veringert wird;
- daß – wie in Szenario C – die Ansprüche an das erforderliche Kühlvolumen in Zukunft nicht mehr gesteigert und der Nutzungsumfang des Jahres 1990 beibehalten wird;.
- daß die Nutzung von Unterhaltungselektronik etwa auf dem heutigen Niveau verharrt.

Die Auswirkungen der getroffenen Annahmen auf den Energiebedarf für Haushaltsanwendungen sind in Abb. 5.1.5 dargestellt. In den Szenarien B bis D kann der Energiebedarf im Vergleich zur Referenz-Entwicklung (Szenario A) deutlich verringert werden. Die Verbesserungen in den Szenarien C und D gegenüber dem Szenario B sind das Ergebnis der hier zusätzlich zu den Effizienzverbesserungen der Geräte angesetzten Verhaltens- und Nutzungsänderungen.

Energiebedarf im Sektor Kleinverbraucher (ohne Raumwärme)

Für die raumwärmeintensiven Branchen des Sektors Kleinverbrauch – Handel, Banken, Verwaltung etc. – stellt der Raumwärmebedarf bereits einen Großteil des gesamten Energiebedarfs dar. Der restliche Energiebedarf umfaßt für diese Branchen die Aufwendungen für Warmwasser, Licht und Gerätestrom. Für die prozeßenergieintensiven Branchen des Sektors Kleinverbrauch ist der Energiebedarf zur Bereitstellung der notwendigen Prozeßwärme von besonderer Bedeutung.

In der Referenz-Entwicklung (Szenario A) wird beim Energiebedarf für Prozeßwärme in den prozeßenergieintensiven Branchen davon ausgegangen, daß sich die Tendenzen aus der Vergangenheit in Zukunft fortsetzen: der spezifischen Brennstoffeinsatz wächst in Landwirtschaft und Gartenbau, in denen zunehmend energieintensivere Anbaumethoden zum Einsatz kommen, weiter an und geht im Handwerk, in der Kleinindustrie und im Baugewerbe durch weitere Effizienzverbesserungen zurück. Generell setzt sich die Tendenz zu einem verstärkten spezifischen Stromeinsatz fort, der vor allem durch die weiterhin wachsende Mechanisierung und Automatisierung in den güterproduzierenden Teilsektoren und den allgemein zunehmenden Einsatz von EDV und Bürokommunikationstechniken getragen wird (Tabelle 4.1.7). Bei den Brennstoffen geht wie in der Vergangenheit der Einsatz von Heizöl zugunsten vor allem der Erdgasnutzung weiter zurück (Tabelle 4.1.16).

Für die Szenarien B bis D wird angesetzt, daß sich diese Tendenz zur Substitution von Heizöl im wesentlichen in der gleichen Weise wie in der Referenz-Entwicklung ergibt und dann auch zu etwa gleichen Energieträgerstrukturen bei der Erzeugung von Prozeßenergie in diesen Szenarien (Abb. 5.1.6) führt.

In den Szenarien B bis C ergeben sich außerdem vor dem Hintergrund der Leitbilder Strukturveränderungen im Sektor Kleinverbraucher, die zu Veränderungen im Energiebedarf der einzelnen Teilsektoren führen. So wird im Szenario D z.B. angesetzt, daß sich der direkte Energiebedarf in der Landwirtschaft durch den verstärkten Übergang zu ökologischem Landbau erhöht, daß aber gleichzeitig für die so angebauten Produkte höhere Preise erzielt werden können, die dazu führen, daß der spezifische Energiebedarf bezogen auf die Bruttowertschöpfung sinkt. Effizienzverbesserungen und Strukturveränderungen führen dann insgesamt zu der in Abb. 5.1.7 dargestellten Entwicklung des Energiebedarfs.

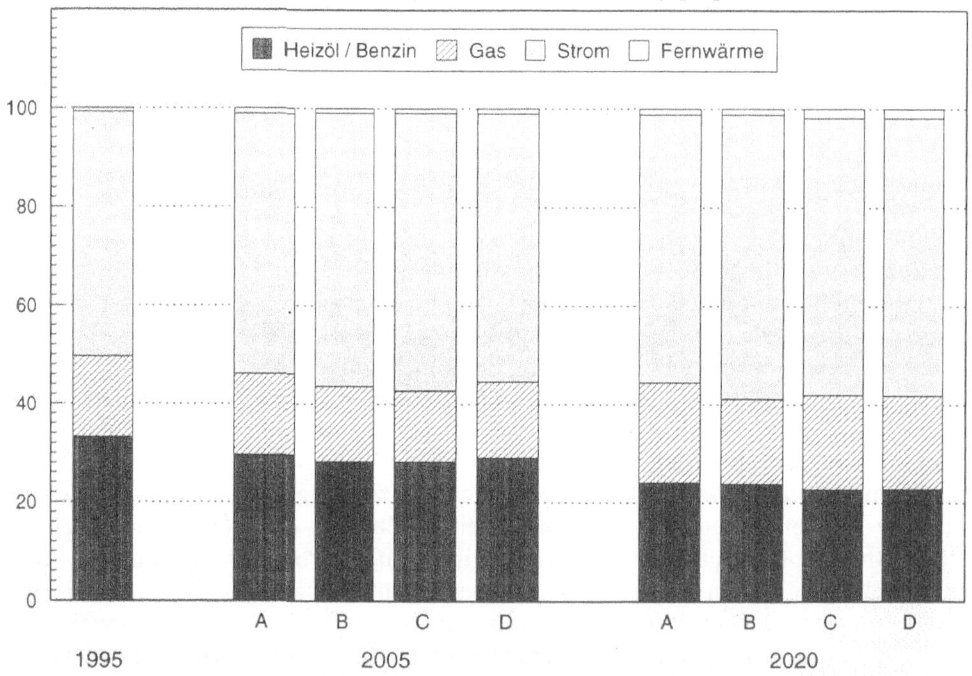

Abb. 5.1.6 Anteile der Energieträger an der Erzeugung von Prozeßenergie in den prozeßenergieintensiven Branchen des Kleinverbrauchersektors (PIB-KV) in Baden-Württemberg in den Szenarien A bis D

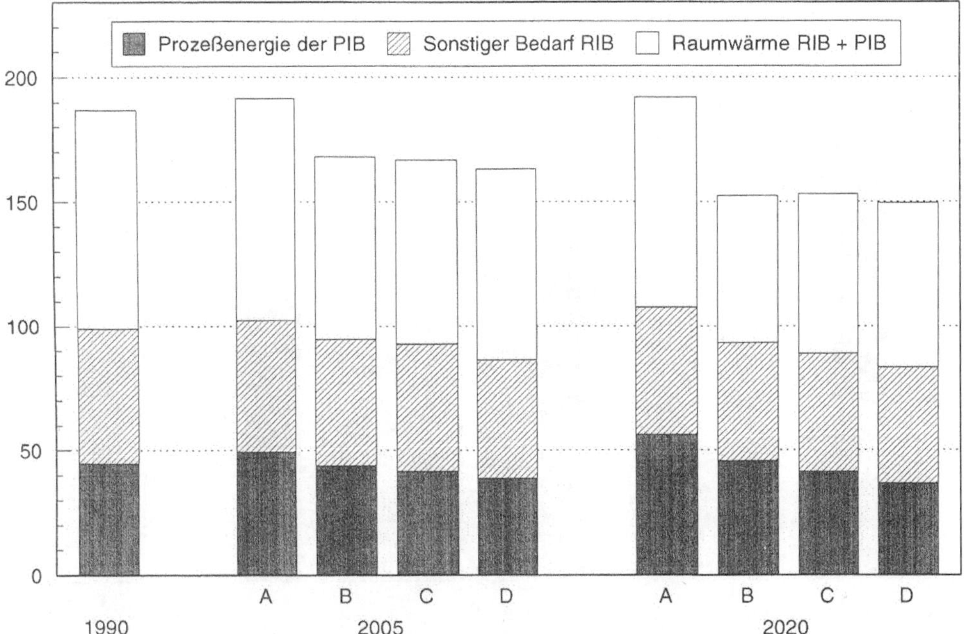

Abb. 5.1.7 Endenergiebedarf des Kleinverbrauchersektors in Baden-Württemberg in den Szenarien A bis D (RIB: raumwärmeintensive Branchen; PIB: prozeßenergieintensiven Branchen)

Energiebedarf im Sektor Industrie

Die Entwicklung der Endenergienachfrage im Sektor Industrie ist durch die Überlagerung von zwei gegenläufigen Tendenzen geprägt. Bedarfssteigernd wirkt sich der auch für die Zukunft erwartete Anstieg der Industrieproduktion aus. Die Referenz-Entwicklung (Szenario A) geht von einem Anstieg des Nettoproduktionswertes des Verarbeitenden Gewerbes von 152 Mrd. DM im Jahr 1990 auf 208 Mrd. DM im Jahr 2005 und 267 Mrd. DM im Jahr 2020 aus (in Preisen von 1985). Ohne weitere Verbesserung des Effizienzniveaus würde diese Wirtschaftsentwicklung – unter Einrechnung der zu erwartenden Strukturverschiebungen – zu einem Zuwachs der Endenergienachfrage des Verarbeitenden Gewerbes um 33 % bis zum Jahr 2005 und um 65 % bis zum Jahr 2020 führen.

Eine konstante Energieeffizienz, d.h. ein Verharren auf dem heutigen Niveau, ist im Verarbeitenden Gewerbe jedoch auch in Szenario A nicht zu erwarten. In den vergangenen 25 Jahren wurde eine erhebliche Entkopplung von Nettoproduktion und Energieverbrauch in der Industrie erreicht und es ist davon auszugehen, daß diese Tendenz sich auch in der Zukunft fortsetzen wird. In der Referenz-Entwicklung wird daher angesetzt, daß sich der spezifische Energiebedarf bezogen auf den Nettoproduktionswert auch künftig verringert (Tabelle 4.1.8). Dies führt dazu, daß in Szenario A der Anstieg der Nettoproduktionswerte na-

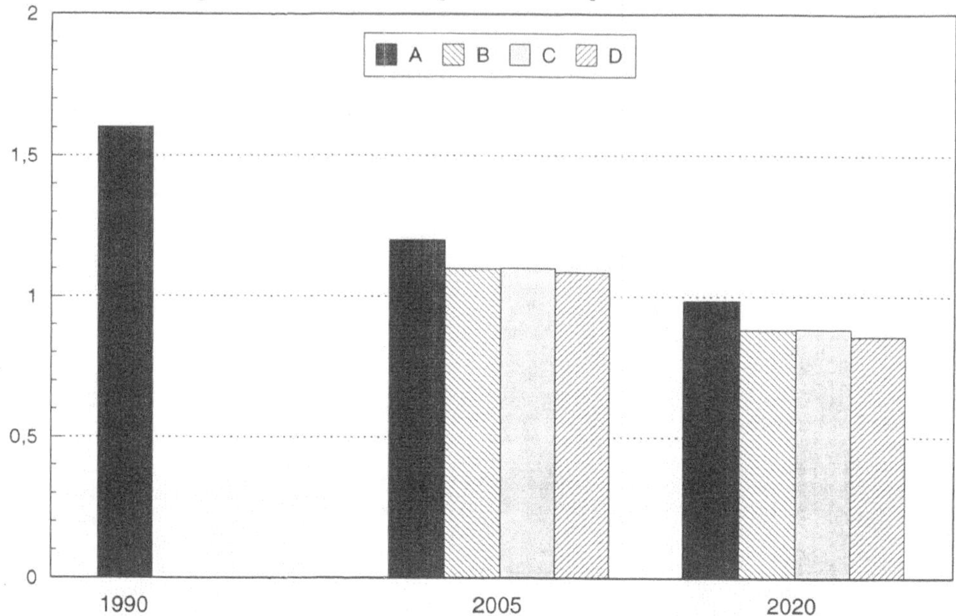

Abb. 5.1.8 Entwicklung des spezifischen Endenergiebedarfs pro erzeugtem Nettoproduktionswert im Verarbeitenden Gewerbe in Baden-Württemberg in den Szenarien A bis D

nahezu kompensiert wird und der Endenergiebedarfs des Verarbeitenden Gewerbes nur schwach anwächst (Abb. 5.1.9).

Bei der Entwicklung der Szenarien B bis D wurde angenommen, daß sich der Energiebedarf im Verarbeitenden Gewerbe bezogen auf den Nettoproduktionswert gegenüber der im Szenario A angesetzten Entwicklung noch weiter verringern läßt, und daß eine derartige Effizienzverbesserung vor dem Hintergrund aller zugrunde gelegten Leitbildern erstrebenswert ist. In den Szenarien B bis D wird daher etwa die gleiche Verminderung des Energiebedarfs in der Industrie angesetzt, die den Trend der Vergangenheit verstärkt, aber nicht darauf zielt, die im Prinzip vorhandenen Potentiale voll auszuschöpfen (Abb. 5.1.8). Ein Grund für diese eher moderaten Ansätze war die Schwierigkeit, die Auswirkungen derartiger Maßnahmen im Industriesektor auf die wirtschaftliche Entwicklung insgesamt zuverlässig abzuschätzen bzw. im Rahmen der getroffenen Projektannahmen, die ja von einer etwa gleichen Wirtschaftsentwicklung in allen Szenarien ausgehen, adäquat zu berücksichtigen.

Die bei diesen Annahmen zu erwartende Entwicklung des Energiebedarfs im Verarbeitenden Gewerbe ist in Abb. 5.1.9 dargestellt. In den Szenarien B bis D kann der Energiebedarf im Vergleich zur Referenz-Entwicklung verringert werden. Die Szenarien B und C führen zu gleichem Endenergiebedarf, das Szenario

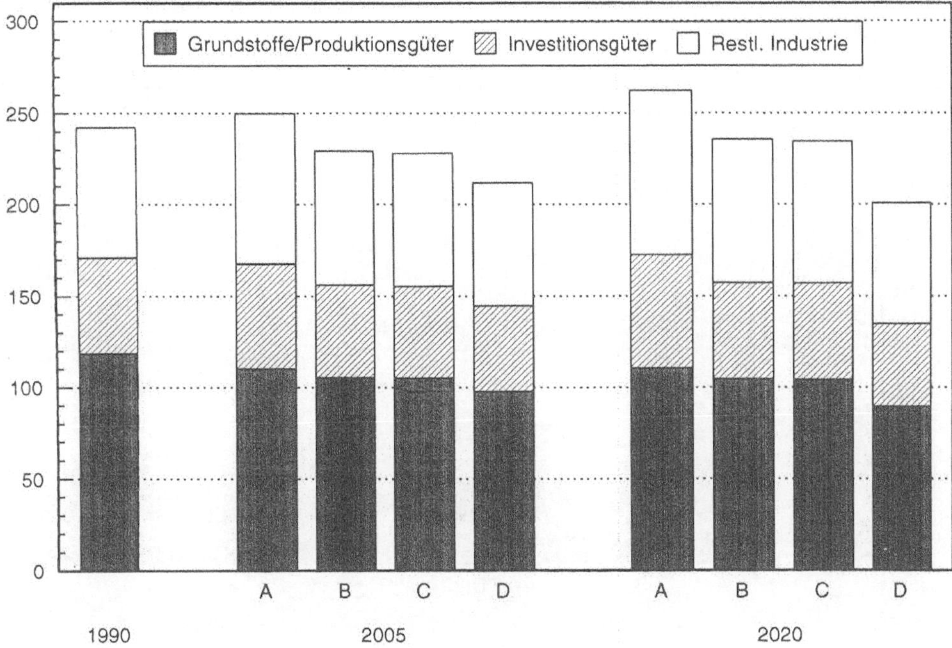

Abb. 5.1.9 Entwicklung des Endenergiebedarfs des Verarbeitenden Gewerbes in Baden-Württemberg (Prozeßwärme, Kraft, Raumwärme, Warmwasser, Geräte- und Lichtstrom) in den Szenarien A bis D

D hat gegenüber B und C wegen der hier verringerten Wirtschaftsleistung in der Industrie einen nochmals geringeren Bedarf.

Die Szenarien B bis D unterscheiden sich jedoch insgesamt in ihrer Schwerpunktsetzung bei der Einsparung von Strom oder Brennstoffen und führen damit zu unterschiedlichen Entwicklungen in der Energieträgerstruktur bei den Brennstoffen (Abb. 5.1.10). Im Szenario B werden aufgrund der zunehmenden CO_2-armen Stromerzeugung aus Kernenergie Brennstoffe in wachsendem Umfang durch Strom substituiert und die Nutzung von Heizöl zurückgeführt. Auch in den Szenarien C und D wird die Heizölnutzung verringert. Da ein Ausweichen auf Strom hier nicht im gleichen Maß wie in Szenario B sinnvoll und die Stromnutzung hier mit deutlich höheren CO_2-Emissionen verbunden ist, gewinnt die Fernwärmenutzung einen im Vergleich zur Referenz-Entwicklung deutlich höheren relativen Anteil.

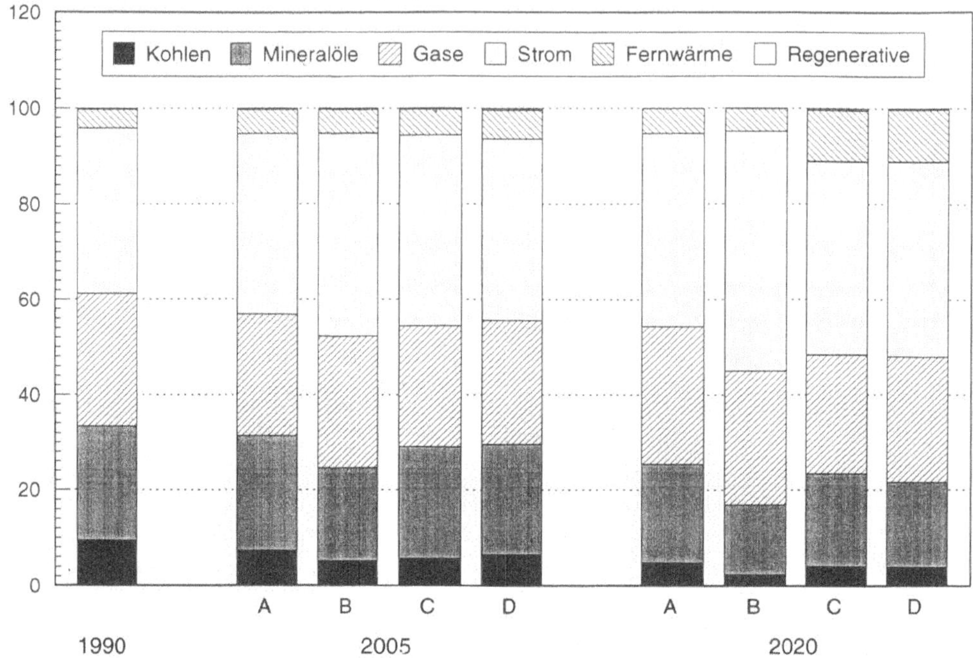

Abb. 5.1.10 Anteile der Energieträger an der Endenergienachfrage in der Industrie in Baden-Württemberg in den Szenarien A bis D

Endenergiebedarf im Sektor Verkehr

Der Verkehrssektor gehörte mit einem Anteil von rund 27 % an den CO_2-Emissionen Baden-Württembergs im Jahr 1990 zu den größten Emittenten und sein Beitrag zu den CO_2-Emissionen wird sich künftig aufgrund der erwarteten Verkehrsentwicklung noch weiter erhöhen. In der Referenz-Entwicklung (Szenario A) wird mit einem Zuwachs der Personenverkehrsleistung von ca. 20 % bis zum Jahr 2005 und von ca. 35 % bis zum Jahr 2020 (gegenüber 1990) gerechnet. Für den Güterverkehr gelten noch höhere Steigerungsraten.

Um die Reduktionsziele in den Szenarien B bis D zu erreichen, ist es daher unabdingbar notwendig, auch im Verkehrssektor die CO_2-Emissionen zu reduzieren. Eine derartige Reduktion kann durch Verzicht auf Mobilität bzw. Transporte, der zu einer Verringerung der Verkehrsleistung führt, durch Verhaltensänderungen, die zur Nutzung emissionsgünstigerer Verkehrsmittel und damit zu einer Änderung des modal-split führen, und durch technische Verbesserungen, die zu verringerten spezifischen Energieverbräuchen der Verkehrsmittel führen, erreicht werden. Diese Reduktionsmöglichkeiten werden in den Szenarien B bis D alle in Betracht gezogen, vor dem Hintergrund der unterschiedlichen Leitbilder aber unterschiedlich gewertet und eingesetzt.

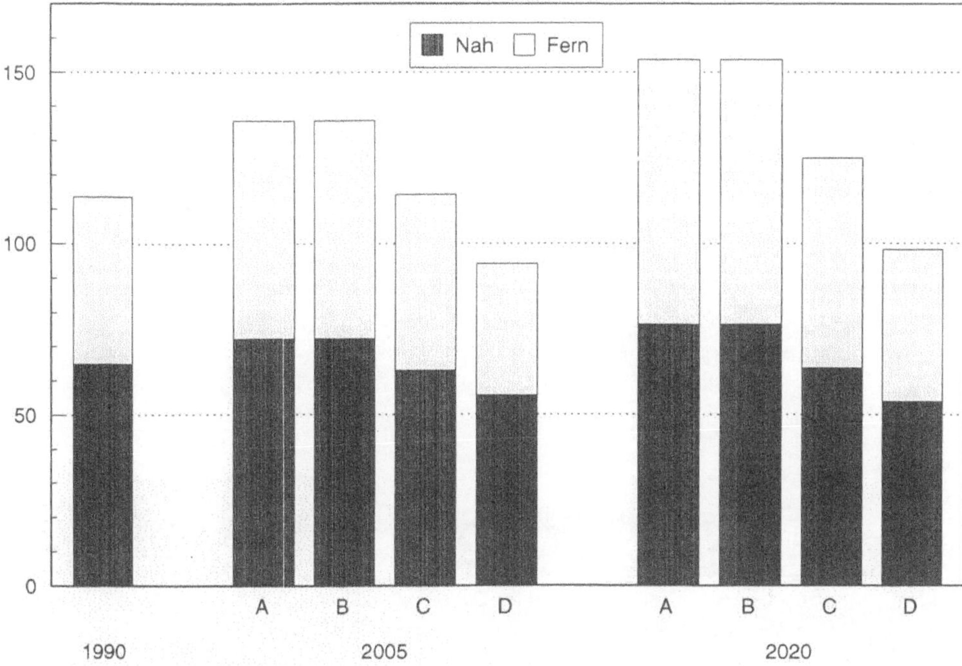

Abb. 5.1.11 Entwicklung der Verkehrsleistung im Personenverkehr (nah und fern) in Baden-Württemberg in den Szenarien A bis D

Da vor dem Hintergrund des Leitbildes *Techniknutzung* ein **Verzicht** auf Mobilität oder Güternutzung nicht erwartet werden kann, unterscheiden sich die Szenarien A und B in der Verkehrsleistung nicht (Abb. 5.1.11 und Abb. 5.1.12).

Bei der Entwicklung des Szenarios C wurde davon ausgegangen, daß es vor dem Hintergrund des Leitbildes *Ressourcenschonung* erstrebenswert wäre, die Verkehrsleistung etwa auf dem heutigen Niveau zu halten. Wegen der noch wachsenden Bevölkerung ist es dann erforderlich, im Personenverkehr zunehmend auf Fahrten vor allem im Freizeit- und Privat-Verkehr zu verzichten und zusätzlich durch bewußte Zielwahl die Wegelängen im Mittel zu verringern. Auch im Güterverkehr reduziert sich die Verkehrsleistung im Vergleich zu Szenario A, vor allem weil das Verkehrsaufkommen aufgrund veränderter Produktionsstrukturen zurückgeht.

Beim Szenario D wurde davon ausgegangen, daß es vor dem Hintergrund des Leitbildes *Neue Lebensstile* wünschenswert wäre, die Verkehrsleistungen gegenüber dem heutigen Niveau deutlich zu verringern. Dazu ist es dann erforderlich, verstärkt auf Fahrten im Personenverkehr zu verzichten. Auch im Güterverkehr verringern sich die Verkehrsleistungen hier stärker als in Szenario C,

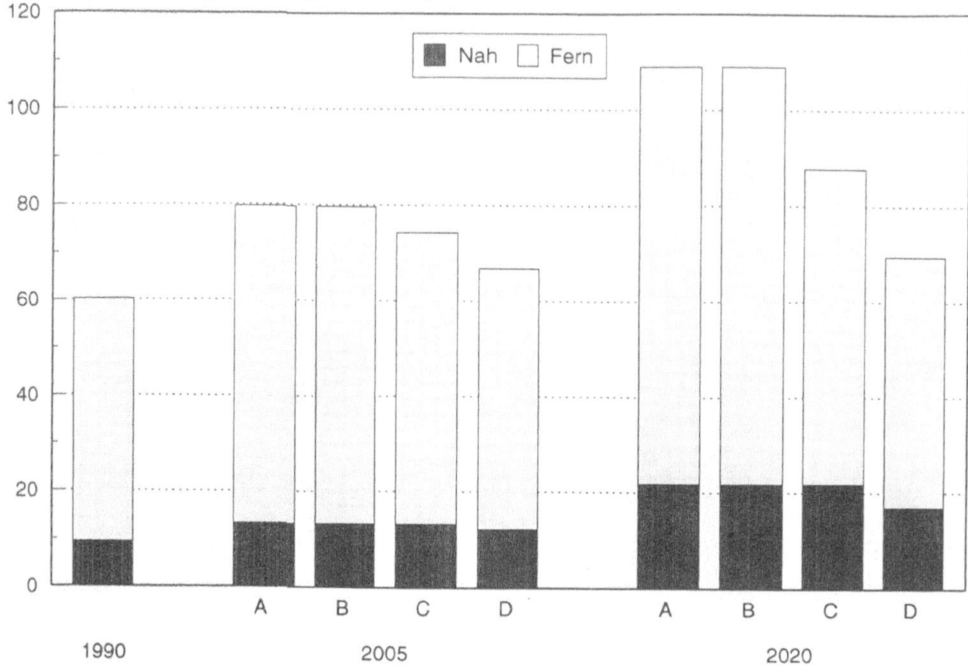

Abb. 5.1.12 Entwicklung der Verkehrsleistung im Güterverkehr (nah und fern) in Baden-Württemberg in den Szenarien A bis D

weil sich nicht nur die Produktionsstrukturen ändern sondern auch die Güterproduktion abnimmt.

Insgesamt ergeben sich so in den Szenarien C und D deutlich geringere Verkehrsleistungen als in Szenario A. Diese liegt in Szenario D im Personenverkehr sowohl im Jahr 2005 als auch im Jahr 2020 niedriger als der heutige Wert. Im Szenario C verharrt die Mobilität etwa auf dem heutigen Niveau.

Vor dem Hintergrund der Leitbilder *Ressourcenschonung* und *Neue Lebensstile* ergeben sich weitere Möglichkeiten zur Energieeinsparung bzw. Senkung der CO_2-Emissionen durch **Verhaltensänderungen**, die zur Nutzung emissionsgünstigerer Verkehrsmittel, damit zu einer Änderung des modal-split und im Ergebnis zu deutlichen Veränderungen in der Struktur der verwendeten Verkehrsmittel führen.

Für die Szenario-Entwicklung wird daher angenommen, daß im Personenverkehr in Szenario C zunehmend kurze Wege zu Fuß oder mit dem Fahrrad zurückgelegt werden, und daß dies im Szenario D verstärkt geschieht, so daß das Potential der möglichen Fuß- und Radwege hier weitgehend ausgeschöpft wird. Außerdem werden in beiden Szenarien – in D stärker als in C – Pkw-Fahrten sowohl im Nah- als auch im Fernverkehr auf öffentliche Verkehrsmittel verla-

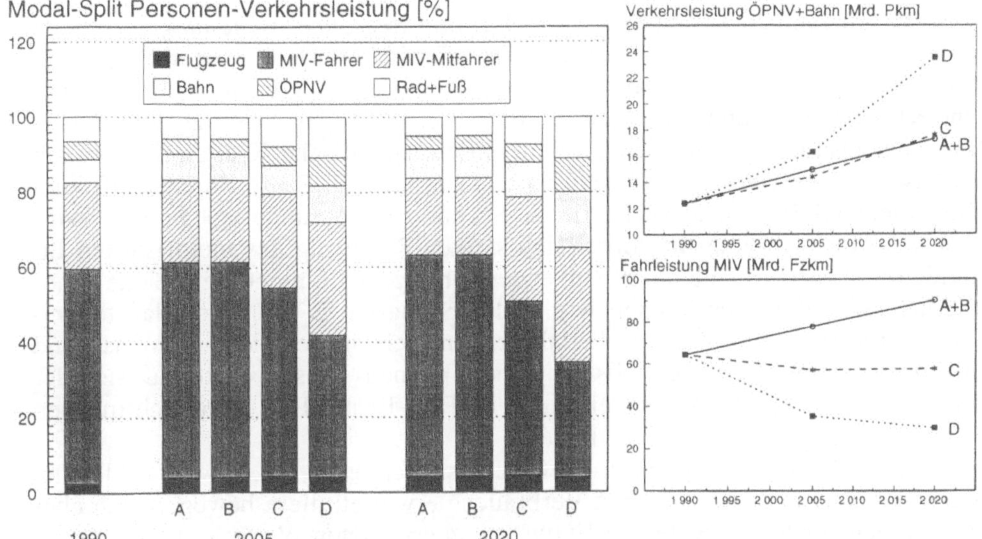

Abb. 5.1.13 Anteile der Verkehrsmittel am gesamten Personenverkehr (links), Verkehrsleistungen im öffentlichen Verkehr (rechts oben) und die Pkw-Fahrleistungen im motorisierten Individualverkehr (MIV, rechts unten) in Baden-Württemberg in den Szenarien A bis D

gert (Abb. 5.1.13). Eine solche zunehmende Verlagerung findet auch im Güterfernverkehr statt.

Mit diesen Annahmen verringert sich der Anteil des motorisierten Individualverkehrs in den Szenarien C und D gegenüber der Referenzentwicklung deutlich. Durch die angesetzten großen Änderungen des Verkehrsverhaltens in Szenario D sinken die Fahrleistungen im motorisierten Individualverkehr hier im Vergleich zum heutigen Wert auch absolut, während sie in Szenario C – mit leicht abnehmender Tendenz – etwa auf dem heutigen Niveau verharren. Die Verkehrsleistung der öffentlichen Verkehrsmittel nimmt entsprechend absolut nur in Szenario D deutlich zu: sie verdoppelt sich ungefähr bis zum Jahr 2020 im Vergleich zum heutigen Wert. In den Szenarien B und C steigt sie nur etwa in der gleichen Weise an wie in Szenario A. Die starke Zunahme der Verkehrsleistung der öffentlichen Verkehrsmittel in Szenario D bedingt einen deutlich stärkeren Ausbau des öffentlichen Verkehrs bis zum Jahr 2020 als in der Vergangenheit.

Vor dem Hintergrund aller Leitbilder werden in den Szenarien B bis D auch **technische Verbesserungen** bei den Verkehrsmitteln angestrebt, um den Energiebedarf zu senken bzw. die CO_2-Emissionen zu reduzieren.

In den Szenarien B und C werden forcierte technische Verbesserungen bei Pkw-Neufahrzeugen angenommen, die die heute erkennbaren technischen Potentiale weitgehend ausschöpfen und zu einer deutlichen Reduktion des mittleren spezifischen Kraftstoffverbrauchs im Pkw-Bestand bereits im Jahr 2005 und verstärkt im Jahr 2020 führen. Da das Leitbild *Ressourcenschonung* begrenzte Rücknahmen der heutigen Ansprüche rechtfertigt, wird in Szenario C angenommen, daß sich alle Neuwagenkäufer für ein Fahrzeug entscheiden, das um eine Klasse kleiner und damit energiesparsamer ist als das jeweilige Vorgängerfahrzeug. Dadurch verringert sich der mittlere spezifische Kraftstoffverbrauch im Pkw-Bestand stärker und rascher als in Szenario B. Diese Bereitschaft zum Kauf kleinerer Pkw wird auch für das Szenario D zugrunde gelegt. Hier wird aber die Automobilindustrie durch den starken Rückgang des motorisierten Individualverkehrs und die damit sinkenden Absatzzahlen nicht die gleiche Innovationskraft aufbringen können wie in den Szenarien B und C, so daß technische Verbesserungen bei den Neufahrzeugen nicht in der gleichen Weise und nur in geringerem Umfang realisiert werden können. Dies bewirkt, daß sich der mittlere spezifische Kraftstoffverbrauch im Pkw-Bestand im Vergleich mit den Werten des Szenarios B leicht erhöht.

Auch im Güterverkehr und im öffentlichen Personenverkehr werden leichte Verbesserungen der spezifischen Verbräuche erwartet; diese bewegen sich aber im Rahmen der für die Referenz-Entwicklung erwarteten Werte.

Im Schienenfernverkehr werden keine wesentlichen Verbesserungen der Neufahrzeuge im Untersuchungszeitraum angenommen. Ein größerer Beitrag im Schienennahverkehr wird von der Einführung der Rückeinspeisung von Bremsenergie ins Netz erwartet. Dies führt in der Referenz-Entwicklung bis zum Jahr 2020 zu Verbesserungen bei den Neufahrzeugen um 7,5 %. In den Szenarien B bis D wird davon ausgegangen, daß diese Technik bis zum Jahr 2005 zu einer Verbesserung der Neufahrzeuge um 7,5 % und bis zum Jahr 2020 um 15 % führt. Hiermit und durch den kontinuierlichen Ersatz von Altfahrzeugen im Nah- und Fernverkehr verbessert sich der Bestand insgesamt moderat.[2]

Die Auswirkungen der unterschiedlichen Maßnahmen in den einzelnen Szenarien auf den gesamten Endenergiebedarf des Verkehrs sind in Abb. 5.1.14 dargestellt. In der Referenz-Entwicklung (Szenario A) ist mit einem Anstieg des Endenergieverbrauchs zwischen 1990 und 2020 um ca. 16 % zu rechnen. Im Szenario B gelingt es, die erwarteten Verkehrszuwächse durch den Einsatz verbesserter Technik in etwa auszugleichen, so daß der Endenergiebedarf – mit leicht abnehmender Tendenz – etwa auf dem heutigen Niveau verharrt. Lediglich in den Szenarien C und D ermöglichen die zusätzlichen Verhaltensänderungen und Verzichtleistungen eine absolute Reduktion des Endenergieverbrauchs: ca. 32 % in Szenario C bzw. ca. 48 % in Szenario D bereits bis zum Jahr 2005 und weitere Verringerungen bis zum Jahr 2020.

---

[2] Setzungen auf der Basis eines Interviews mit Prof. Schwanhäuser und Dr. Bialonsky, Verkehrswissenschaftliches Institut der RWTH Aachen.

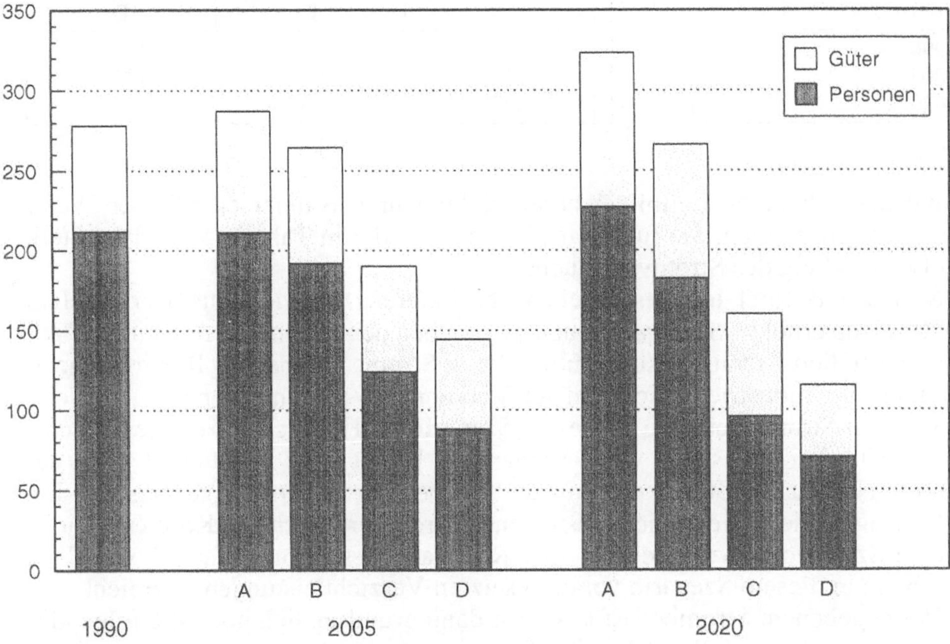

Abb. 5.1.14 Entwicklung des Endenergiebedarfs für den Personen- und Güterverkehr in Baden-Württemberg in den Szenarien A bis D

5.2 Die Deckung des Endenergiebedarfs – der Umwandlungssektor

Auf den Umwandlungssektor entfielen in Baden-Württemberg im Jahr 1990 ca. 30 % der CO_2-Emissionen. Darin sind die Emissionen der öffentlichen Strom- und Wärmeerzeugung sowie die Emissionen der industriellen Eigenerzeugung enthalten. Bezogen auf die erzeugte Strommenge sind die CO_2-Emissionen allerdings wegen des hohen Anteils an CO_2-freien Energieträgern (Kernenergie und Wasserkraft) geringer als der entsprechende Durchschnittswert für die Bundesrepublik. Wegen seines dennoch hohen Anteils an den CO_2-Emissionen müssen sich Maßnahmen zu deren Reduktion aber auch auf den Umwandlungsbereich erstrecken.

Stromerzeugung

Eine Möglichkeit zur Reduktion der Emissionen des Umwandlungsbereiches besteht in der Verringerung der Nachfrage nach Strom in den Verbrauchssektoren. Diese Möglichkeiten sind in den betrachteten Szenarien vor dem Hinter-

Tabelle 5.2.1 Stromverbrauch in Baden-Württemberg in den Szenarien A bis D in [PJ]

Szenario	A	B	C	D
1990	196,7	196,7	196,7	196,7
2005	226,3	219,9	204,1	181,6
2020	242,5	257,3	193,7	175,2

grund der jeweiligen Leitbilder berücksichtigt und in unterschiedlicher Weise ausgeschöpft worden. Sie führen im Ergebnis zu der in Tabelle 5.2.1 dargestellten Entwicklung des Stromverbrauchs.

Szenario B folgt im wesentlichen der Referenz-Entwicklung. Der im Jahr 2020 leicht erhöhte Stromverbrauch gegenüber dem Szenario A resultiert aus einer partiellen Brennstoffsubstitution durch Strom, z.B. bei der Raumwärmeerzeugung, im Industriebereich und im Verkehr, die wegen der näherungsweise CO_2-freien Stromerzeugung in diesem Szenario im Hinblick auf die gewünschte CO_2-Reduktion angestrebt wird. Szenario C behält auch in Zukunft etwa das heutige Niveau des Stromkonsums bei, was jedoch wegen der gestiegenen Bevölkerungszahlen einem leicht gesunkenen Stromverbrauch pro Kopf entspricht. Nur in Szenario D wurde ein leichter Rückgang des Strombedarfs – vor allem durch die in diesem Szenario vorausgesetzten Verzichtleistungen – erreicht.

Bei gegebenem Strombedarf bestehen dann grundsätzlich noch die folgenden Optionen zur Beeinflußung der CO_2-Emissionen:

- Die Substitution von kohlenstoffintensiven Energieträgern, insbesondere der Kohle, durch kohlenstoffarme oder kohlenstofffreie Energieträger wie Erdgas, Kernenergie oder regenerative Energieträger;
- Die Steigerung der Umwandlungswirkungsgrade der Stromerzeugungsanlagen, z.B. durch den Einsatz von GuD-Kraftwerken, und die Steigerung der Gesamt-Umwandlungswirkungsgrade durch den vermehrten Einsatz der Kraft-Wärme-Kopplung.

Die Nutzung der verfügbaren Primärenergieträger[3] zur Stromerzeugung und damit die künftige Entwicklung ihrer Anteile an der Stromproduktion in den verschiedenen Szenarien wird in besonderem Maße durch die Leitbilder und die mit ihnen verknüpften Werthaltungen geprägt.

Die Referenz-Entwicklung (Szenario A) ergibt sich im wesentlichen aus der Fortschreibung der bereits in der Vergangenheit wirkenden Tendenzen. Die Kernenergieleistung bleibt absolut auf gleichem Niveau und wird künftig nicht

---

[3] Die primärenergetische Bewertung der nichtfossilen Energien (Kernenergie und regenerative Energieträger) erfolgt nach folgender Regel: die Endenergie (hier Strom) wird unter Verwendung des mittleren Wirkungsgrades des fossilen Kraftwerkparks von Szenario A zum jeweiligen Zeitpunkt auf Primärenergie umgerechnet (modifiziertes Substitutionsprinzip). Als primärenergetische Bewertungsfaktoren werden dabei verwendet: für das Jahr 1990: $\eta = 0{,}38$, für 2005: $\eta = 0{,}46$ und für 2020: $\eta = 0{,}482$.

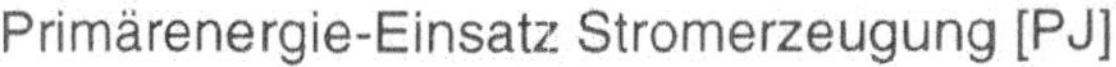

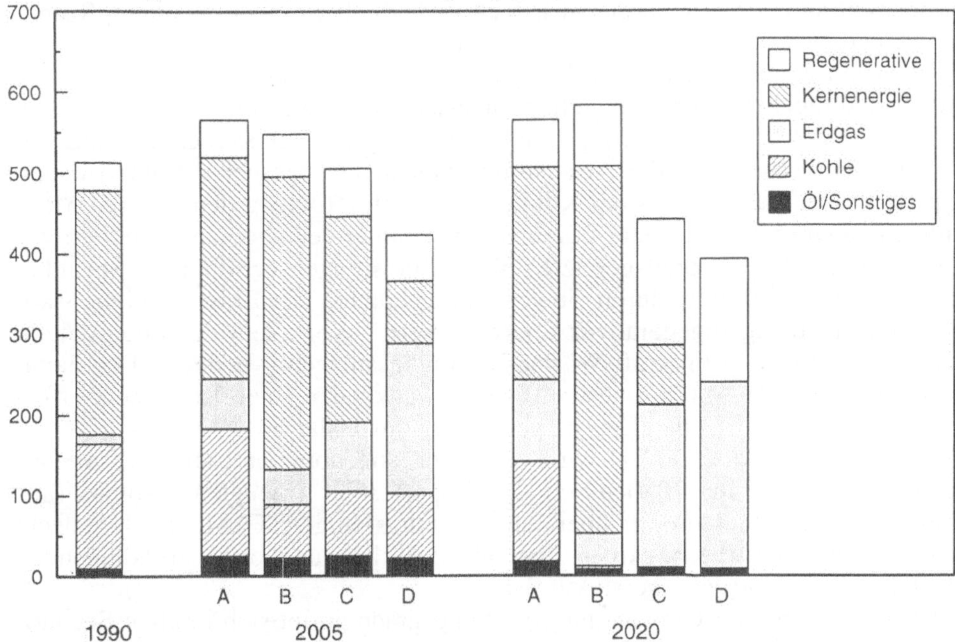

Abb. 5.2.1 Beiträge der verschiedenen Primärenergieträger zur Stromerzeugung (einschließlich Kraft-Wärme-Kopplung und industrielle Eigenerzeugung) in Baden-Württemberg in den Szenarien A bis D

weiter ausgebaut. Die im Zuge des technischen Fortschritts etwas ansteigenden Jahresverfügbarkeiten und Jahresproduktionswerte werden dabei das mittelfristige Ausscheiden des KKW Obrigheim kompensieren; längerfristig werden Ersatzbauten vorgesehen. Die Kohleverstromung wird langsam verringert. Die dadurch und außerdem aufgrund der Nachfragesteigerung entstehende Deckungslücke wird durch Ausbau der Gasnutzung und den moderaten Ausbau verschiedener regenerativer Energieträger kompensiert (Abb. 5.2.1).

Bei der Substitution kohlenstoffreicher Energieträger wird im Szenario B auf den Ausbau der Kernenergie gesetzt und entsprechend angestrebt, den Strombedarf mittelfristig und langfristig weitgehend durch Kernenergie und zu einem kleinen Teil auch durch regenerative Energieträger zu decken. Die Kohlenutzung wird – wie auch in den anderen Szenarien C und D – bis zum Jahr 2020 im wesentlichen eingestellt. Der Ausbau der Erdgasnutzung erfolgt nur sehr moderat und dient vor allem der Bereitstellung von ausreichenden Spitzenlast- und KWK-Kapazitäten.

In Szenario C wird angestrebt, langfristig aus der Nutzung der Kernenergie auszusteigen. Dazu werden auslaufende Anlagen am Ende einer Lebensdauer von 35 Jahren nicht mehr ersetzt. Dies führt dazu, daß in diesem Szenario auch im Jahr 2020 noch ein Teil der Stromproduktion aus Kernkraftwerken stammt. Dieser Beitrag der Kernenergie ist jedoch wesentlich geringer als in den Szenarien A und B. Da die Stromnachfrage hier geringer ist als in den Szenarien A und B, kann die entstehende Deckungslücke durch den vermehrten Einsatz von Erdgas und regenerativen Energieträgern ausgeglichen werden.

Szenario D vollzieht den vollständigen Ausstieg aus der Kernenergienutzung bis zum Jahr 2010, was die Abschaltung von nicht abgeschriebenen Anlagen impliziert. Der Ausstieg aus der Kohlenutzung erfolgt wie in den anderen Maßnahmenszenarien bis zum Jahr 2020. Der gegenüber den anderen Szenarien vor allem durch die hier vorausgesetzten Verzichtleistungen verminderte Strombedarf wird fast vollständig durch die verstärkte Nutzung von Erdgas und die stark erweiterte Nutzung regenerativer Energieträgern – vor allem der Photovoltaik sowie von Biomasse in Kraft-Wärme-Kopplungsanlagen – gedeckt. Der damit stark anwachsende Anteil eines zeitlich schwankenden Energieangebots erfordert dann im Jahr 2020 den Einsatz geeigneter saisonaler Speicher.

In den Szenarien C und D wird zusätzlich angenommen, daß ein Teil des Strombedarfs im Jahr 2020 durch den Import solar erzeugten Stromes (aus Nordafrika oder Südeuropa) über eine leistungsfähige HGÜ-Leitung gedeckt werden kann; daß dieser Anteil aber absolut klein und ohne grundlegenden Einfluß auf die Energieträgerstuktur ist.

Die Steigerung der Umwandlungswirkungsgrade ergibt sich in allen Szenarien primär durch die Verschiebung des Nutzungsschwerpunktes im fossilen Kraftwerkpark von der Kohle hin zum Erdgas. Neue Gaskraftwerke werden in allen Szenarien grundsätzlich als GuD-Kraftwerke mit Gesamtnutzungsgraden von ca. 55 % ausgeführt. Im Szenario B, in dem Gaskraftwerke im wesentlichen als Spitzenlastkraftwerke zum Einsatz kommen, erreichen diese einem Nutzungsgrad von 35 %.

Fern- und Nahwärmeerzeugung

In den Szenarien wird die Primärenergieausnutzung zusätzlich durch den Ausbau der Kraft-Wärme-Kopplung verbessert. Die insgesamt erzeugte Nah- und Fernwärme ist in Abb. 5.2.2 dargestellt. Die Fernwärme umfaßt jeweils sowohl die Produktion aus Heizkraftwerken und – zum kleineren und künftig weiter abnehmenden Anteil – aus Heizwerken ohne gekoppelte Stromerzeugung als auch die Einspeisung von Wärme aus der industriellen Eigenproduktion in Fern- und Nahwärmenetze. Die aufgeführte Nahwärme enthält die Einspeisung von Blockheizkraftwerken in Nahwärmenetze und den Beitrag der solaren Nahwärmenetze.

Der Beitrag der Fernwärme erreicht damit in allen Szenarien im Jahr 2005 das gleiche und gegenüber dem heutigen Stand etwas erhöhte Niveau. Dieses Niveau steigt in den Szenarien A, C und D bis zum Jahr 2020 weiter leicht an, während es im Szenario B etwa auf den Stand von 1990 zurückgeht. Die we-

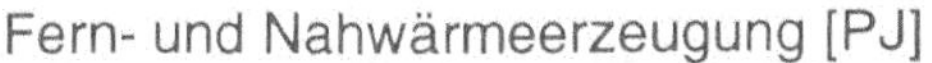

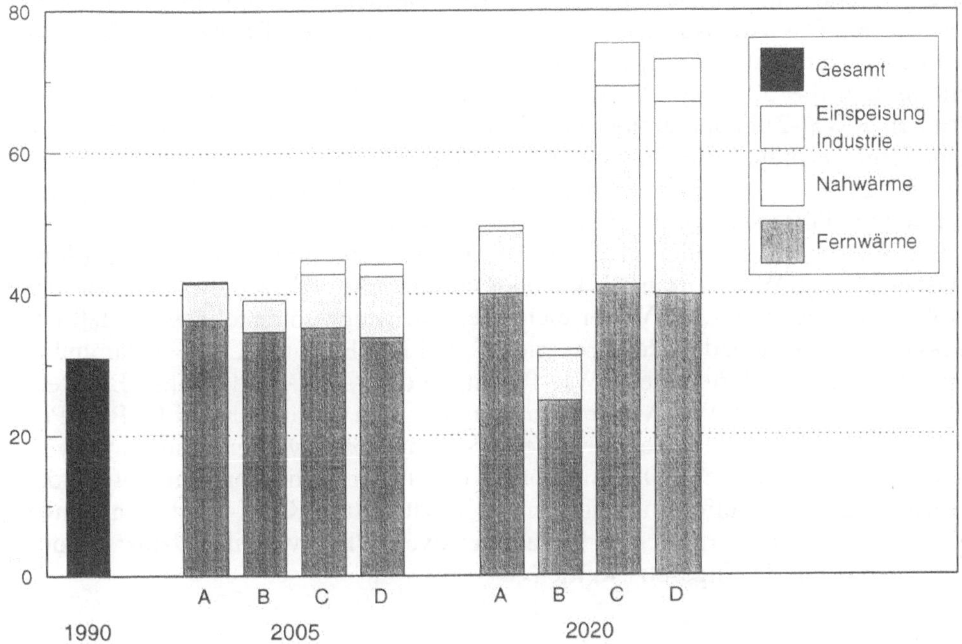

Abb. 5.2.2 Erzeugung von Nah- und Fernwärme (einschließlich solarer Nahwärmenetze und Heizkraftwerke) in Baden-Württemberg in den Szenarien A bis D

sentlichen wachsenden Beiträge erbringt – vor allem längerfristig – in den Szenarien C und D die Nahwärmeversorgung.

Die gegenüber den Szenarien C und D deutliche geringere Nutzung der Kraft-Wärme-Kopplung in Szenario B ergibt sich aus dem hohen Kernenergiebeitrag zur Stromerzeugung in diesem Szenario. Zum einen bestehen in Szenario B längerfristig nur noch geringe fossile Stromerzeugungskapazitäten, die im wesentlichen zur Spitzenlastdeckung eingesetzt sind, und damit geringe Potentiale für die Kraft-Wärme-Kopplung. Zum anderen ermöglicht der Ausbau der Kernenergie eine weitgehende Verringerung der CO_2-Emissionen bei der Stromversorgung auch ohne Ausbau der Kraft-Wärme-Kopplung und ohne dezentrale Stromerzeugungsanlagen. Der Kernenergieausbau drängt so den Ausbau der Kraft-Wärme-Kopplung zurück. Die prinzipiell bestehende Option einer zusätzlichen Wärmeauskopplung aus den Kernenergieanlagen wird wegen der damit verbundenen erhöhten Akzeptanzprobleme im Szenario B nicht angesetzt.

Der Ausbau der Fern- und Nahwärmeerzeugung in den Szenarien C und D im Jahr 2020 ähnelt dem Ausbauszenario A2 der KWK-Studie Baden-Württemberg[4], jedoch mit anderer Verteilung der Wärmeproduktion auf Nah- bzw. Fernwärme. Das Ausbauszenario A2 sieht den teilweisen Ersatz von Heizwerken durch Heizkraftwerken, die vollständige Ausschöpfung des Fernwärmepotentials und die 50 %-ige Ausschöpfung des BHKW-Potentials und des industriellen KWK-Zubaupotentials vor. Der Anteil der Nah- und Fernwärme am Endenergieverbrauch für Raumwärme beträgt in Szenario D 22 % und in Szenario A2 25 %; in beiden Szenarien wird der Energiebedarf für Nah- und Fernwärme zur Hälfte aus fossilen Energiequellen gedeckt.

Bei Ausschöpfung aller in der KWK-Studie aufgeführten Potentiale (Ausbauszenario „KWK-Vorrang") könnten zusätzliche KWK-Potentiale in der Größenordnung von 1,5 GW_{el} erreicht werden, wenn unterstellt wird, daß der rückläufige Wärmebedarf der Szenarien C und D z.B. durch Gebäudedämmung nicht zu einer Minderung der KWK-Potentiale der KWK-Studie führt. Bei Realisierbarkeit dieses KWK-Maximalausbaus könnten zusätzlich ca. 14 PJ/a Primärenergie, d.h 1 % des heutigen Bedarfs, eingespart werden. Die damit verbundene Reduktion der CO_2-Emissionen, die in der Höhe von den Details der Energieträgersubstitution im Rahmen des zusätzlichen KWK-Ausbau abhängt, könnte zur Verringerung des kostenintensiven Photovoltaikausbaus in den Szenarien C und D eingesetzt werden.

Raffinerien

Bei der Erzeugung mineralölstämmiger Endenergieträger emittierten die Raffinerien Baden-Württembergs 1990 rund 0,2 t CO_2 pro eingesetzte Tonne Rohöl. Minderungen des Eigenverbrauchsanteils wurden in den Szenarien A-D nicht angesetzt, da erwartet wird, daß steigende Umweltanforderungen an die Endenergieträger zu erhöhtem Energieaufwand bei der Produktion führen und die noch möglichen Verbesserungen in Technik und Prozeßführung im wesentlichen kompensieren werden.

5.3 Der Energiebedarf und die CO_2-Emissionen in den Szenarien

Die in den Szenarien für die Umgestaltung des Energieversorgungssystems in Baden-Württemberg angesetzten Verhaltensänderungen, Effizienzverbesserungen und Umstrukturierungen führen in der Summe zu dem in Abb. 5.3.1 dargestellten Endenergiebedarf.

[4] „Wirtschaftliches und ausschöpfbares Potential der Kraft-Wärme-Kopplung in Baden-Württemberg", Untersuchung im Auftrag des Wirtschaftsministeriums Baden-Württemberg, Federführung DLR Stuttgart, Abteilung STB, Stuttgart, Juni 1994. Bezugsjahr für die Ausbauszenarien der Studie ist das Jahr 2010.

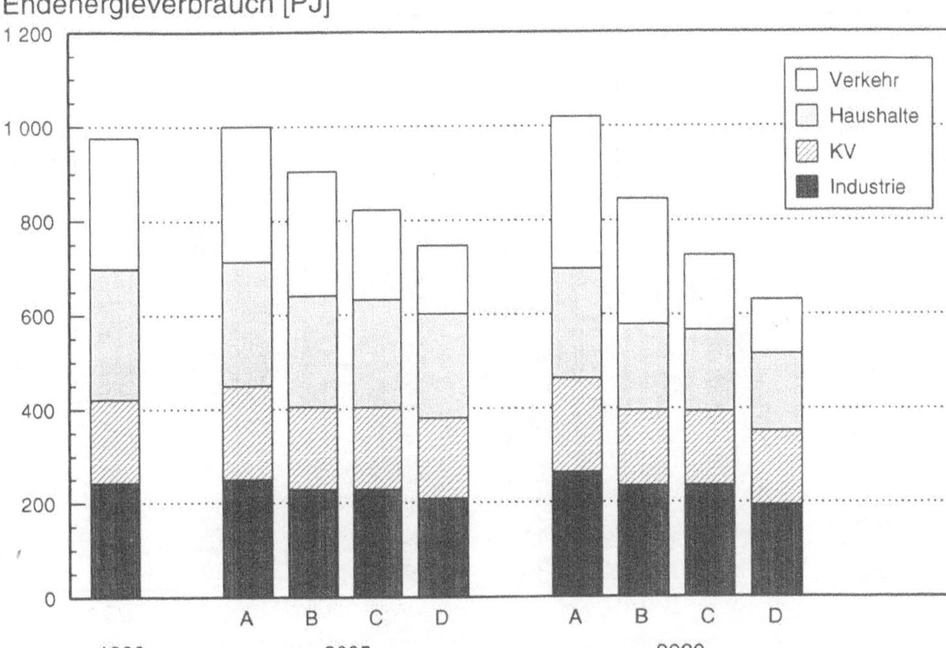

Abb. 5.3.1 Gesamter Endenergiebedarf für Baden-Württemberg in den Szenarien A bis D

In der Referenz-Entwicklung (Szenario A) führen die künftigen Effizienzverbesserungen dazu, daß der Energiebedarf trotz Bevölkerungsznahme und Wirtschaftswachstum nur wenig ansteigt, und sich so die Tendenz der Vergangenheit zur Entkopplung von Wirtschaftswachstum und Energieverbrauch fortsetzt.

Die Szenarien B bis D erreichen alle eine Umkehr des Vergangenheitstrends, der durch eine leicht steigende Endenergienachfrage geprägt war, und führen in unterschiedlichem Ausmaß zu sinkenden Werten für den Endenergiebedarf. Diese drei Szenarien unterscheiden sich zu den betrachteten Zeitpunkten in dem Endenergiebedarf der Sektoren Haushalte und Kleinverbraucher nur wenig. Im Szenario D wirkt sich das nachlassende Wachstum der Industrieproduktion bedarfsmindernd aus und führt zu einem geringerem Bedarf in der Summe der Sektoren Industrie, Kleinverbraucher und Haushalte als in den Szenarien B und C. Die wesentlichen Unterschiede zwischen den Szenarien B bis D ergeben sich aus dem Endenergiebedarf des Verkehrs und resultieren vor allem aus den dort angesetzten Verhaltensänderungen, die entsprechend den zugrundeliegenden Leitbildern für möglich erachtet werden.

Für eine künftige Umgestaltung des Energieversorgungssystems von Baden-Württemberg kann damit davon ausgegangen werden, daß eine konsequente Ausschöpfung technischer Verbesserungsmöglichkeiten (Szenario B) den Trend

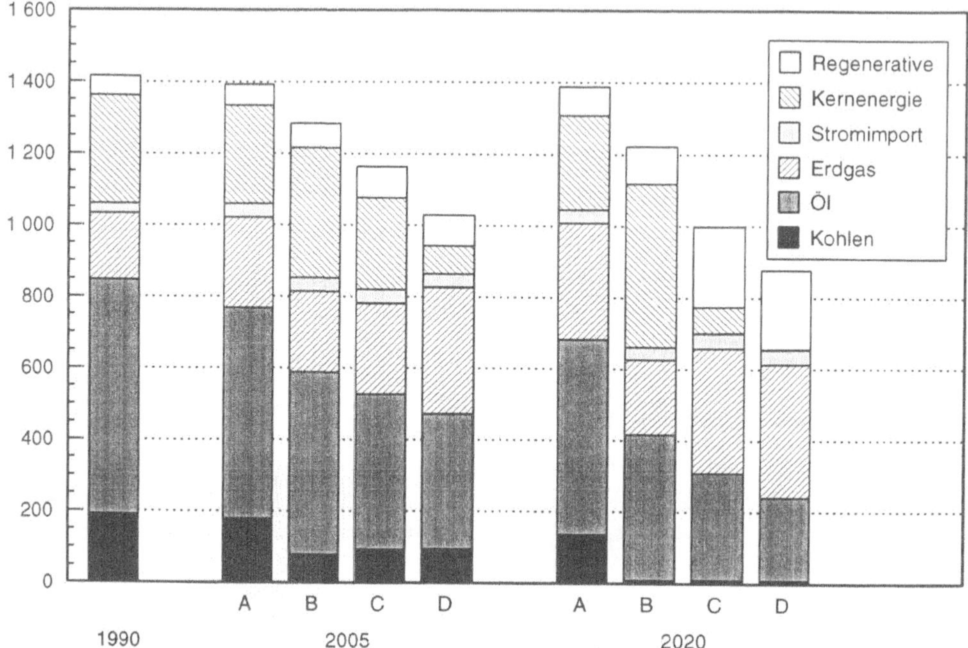

Abb. 5.3.2 Primärenergiebedarf für Baden-Württemberg in den Szenarien A bis D

eines (langsam) steigenden Endenergiebedarfs umkehrt und trotz wachsender Wirtschaft und wachsendem Verkehr zu fallendem Endenergiedarf führt. Eine Umgestaltung des Energieversorgungssystems, die im Schwerpunkt auf Verhaltensänderungen setzt (Szenario D), kann trotz geringerer Ausschöpfung der technischen Potentiale den Vergangenheitstrend noch deutlicher umkehren und noch geringere Werte für den Endenergiebedarf erreichen, erbringt dafür aber im Vergleich zur Referenz-Entwicklung Verzichtleistungen vor allem im Verkehr bei der Mobilität und der Pkw-Nutzung. Eine mittlere Umgestaltungsstrategie, die beide Möglichkeiten mit geringerer Intensität nutzt (Szenario C), erreicht auch eine mittlere Absenkung des Energiebedarfs.

Die unterschiedlich hohen Werte des Endenergiebedarfs in den Szenarien B bis D, die mit den verschiedenen technischen und verhaltensbezogenen Maßnahmen erreicht werden, sind erforderlich, um die angestrebte Reduktion der CO_2-Emissionen in den einzelnen Szenarien im Gesamtsystem unter Einbeziehung der Deckungsseite zu erzielen. Um gleiche CO_2-Emissionen in den gegenüber der Referenz-Entwicklung geänderten Szenarien zu erreichen, muß die Summe der fossilen Primärenergieträger, die zur CO_2-Emission beitragen

(Kohle, Heizöl, Erdgas), in den Szenarien B bis D jeweils in etwa der gleichen Größenordnung[5] liegen (Abb. 5.3.2).

Verbesserungen der CO_2-Emissionen können bei den fossilen Energieträgern dann noch dadurch erreicht werden, daß auf die Nutzung der Kohle weitgehend bzw. ganz verzichtet und Heizöl zusätzlich durch Erdgas substituiert wird. Beide Möglichkeiten werden eingesetzt. Die Kohlenutzung wird in allen drei Szenarien in etwa der gleichen Weise zurückgenommen, und der Einsatz von Erdgas wird in den Szenarien C und D, die mittel- oder längerfristig auf die Nutzung von Kernenergie verzichten wollen, bis zum Jahr 2020 deutlich und bis zum Jahr 2020 im Rahmen des Möglichen ausgeweitet. Insgesamt bleibt aber der Einsatz fossiler Energieträger durch die vorgegebenen zulässigen CO_2-Emissionen begrenzt.

Die Energienachfrage, die über diese durch die zulässigen CO_2-Emissionen gegebene Grenze hinausgeht, muß CO_2-frei gedeckt werden. Im Szenario B stehen dafür zusätzliche Kernenergie und der geringfügig gesteigerte Einsatz von regenerativen Energien zur Verfügung, so daß eine sehr starke Absenkung des Endenergiebedarfs nicht erforderlich wird. Im Gegensatz dazu muß in Szenario D ein Mehrbedarf ausschließlich aus regenerativen Quellen gedeckt werden. Die Ausschöpfung der hier gegebenen Potentiale im Rahmen des Möglichen bestimmt dann die insgesamt verfügbare Primärenergie und begrenzt so die zulässige Nachfrage nach Endenergie auf einem im Vergleich zu Szenario B niedrigerem Niveau.

Regenerativer Energieträger liefern in den Szenarien C und D erst längerfristig (bis zum Jahr 2020) einen deutlich größeren Beitrag zur Deckung des Primärenergiebedarfs als in der Referenz-Entwicklung (Abb. 5.3.3). Im Vordergrund stehen dann die Nutzung von Biomasse und der Einsatz von Sonnenkollektoren.

Mit den dargestellten Werten des Primärenergieverbrauchs und den jeweilig genutzten Energieformen erreichen die Szenarien B bis D im Jahr 2005 alle eine Reduktion der CO_2-Emissionen um rd. 25 % im Vergleich zu den Emissionen des Jahres 1987 (Abb. 5.3.4). Die Fortschreibung der Szenarien bis zum Jahr 2020 führt dann zu weiteren deutlichen Reduktionen in der Größenordnung von 45–50 % gegenüber dem Wert des Jahres 1987. Diese Reduktionen werden trotz des angenommenen Bevölkerungswachstums in Baden-Württemberg und weiterer Steigerungen der pro-Kopf-Nettoproduktion bzw. der pro-Kopf-Bruttowertschöpfung erreicht. In der Referenz-Entwicklung (Szenario A) verharren die CO_2-Emissionen – wie schon in der Vergangenheit – auf etwa dem gleichen Niveau.

Bei der Interpretation der Abweichungen zwischen den Szenarien ist zu beachten, daß die dargestellten quantitativen Daten – dies gilt auch für die Ergeb-

[5] Die genaue Höhe der CO_2-Emission hängt vom Verhältnis der jeweiligen Anteile von Kohle, Erdöl und Erdgas in den Szenarien ab.

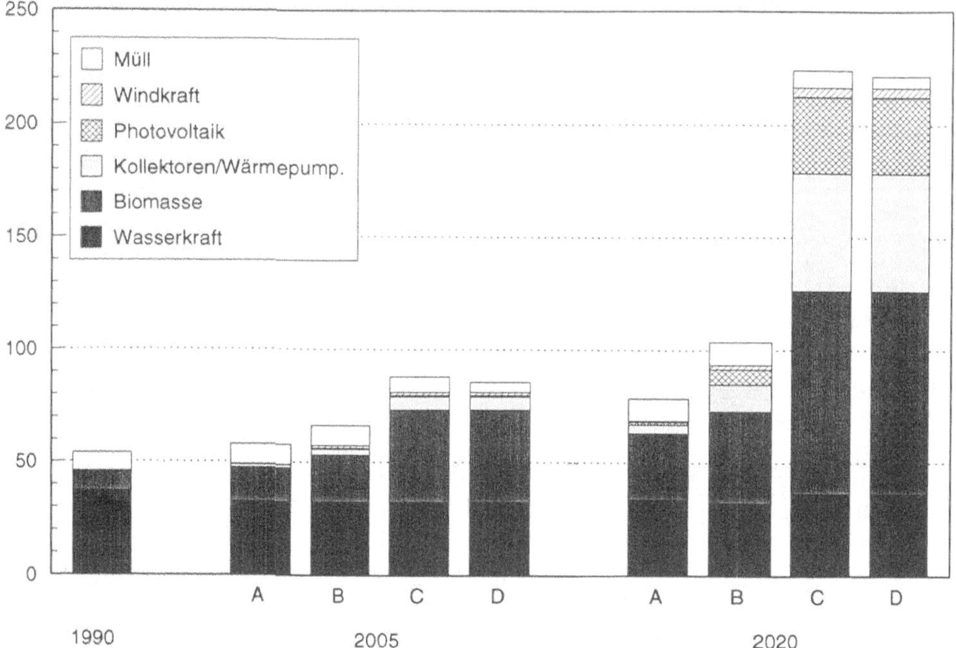

Abb. 5.3.3 Beiträge regenerativer Energieträger zur Deckung des Primärenergiebedarfs in Baden-Württemberg in den Szenarien A bis D

nisse in den Kapiteln 5.1 und 5.2 – das Ergebnis der Szenario-Rechnungen sind, die zwar einen in sich konsistenten Datensatz für jedes Szenario liefern, selbst aber von den beim Entwurf der Szenarien getroffenen Annahmen und der Durchführung der Rechnung abhängen.

Die in den Szenario-Workshops vorgenommenen Setzungen bestimmen das Energiesystem zwar weitgehend, jedoch nicht vollständig. Die verbliebenen Freiräume wurden teils bei den Rechnungen zusätzlich gesetzt, teils durch das Rechenprogramm mit dem Ziel kostenminimaler Lösungen berechnet. Mit diesen zusätzlichen expliziten wie impliziten Setzungen, die die beim Szenario-Entwurf getroffenen Annahmen ergänzen und vervollständigen, sind die Rechenergebnisse von zusätzlichen Wertungen beeinflußt: verschiedene Bearbeiter können auf der Basis der in den Workshops festgelegten Szenario-Daten durch verschiedene Ausgestaltung der unbestimmt gebliebenen Größen zu leicht unterschiedlichen Ergebnissen bei der Durchführung der Simulationsrechnungen gelangen. Eine systematische Sensitivitätsanalyse dieser Einflüsse auf das Gesamtergebnis konnte nicht durchgeführt werden. Aufgrund von Variantenanalysen, einem ergänzenden Rechenlauf mit geänderten Kostenansätzen und hierdurch veränderter Ausfüllung der Freiräume, sowie aufgrund unabhängiger,

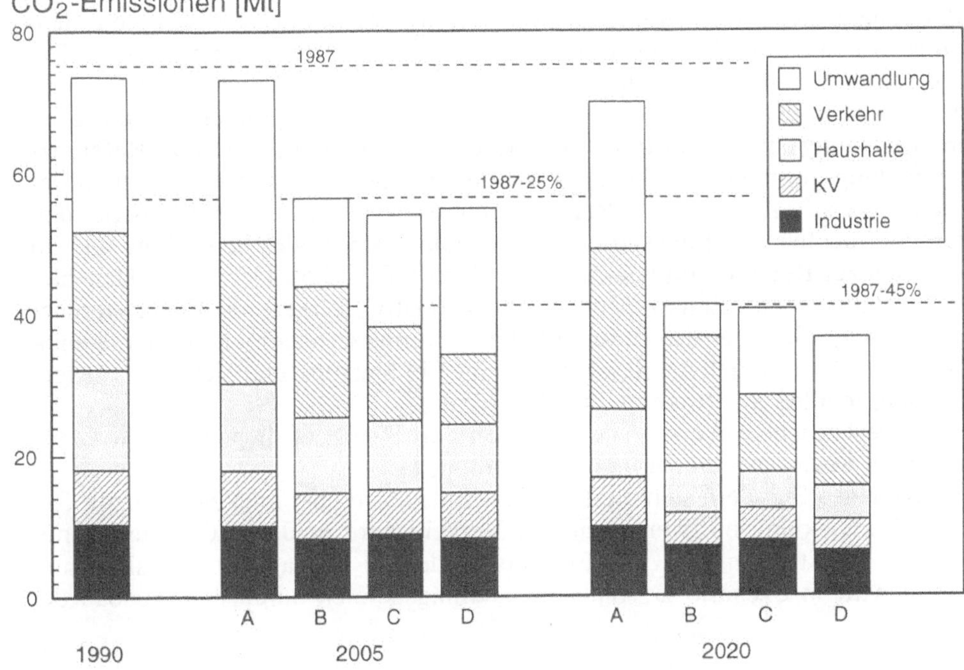

Abb. 5.3.4 CO_2-Emissionen für Baden-Württemberg in den Szenarien A bis D

auf der Basis eines einfachen Bilanzierungsmodells durchgeführter Kontrollrechnungen, konnte aber abgeschätzt werden, daß die beschriebenen Einflüsse das Gesamtergebnis für die CO_2-Emissionen in der Größenordnung einiger Prozentpunkte verändern können.

Vor diesem Hintergrund und im Hinblick darauf, daß viele der getroffenen Annahmen über die künftig möglichen Entwicklungen mit großen Unsicherheiten behaftet sind, wurde daher bewußt darauf verzichtet, bei den CO_2-Emissionen durch Feinabstimmungen genau die gleichen Zahlenwerte in allen Szenarien zu erzeugen. Dies würde eine Genauigkeit der Ergebnisse suggerieren, die aufgrund der Szenario-Konstruktion, der Datenbasis und der Methodik bei den Rechnungen nicht gegeben ist. Das rechnerische Ergebnis: „Die Reduktion der CO_2-Emissionen beträgt im Jahr 2005 in Szenario C 28,2 % und in Szenario D 26,9 %", bedeutet in diesem Sinne realistischerweise: „Die Szenarien C und D erreichen beide eine Verminderung der CO_2-Emissionen, die das Reduktionsziel um einige wenige Prozentpunkte übertrifft". Um die Aufmerksamkeit mehr auf diese eher qualitativen Aussagen zu lenken, wurde in der Ergebnisdarstellung auch an vielen Punkten auf Zahlentabellen verzichtet und der Schwerpunkt auf grafische Darstellungen gelegt.

Die charakteristischen Merkmale der Szenario-Entwürfe spiegeln sich auch in den Änderungen der CO_2-Emissionen der Verbrauchssektoren wider. Die CO_2-Emissionen der Sektoren Industrie, Kleinverbraucher und Haushalte verringern sich in der Summe in den Szenarien B bis D – abgesehen von der Sonderentwicklung in Szenario D, die durch die im Vergleich zur Referenz-Entwicklung geringere Industrieproduktion begründet ist – absolut in etwa der gleiche Weise (Abb. 5.3.4). Relativ reduzieren die Sektoren Industrie und Kleinverbraucher ihre Emissionen bis zum Jahr 2005 in gleichem Sinne und im Vergleich zur Referenz-Entwicklung deutlich (Abb. 5.3.5). Der Sektor Haushalte verringert seine Emissionen ebenfalls relativ stärker als die Referenz-Entwicklung – im Szenario B durch Effizienzverbesserungen und in den Szenarien C und D zusätzlich durch Veränderungen in Nutzung und Verhalten, insgesamt aber in allen Szenarien im gleichen Sinne.

Die wesentliche Unterschiede zwischen den Szenarien liegen in den Emissionen der Sektoren Verkehr und Umwandlung.

In Szenario B ändern sich die Emissionen des Verkehrs im Vergleich zur Referenz-Entwicklung nur wenig und der Verkehr wird im Jahr 2020 zum dominierenden Emittenten von CO_2. Ein entscheidender Beitrag zur Emissionsminderung wird in Szenario B vom Umwandlungsbereich durch den Ausbau der

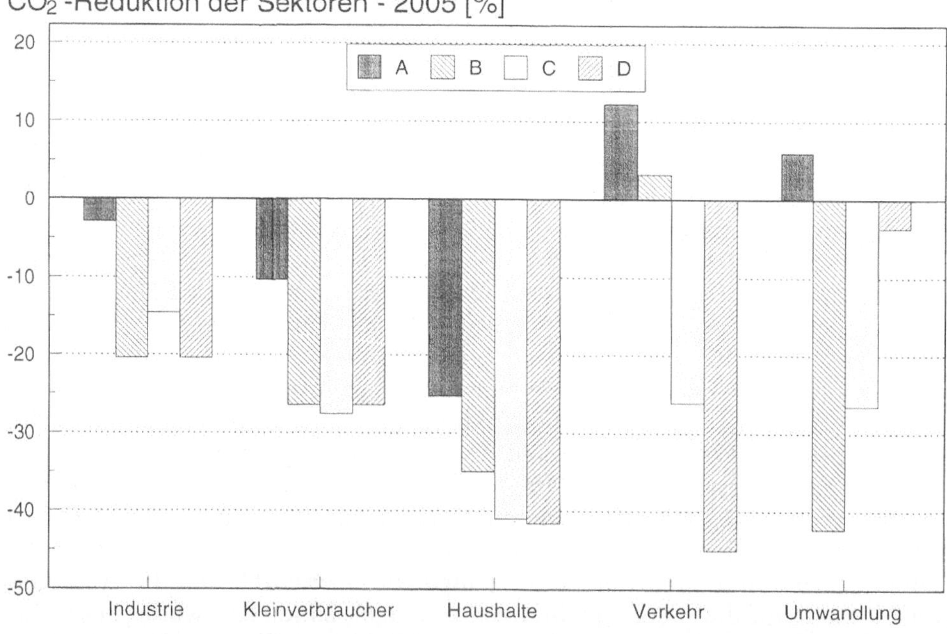

Abb. 5.3.5 Relative Änderungen der CO_2-Emissionen in den Sektoren (Die CO_2-Bilanz des Umwandlungssektors hängt nicht nur von den dort vorgenommenen Maßnahmen ab, sondern wird auch durch Stromeinsparungen oder Mehrverbräuche der Verbrauchersektoren beeinflußt)

Kernenergie erbracht und die relative Änderung der CO_2-Emissionen ist in diesem Bereich besonders hoch. In den Szenarien C und D führt der Rückgang des Endenergiebedarfs für den Verkehr zu entsprechenden Emissionsrückgängen und hohen relativen Änderungen in diesem Bereich. Der Umwandlungsbereich wird hier und vor allem in Szenario D durch die überwiegende Nutzung fossiler Energieträger im Jahr 2020 zum wichtigsten Emittenten von CO_2.

Die weitere Entwicklung in den Szenarien – über das Jahr 2020 hinaus – wurde im Rahmen des Projektes nicht untersucht. Die bis zum Jahr 2020 eingeleiteten Verbesserungen bei Geräten, Fahrzeugen und im Gebäudebereich führen auch danach noch zu Effizienzsteigerungen, die genutzt werden können, um die CO_2-Emissionen weiter zu senken, den Wegfall des Restbeitrages der Kernenergienutzung in Szenario C zu kompensieren oder einen Teil der Verzichte in Szenario D rückgängig zu machen.

5.4 Die Bewertung der Szenarien im Zusammenwirken von Effizienzsteigerung und Verhaltensänderung

Die untersuchten Szenarien erreichen das vorgegebene Ziel der Reduktion der CO_2-Emissionen durch unterschiedliche Verknüpfung von Verhaltensänderungen und Techniklösungen, die sich aus den jeweils zugrunde gelegten Leitbildern begründen. Die unterschiedlichen Präferenzen für den Einsatz von Techniken oder Verhaltensänderungen, die den Leitbildern von den am Entwurf der Szenarien Beteiligten zugeordnet wurden, führen damit im Ergebnis zu Entwicklungen des Energiesystems, die sich als Pfade in einem Koordinatensystem darstellen lassen, das von der unterschiedlicher Nutzung von Energiedienstleistungen (Bedarfssteigerungen wie Verzichten) und unterschiedlicher Steigerung der CO_2-Systemeffizienz aufgespannt wird (Abb. 5.4.1).

In der Abbildung ist auf der Ordinate für die einzelnen Szenarien jeweils die Summe aller positiven und negativen Veränderungen in der Nutzung von Energiedienstleistungen (Nutzenausweitungen und -einschränkungen) gegenüber dem Jahr 1987 dargestellt. Zur Bildung dieser Summe und um die sehr unterschiedlichen Formen von Energiedienstleistungen vom gespülten Geschirr bis zum Personentransport in einer Größe problemadäquat zusammenfassen zu können, wurden die einzelnen Dienstleistungen mit ihrer CO_2-Verursachung im Jahr 1987 gewichtet. Bei gleicher Technik und gleichbleibender spezifischer CO_2-Emission führen so z.B. ein Anwachsen der beheizten Wohnfläche zu zunehmender oder eine Abnahme der Verkehrsleistung zu abnehmender Energiedienstleistung. Auf der Abszisse der Abbildung ist die Entwicklung der CO_2-Systemeffizienz – die Menge der (gewichteten) Energiedienstleistungen, die das System pro Mengeneinheit emittiertem CO_2 bereitstellen kann – dargestellt. Eine Verbesserung der Systemeffizienz gegenüber dem Referenzzustand im

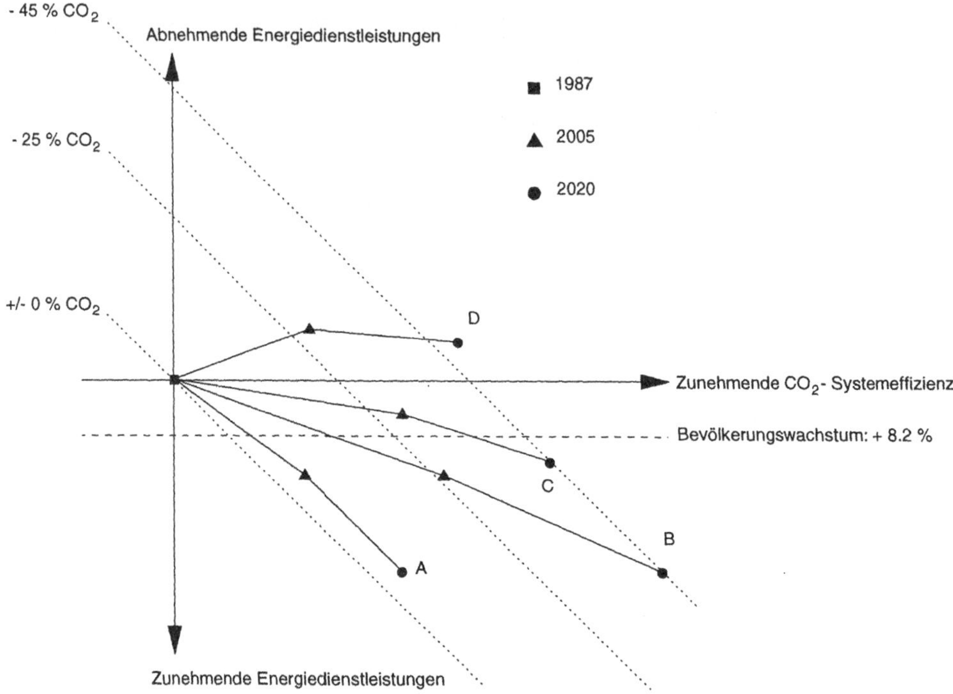

Abb. 5.4.1 Verteilung der CO_2-Reduktionsleistung der Szenarien auf die Optionen Steigerung der CO_2-Systemeffizienz und Änderung der Nutzung von Energiedienstleistungen (Darstellung schematisch)[6]

Jahr 1987 kann dann z.B. erreicht werden: durch Senkung der spezifischen Energieverbräuche von Pkw oder Geräten, durch die Substitution von kohlenstoffintensiven Energieträgern wie Kohle oder Heizöl durch Erdgas, regenerative Energieträger oder Kernenergie, oder auch durch die bessere Ausnutzung der Primärenergieträger.

Der Entwicklungspfad für die Referenz-Entwicklung (Szenario A) verläuft in dieser Darstellung nahe der Geraden ohne Änderung der CO_2-Emissionen. Die in Szenario A angesetzten Effizienz-Steigerungen reichen aus, um die angenommenen Bedarfssteigerungen bei den Energiedienstleistungen näherungsweise auszugleichen. Dieser Bedarfszuwachs an Energiedienstleistungen resultiert teilweise aus dem angenommen Bevölkerungszuwachs um 14 % zwischen 1987 und 2005 (gestrichelte Horizontale in Abb. 5.4.1) und zum Teil aus der – auch

---

[6] Die Charakterisierung der Entwicklungspfade durch gemittelte Steigerungen der Energiedienstleistungen und mittlere Effizienzsteigerungen verdeckt allerdings, daß sich die Verzichte in den Szenarien C und D auf die verschiedenen Sektoren sehr unterschiedlich verteilen, so daß die Szenarien nicht allein auf der Basis der mittleren Werte beurteilt werden können.

pro Kopf – zunehmenden Produktion an Gütern, Nachfrage nach beheizter Wohnfläche, Mobilität u.a.

In Szenario B werden keine Verhaltensänderungen gegenüber der Referenz-Entwicklung angesetzt. Die Änderungen in der Nutzung von Energiedienstleistungen (vertikale Position der Marken) stimmen daher mit denen des Szenarios A überein. Im Szenarienvergleich werden hier jedoch die stärksten Anstrengungen zur Erhöhung der CO_2-Effizienz unternommen, so daß dieses Szenario trotz einer Bedarfsentwicklung wie in der Referenz-Entwicklung die Reduktionsziele erreicht. Die hohe CO_2-Systemeffizienz von Szenario B im Vergleich mit den anderen Szenarien beruht im wesentlichen auf dem schnellen Ausbau der Kernenergie.

In Szenario D besteht die Bereitschaft zum Verzicht und zu Verhaltensänderungen und die Inanspruchnahme von Energiedienstleistungen wird in vielen Fällen – auch gegenüber 1990 – fühlbar eingeschränkt. Dies ermöglicht Szenario D, die Reduktionsziele mit mäßigen CO_2-Effizienzsteigerungen zu erreichen, die in ihrer Gesamtwirkung etwa denen des Szenarios A entsprechen, in Szenario D jedoch auf andere Weise zustande kommen.

Die in Szenario C enthaltenen moderaten Verhaltensänderungen ermöglichen hier ein Erreichen der Reduktionsziele mit geringeren Effizienzverbesserungen als in Szenario B und erlauben das allmähliche Auslaufenlassen der Kernenergienutzung. Auch in Szenario C nimmt der Umfang an Energiedienstleistungen insgesamt noch zu, jedoch schwächer als in Szenario B. Diese Zunahme kompensiert in der Größenordnung das Bevölkerungswachstum und bewirkt, daß die Nutzung von Energiedienstleistungen pro Kopf etwa auf dem heutigen Niveau verharrt. Die Verhaltensänderungen in Szenario C sind also in der Regel so moderat, daß sie im Mittel lediglich einen Verzicht auf zukünftige Weiterentwicklung, jedoch keinen Verzicht gegenüber dem Stand von 1990 bedeuten. Dieser mittlere Wert umfaßt aber sowohl moderate Zuwächse an einzelnen Stellen als auch moderate Rücknahmen an anderer Stelle (s. Kapitel 4.3).

Die Darstellung der Entwicklungspfade für die betrachteten Szenarien in der Abb. 5.4.1 macht noch einmal deutlich, daß die zugrundeliegenden Leitbilder und Setzungen „willkürlich“ gewählt sind. In der von „Nutzung von Energiedienstleistungen“ und „CO_2-Systemeffizienz“ aufgespannten Ebene sind auch andere Pfade denkbar, die das Reduktionsziel als „Zwischenwelten“ zwischen den Pfaden A bis D durch andere Kombinationen von Verhaltensänderungen bzw. Verzichtleistungen und technischen Maßnahmen erreichen.

Die zugrunde gelegten Leitbilder stellen den Versuch dar, Hauptlinien der gesellschaftlichen Diskussion idealtypisch zu erfassen; in ihrer Detaillierung sind sie aber in hohem Maß von Bewertungen der am Entwurf der Szenarien Beteiligten abhängig. So kann man z.B. den Standpunkt vertreten, daß das Leitbild *Techniknutzung* nicht im Widerspruch zu einem verstärkten Bewußtsein um ökologische Zwänge und globaler Verantwortlichkeiten steht und daß somit auch in Szeanrio B begrenzte Verhaltensänderungen angesetzt werden müßten. Eine solche Annahme würde zu einem anderen Pfad in der Abbildung führen, auf dem z.B. zu den Zeitpunkten 2005 oder 2020 höhere Reduktionsziele als hier angesetzt angestrebt werden könnten, wenn man die technischen Maßnahmen des Szenarios B mit zusätzlichen Verhaltensänderungen, die zu einem Rückgang der Nutzung von Energiedienstleistungen führen, kombiniert. Im Rahmen des Projektes wurden derartige Leitbildvarianten nicht untersucht, weil sie die Zahl der Szenarien erhöht hätten, ohne die Spannbreite der Zukunftsentwicklungen, die aus der gegenwärtigen Sicht und unter Berücksichtigung technischer, wirtschaftlicher und gesellschaftlicher Limitierungen möglich erscheinen, zu vergrößern.

Die Entwicklungspfade A bis D sind das Ergebnis der in diesem Projekt getroffenen und in Kapitel 4 dargestellten Annahmen über Verhaltens- oder Nachfrageänderungen und Techniknutzungen, die insgesamt zu einem integralen und an den vorgegebenen Emissionminderungen orientierten Reduktionskonzept führen. Die Verteilung der Reduktionslasten auf die Sektoren und die Ausnutzung der dort jeweils gegebenen Gestaltungsspielräumen wurde zwar nicht willkürlich vorgenommen, weil sie die realen Gegebenheiten und Limitierungen beachtet, sie ergibt sich aber auch nicht in allen Details zwingend aus den Leitbildern. Es ist daher denkbar und möglich, die gleichen Entwicklungspfade wie in diesem Projekt auch durch andere Kombinationen von Verhaltensänderungen und Techniknutzung zu realisieren.

Sowohl das jeweils notwendige Ausmaß von Verhaltensänderungen als auch die Nutzung von Techniken wurden in den Szenario-Workshops in Verbindung mit der Detaillierung der Leitbilder intensiv diskutiert und führten zu einer genaueren Betrachtung zweier zusätzlicher Szenario-Varianten: *Techniknutzung ohne Ausbau der Kernenergie* (Szenario B*) und *Neue Lebensstile ohne unergiebige aber schwer durchsetzbare Eingriffe* (Szenario D*).

Da die Frage der Kernenergienutzung in der Öffentlichkeit kontrovers diskutiert wird, wurde parallel zur Entwicklung des Szenarios B auch die Frage untersucht, ob die Reduktionsziele unter den Annahmen des Leitbildes *Techniknutzung* auch dann erreicht werden können, wenn auf den Ausbau der Kernenergie verzichtet und von einer konstanten Nutzung der Kernenergie ausgegangen wird. Das so entworfene Szenario B*[7] ähnelt hierin dem Szenario R1[8] der Enquête-Kommission 'Schutz der Erdatmosphäre', das für die Bundesrepublik zu einem Erreichen der Reduktionsziele auch ohne Ausbau der Kernenergie führt.

In der Variante B* wurde angestrebt, den gegenüber B wegfallenden Beitrag des Kernenergieausbaus zur Reduktion der CO_2-Emissionen durch einen leicht verstärkten Einsatz der Kraft-Wärme-Kopplung, durch eine etwas verstärkte Nutzung regenerativer Energien und durch verstärkte Erdgasnutzung – jeweils gegenüber Szenario B – zu kompensieren. Im Ergebnis zeigte sich, daß die Re-

---

[7] s. Kapitel 8.1
[8] s. Kapitel 7.1

duktionsziele nicht vollständig erreichbar waren, im Vergleich zu den Ergebnissen für die Bundesrepublik vor allem wegen des weiteren Bevölkerungswachstums in Baden-Württemberg. Unter den getroffenen Annahmen wurden die CO_2-Emissionen bis zum Jahr 2005 nur um 19,3 % und bis zum Jahr 2020 nur um 36,1 % reduziert. Das Szenario B* würde die Reduktionsziele nur dann erreichen, wenn zusätzlich zu der angesetzten konstanten Kernenergienutzung der Einsatz regenerativer Energieträger in der Größenordnung der Szenarien C und D verstärkt würde.

Die in den Szenarien C und – insbesondere – D enthaltenen Ansätze zu Verhaltensänderungen oder Verzichtleistungen wurden häufig eher mit dem Ziel formuliert, die konsequente Umsetzung der gesellschaftlichen Leitbilder bis hinein in lebensweltliche Bereiche zu verdeutlichen, als in der Absicht, relevante Beiträge zur Reduktion der CO_2-Emissionen zu gewinnen. Dies führte im Ergebnis auch zu Veränderungen vor allem im Bereich der Haushaltsanwendungen und im Verkehrsverhalten, die aus heutiger Sicht nur schwer realisierbar erscheinen und die zudem Maßnahmen, die nur einen kleinen Beitrag zur Reduktion der CO_2-Emissionen liefern können, ein scheinbar großes Gewicht verleihen.

Um nicht den Blick darauf zu verstellen, daß das Erreichen des Reduktionsziels für Szenario D nicht wesentlich von z.B. dem Verzicht auf Gefriervolumen im Haushalt oder dem fast vollständigen Zurücklegen von kurzen Wegen mit dem Fahrrad oder zu Fuß abhängt, wurde der Einfluß von Änderungen bei diesen Annahmen in der Szenario-Variante D*[9] abgeschätzt. In D* werden einige der Verzichtleistungen und Verhaltensänderungen gegenüber Szenario D abgeschwächt und in gleicher Größe wie in Szenario C angesetzt. Im Ergebnis erreicht dann Szenario D* eine Reduktion der CO_2-Emissionen, die lediglich um ca. 1–2 % geringer ist als in Szenario D, und erfüllt damit ebenfalls die Reduktionsziele.

Die Ergebnisse der Varianten-Untersuchungen deuten also daraufhin, daß die Reduktionsziele vermutlich auch dann erreichbar sein würden, wenn bei wachsenden Ansprüchen und gleichbleibender Kernenergienutzung die regenerativen Energien forciert eingesetzt, bzw. wenn in Szenario D weniger große Verhaltensänderungen angesetzt werden.

---

[9] s. Kapitel 8.2

6. Die Auswirkungen der Szenarien und Empfehlungen

Jede bewußte Umgestaltung des Energieversorgungssystems wirkt – ebenso wie die bloße Fortschreibung der Trends der Vergangenheit – in vielfältiger Weise auf fast alle Lebensbereiche und gesellschaftlich-politischen Aktionsfelder ein und kann zu weitreichenden Implikationen für Wirtschaft, Gesellschaft und Politik und Umwelt führen[1]. Im Projekt *Klimaverträgliche Energieversorgung in Baden-Württemberg* standen die gesellschaftlich-politische Energiediskussion und damit die gesellschaftlichen Implikationen im Vordergrund. Dabei wurde beim Entwurf der Szenarien davon ausgegangen, daß die Auswirkungen eines Energiesystems auf die Gesellschaft nicht nur einfach die Folge des realisierten Systems sind, sondern daß Energiesysteme so gestaltet werden oder werden sollten, daß sich bestimmte – gesellschaftlich – erwünschte Folgen einstellen. Die Wünschbarkeit bestimmter Folgen hängt dabei von Werten und Einstellungen ab, die sich in einer pluralistischen Gesellschaft bei unterschiedlichen Gruppen stark unterscheiden können. Um künftig mögliche Energiesysteme so entwerfen zu können, daß sie unterschiedlichen Zielvorstellungen über die wünschbare Zukunft Rechnung tragen, wurden Leitbilder zum Ausgangspunkt für die Szenarien-Entwürfe gewählt, mit denen versucht wurde, wichtige Strömungen in der öffentlichen Diskussion über Energiesysteme und die ihnen zugrunde liegenden Einstellungen idealtypisch zu erfassen. Im Ergebnis lassen sich dann die gesellschaftlichen „Folgen" der einzelnen Szenarien auch nur vor dem Hintergrund der Leitbilder bewerten: aus dem Blickwinkel des eigenen Leitbildes sind sie überwiegend gewollt, erwünscht und akzeptabel; aus der Sicht der jeweils anderen teils erwünscht teils unerwünscht und unakzeptabel.

Neben den gesellschaftlich-politischen Auswirkungen sind die Folgen einer Umgestaltung des Energieversorgungssystems auf die Wirtschaft und die Umwelt von besonderer Bedeutung, sowohl für die Begründung des jeweiligen Szenarios vor dem Hintergrund des eigenen Leitbildes als auch für eine vergleichende Diskussion und für die Suche nach Möglichkeiten für einen energiepolitischen Konsens. Im Rahmen der zweiten Phase des Projektes *Klimaverträgliche Energieversorgung in Baden-Württemberg* konnten die Auswirkungen der Szenarien auf Wirtschaft und Umwelt nicht umfassend untersucht werden; dies muß einer eventuellen Fortsetzung des Projekts vorbehalten bleiben. Auf der

---

[1] Vgl. Kriterienkatalog, Analyseraster zum Projekt „Klimaverträgliche Energieversorgung in Baden-Württemberg, Akademie für Technikfolgenabschätzung in Baden-Württemberg, 1993

Basis der vorliegenden Ergebnisse sind hierzu jedoch einige qualitative Hinweise möglich.

Einen Teil der monetären und nichtmonetären Kosten der Szenarien bilden auch die Maßnahmen, die erforderlich sind, um die vermutete Referenz-Entwicklung A in die Pfade der Szenarien B bis D umzulenken. Sie geben Hinweise darauf, welche gesellschaftlichen Barrieren überwunden werden müssen, um die verschiedenen Energiewelten zu realisieren, welche zusätzlichen gesellschaftlichen Konfliktfelder sich dabei entwickeln könnten und in welchen Bereichen sich möglicherweise konsensuale Lösungen erreichen ließen.

6.1 Bewertung der Szenarien aus dem Blickwinkel der Leitbilder

Als Auswirkungen und Folgen der Szenarien B bis D können alle Änderungen gegenüber der angenommenen Referenz-Entwicklung in Szenario A betrachtet werden, die sich im Verhalten, beim Konsum, bei der Techniknutzung oder bei der Präferierung bestimmter Umwandlungstechniken ergeben. Eine z.B. gegenüber der Referenz-Entwicklung verstärkte Nutzung regenerativer Energieträger oder öffentlicher Verkehrsmittel in Szenario D ist in diesem Sinne eine Auswirkung dieses Entwicklungspfades. Entsprechend der Vorgehensweise in diesem Projekt sind derartige – aus der Sicht eines Leitbildes erstrebenswerte und erwünschte – Folgen bzw. Änderungen der Referenz-Entwicklung überwiegend bereits beim Entwurf der Szenarien vorweggenommen und als Annahmen oder Setzungen in die Szenario-Beschreibungen eingegangen. Auswirkungen der Szenarien B bis D sind damit sowohl diese für die einzelnen Szenarien vorgegebenen Annahmen und Setzungen als auch die daraus für das jeweilige Energiesystem folgenden Konsequenzen, d.h. die Gesamtheit der aus den Darstellungen in den Kapiteln 4 und 5 ableitbaren Veränderungen gegenüber der Entwicklung in Szenario A.

Eine Bewertung dieser Veränderungen, d.h. ihre Beurteilung als Verbesserung oder Verschlechterung gegenüber der Referenz-Entwicklung, hängt vom Standpunkt des Beurteilers ab. Eine Person, die dem Leitbild *Techniknutzung* folgen will, wird viele der Veränderungen in den Szenarien C und D als unerwünscht ansehen und damit als Verschlechterung beurteilen, im Gegensatz zu den Personen, die den Leitbildern *Ressourcenschonung* oder *Neue Lebensstile* zuneigen, und die gerade diese Änderungen als erwünscht betrachten und damit zu den Verbesserungen zählen würden. Wenn die in der gesellschaftlichen Diskussion vertretenen Positionen – die die Leitbilder hier idealtypisch wiederzugeben versuchen – tatsächlich auf grundsätzlich unterschiedlichen Werten basieren, dann werden sich derartige gegensätzliche Bewertungen einzelner Auswirkungen nicht auflösen lassen; konsensuale Lösungen wären dann nur bei den Auswirkungen denkbar, die unter dem Blickwinkel aller Leitbilder als Verbesserungen eingestuft werden können. Mit einer Bewertung der wichtigen Folgen der einzelnen Szenarien aus der Sicht der Leitbilder, kann also versucht werden, sowohl Hinweise auf die für alle Leitbilder positiven Auswirkungen und damit auf die möglichen Konsensbereiche für die gesellschaftliche Diskussion als auch Hinweise auf die unterschiedlich zu bewertenden Folgen und damit auf die bestehenden Konfliktfelder zu gewinnen.

Für alle Leitbilder, die den Szenarien B bis D zugrundeliegen, sind Energieeinsparung, Ressourcenschonung, Sicherung von Wohlstand und Arbeitsplätzen und das Vermeiden sozialer Konflikte akzeptierte – wenn auch unterschiedlich gewichtete – gesellschaftliche Ziele. Auswirkungen der Szenarien, die zu deren Erreichen beitragen, sind daher positiv zu bewerten und in allen Fällen als Verbesserung einzustufen. Unterschiedliche Bewertungen ergeben sich – wie in den Leitbildern vorausgesetzt – vor allem dort, wo Verhaltenänderungen angenommen werden, und bei der Beurteilung der Kernenergienutzung. Einen qualitativen Überblick über die möglichen unterschiedlichen Bewertungen wichtiger Szenario-Ausprägungen aus der Sicht der einzelnen Leitbilder gibt Tabelle 6.1.1.

Tabelle 6.1.1 Bewertung der Entwicklung wichtiger Daten in den Szenarien B bis D aus dem Blickwinkel der einzelnen Leitbilder

Aus der Perspektive des Leitbildes:	Techniknutzung			Ressourcenschonung			Neue Lebensstile		
werden die Entwicklungen in den Szenarien:	B	C	D	B	C	D	B	C	D
bei den folgenden Größen als überwiegend positiv (+) oder als überwiegend negativ (–) beurteilt:									
Verhalten / Nachfrage									
Wohnfläche pro Kopf	+	–	–	–	+	–	–	–	+
Haushaltsanwendungen	+	–	–	–	+	–	–	–	+
Pkw-Größe beim Neukauf	+	–	–	–	+	+	–	+	+
Verkehrsverhalten	+	–	–	–	+	–	–	–	+
Energiebedarf für Raumwärme									
Altbauten-Sanierung	+	+	+	+	+	+	+	+	+
Wärmedämmungsstandard bei Neubauten	+	+	+	+	+	+	+	+	+
Techniknutzung									
Energieeffizienz der Haushaltsgeräte	+	+	+	+	+	+	+	+	+
Kraftstoffverbrauch neuer Pkw	+	+	+	+	+	+	+	+	+
Energieeffizienz in Industrie und Kleinverbrauch	+	+	+	+	+	+	+	+	+
Umwandlungsbereich									
Einsatz regenerativer Energieträger	+	–	–	–	+	+	–	+	+
Kernenergienutzung	+	–	–	–	+	–	–	–	+
Kohlenutzung	+	+	+	+	+	+	+	+	+
Nutzung von Kraft-Wärme-Kopplung	+	–	–	–	+	–	–	–	+

(schattiert:) mögliche Konsensbereiche

Wie beim Entwurf der Szenarien gefordert, erreichen alle Szenarien – trotz unterschiedlicher Leitbilder – die gesetzten Ziele für die Reduktion der CO_2-Emssionen und verringern so den Einsatz fossiler Energieträger sowohl gegenüber der Referenz-Entwicklung als auch gegenüber dem heutigen Niveau deutlich und um etwa den gleichen Betrag; sie tragen damit in gleicher Weise zur Schonung der weltweiten fossilen Reserven und gleichzeitig zur Verringerung der Abhängigkeit von Importen fossiler Energieträger bei.

Zum Erreichen der Reduktionsziele erwies es sich in allen Szenarien als erforderlich, den spezifischen Heizenergiebedarf zu senken. Dies führte zur Annahme gleicher Verbesserungen bei der Wärmedämmung im Altbaubestand gegenüber der Referenz-Entwicklung und zur Forderung nach einer weiteren Erhöhung des Standards bei Neubauten gegenüber der Wärmeschutzverordnung von 1995. Die damit erhöhten Renovierungsraten erfordern eine Ausweitung der Kapazitäten im Baugewerbe und lösen damit in diesem Bereich positive Arbeitsmarkteffekte aus, deren Größe allerdings im Rahmen der bisherigen Projektarbeit (noch) nicht quantitativ angegeben werden kann. Mit der Ausweitung der Tätigkeiten im Bereich der Gebäudesanierung wird gleichzeitig die Weiterentwicklung der dort angewandten Techniken stimuliert. Maßnahmen, die zur Verbesserung des Altbaubestandes und zur Erhöhung der Wärmeschutzanforderungen bei Neubauten ergriffen werden können, stellen damit einen ersten Bereich dar, in dem ein Konsens erreicht werden kann.

Bei der Entwicklung der Szenarien wurde davon ausgegangen, daß die Verbesserung der Energieeffizienz bei den Haushaltsgeräten vor dem Hintergrund aller Leitbilder als erstrebenswert anzusehen ist und daher die praktisch gleiche Effizienzverbesserung in allen Szenarien angesetzt. Mit dieser Verbesserung bei den Haushaltsgeräten wird zwar nur ein geringer absoluter Beitrag zur Reduktion der CO_2-Emissionen erbracht, es werden aber der Energie- und damit der Ressourcenverbrauch gesenkt und die Weiterentwicklung der in diesem Bereich eingesetzten Techniken gefördert. Dies führt in der Tendenz zu einer Verbesserung der Wettbewerbsfähigkeit der diese Geräte produzierenden Industrie. Verbesserung der Energieeffizienz von Geräten stellen damit einen zweiten Bereich dar, in dem ein Konsens über die zu ergreifenden Maßnahmen möglich erscheint.

Wegen des großen Beitrags, den der Straßenverkehr zu den gesamten CO_2-Emissionen leistet, ist es in allen Szenarien erforderlich, die Emissionen dieses Bereichs zu verringern. Neben anderen – und in den einzelnen Szenarien unterschiedlichen – Maßnahmen wird generell angenommen, daß die Kraftstoffverbräuche von Neufahrzeugen stärker und rascher als in der Vergangenheit verringert werden sollten. Maßnahmen, die auf eine weitgehende Ausschöpfung der im Kraftfahrzeugbereich bestehenden technischen Potentiale zur Verbrauchsreduktion zielen, sind damit ein weiterer möglicher Konsensbereich.

Schließlich wird auch in allen Szenarien davon ausgegangen, daß Verbesserungen der Energieeffizienz in der Industrie und im Sektor Kleinverbraucher angestrebt und ein rascher Ausstieg aus der Kohleverstromung erreicht werden müssen.

Konfliktbereiche zeichnen sich bei den Szenario-Annahmen über die Änderung von Verhalten und Nachfrage und die Nutzung von regenerativen Energieträgern oder Kernenergie ab. Wie die Szenarien-Entwürfe gezeigt haben, sind diese beiden Aspekte eng miteinander verbunden:

- Änderungen in Verhalten und Nachfrage oder Verzichte sind gegenüber der Referenz-Entwicklung nicht erforderlich, wenn eine Ausweitung der Kernenergienutzung zugelassen wird, bzw. die Ausweitung der Kernenergienutzung ermöglicht eine Entwicklung von Verhalten und Nachfrage und ein weiteres Wachsen der Ansprüche wie in der Referenz-Entwicklung. Mit der praktisch CO_2-freien Stromerzeugung aus Kernenergie können hier die mit dem Anwachsen der Nachfrage verbundenen Mehremissionen an CO_2 kompensiert werden (Szenario B).
- Änderungen in Verhalten und Nachfrage oder Verzichte sind gegenüber der Referenz-Entwicklung erforderlich, wenn auf die Nutzung der Kernenergie mittel- oder langfristig verzichtet werden soll, bzw. die Änderungen von Verhalten und Nachfrage oder Verzichte gegenüber der Referenzentwicklung ermöglichen den mittel- oder langfristigen Ausstieg aus der Kernenergienutzung. Im betrachteten Zeitraum bis zum Jahr 2020 können CO_2-freie regenerative Energieträger nicht in ausreichend großem Umfang bereitgestellt werden, um ein Anwachsen der Nachfrage wie in der Referenz-Entwicklung bei gleichzeitigem Einhalten der Zielwerte für die Reduktion der CO_2-Emissionen befriedigen zu können (Szenario C und Szenario D).

Aus der Perspektive des Leitbildes *Techniknutzung* sind daher alle Veränderungen in den Szenarien C und D, die auf die Kombination von Verhaltens- oder Nachfrageänderungen mit der verstärkten Nutzung regenerativer Energiequellen zielen, als unerwünscht und negativ zu beurteilen, mindestens aber als überflüssig einzustufen. Entsprechend sind aus der Perspektive des Leitbildes *Neue Lebensstile* der Ausbau der Kernenergienutzung und das damit mögliche weitere Anwachsen der Ansprüche an Energiedienstleistungen und Konsum in Szenario B als negative Folgen dieser Entwicklung zu bewerten. Die Beurteilung von Kernenergienutzung und Verhaltens- bzw. Nachfrageänderungen folgt aus der Sicht des Leitbildes *Ressourcenschonung* weitgehend der des Leitbildes *Neue Lebensstile.*

Vor dem Hintergrund des Leitbildes **Techniknutzung** beschreibt das Szenario B eine Entwicklung, die auf eine breite Technikanwendung setzt und die Ausgrenzung einzelner Techniken wie der Kernenergie vermeidet, die sich an den Kriterien der Wirtschaftlichkeit orientiert, die so ein innovationsfreudiges Wirtschaftsklima schafft, das die Wettbewerbsposition der Industrie in Baden-

Württemberg stärkt, die internationalen Wirtschaftsverflechtung fördert und damit der Einbindung in die internationale Staatengemeinschaft dient.

Aus dieser Perspektive haben die Szenarien C und D insbesondere die Nachteile:

- daß zwar der Einsatz fossiler Energieträger im Vergleich zur Referenz-Entwicklung insgesamt in etwa dem gleichen Ausmaß wie im Szenario B verringert wird, daß dies aber mit einer im Vergleich zu Szenario A langfristig gleichbleibenden bzw. geringfügig steigenden Nutzung von Erdgas verbunden ist, was im Hinblick auf Energiekosten und Versorgungssicherheit langfristig zu Problemen führen kann;
- daß die über den Kauf und die Nutzung kleinerer Fahrzeuge erreichte stärkere Absenkung des Kraftstoffverbrauchs in der Flotte der Neufahrzeuge außerhalb Deutschlands vermutlich nicht zu erzielen ist und damit eine Abkopplung von der weltweiten und europäischen Fahrzeugentwicklung und eine Schwächung der Wettbewerbsposition der deutschen bzw. baden-württembergischen Automobilindustrie bedeuten würde, und
- daß durch den verstärkten bzw. forcierten Ausbau der regenerativen Energieträger Techniken bevorzugt gefördert werden, die mittelfristig international kaum wettbewerbsfähig sein können, und daß so volkswirtschaftliche Ressourcen in Bereichen eingesetzt werden, die nicht zur Stärkung der internationalen Wettbewerbsfähigkeit der Industrie in Baden-Württemberg, zur Stärkung des Wirtschaftsstandorts Deutschland und damit nicht zur Sicherung des erreichten Wohlstandsniveaus beitragen.

Für das Szenario D kommt noch hinzu,

- daß die entsprechend dem Leitbild *Neue Lebensstile* vorgesehene rasche Umsetzung von Veränderungen im Verhalten und bei der Nachfrage nach Energiedienstleistungen und Gütern außerhalb Deutschlands kaum zu erreichen sein wird, und daß so eine Entwicklung wie in Szenario D das Einschlagen eines deutschen Sonderweges bedeuten würde, der die Entwicklung in Deutschland von der – vor allem – der vergleichbaren europäischen Partner entkoppelt, damit zu Problemen bei der europäischen Integration und möglicherweise zu internationalen Spannungen führt.

Vor dem Hintergrund des Leitbildes **Ressourcenschonung** beschreibt das Szenario C eine Entwicklung, die durch die verstärkte Nutzung regenerativer Energien eine zügige Ausweitung bzw. breite Anwendung dieser längerfristig ohnehin unverzichtbaren Techniken bis zum Jahr 2020 erreicht, die auf bewußte Technikanwendung vor allem in den Bereichen setzt, in denen innovative Technik zur Verringerung von Energieverbrauch und CO_2-Emissionen beitragen kann, die für alle diese Technikbereiche ein innovationsfreudiges Wirtschaftsklima schafft und so die Wettbewerbsfähigkeit der Industrie in Baden-Württemberg stärkt, die außerdem einerseits durch den geplanten langfristigen

Ausstieg die Konflikte um die Kernenergie mildert und andererseits einen unwirtschaftlich schnellen Ausstieg aus der Kernenergie vermeidet, die die langfristig notwendigen Veränderungen in Verhalten und Nachfrage in einer gesellschaftlich akzeptablen Weise langsam umsetzt, die auf diese Weise Optionen für unterschiedliche Weiterentwicklungen des Energiesystems für längere Zeit offen hält und damit insgesamt in hohem Maße konsensfähig ist.

Aus dieser Perspektive hat das Szenario B insbesondere die Nachteile,

- daß durch den verstärkten Ausbau der Kernenergienutzung die vorhandenen gesellschaftlichen Konflikte verstärkt und die mit der Kernenergienutzung verbundenen Gefährdungen vergrößert werden, und daß mit der Kernenergie auch langfristig auf nicht erneuerbare Energieträger gesetzt wird, und
- daß die Befriedigung auch weiterhin wachsender Ansprüche an Dienstleistungen und Güter ein künftig möglicherweise erforderliches Umsteuern bei Verhalten und Konsum behindert oder blockiert.

Szenario D hat vor allem die Nachteile,

- daß die großen und rasch umzusetzenden Verhaltensänderungen auf dem Weg zu *Neuen Lebensstilen* zum Polarisieren der Gesellschaft und damit zum Aufbau neuer Konfliktfelder führen, und
- daß die so eingeleiteten Entwicklungen ein künftig vielleicht erforderliches Umsteuern zu einem verstärkten Technikeinsatz behindern oder blockieren.

Vor dem Hintergrund des Leitbildes **Neue Lebensstile** beschreibt das Szenario D eine Entwicklung, die durch die verstärkte Nutzung regenerativer Energien eine zügige Ausweitung bzw. breite Anwendung dieser längerfristig unverzichtbaren Techniken bis zum Jahr 2020 erreicht, die auf bewußte Technikanwendung vor allem in den Bereichen setzt, in denen innovative Technik zur Verringerung von Energieverbrauch und CO_2-Emissionen beitragen kann, die für diese Technikbereiche ein innovationsfreudiges Wirtschaftsklima schafft und so die Wettbewerbsfähigkeit der Industrie in Baden-Württemberg stärkt, die außerdem durch den geplanten raschen Ausstieg aus der Kernenergienutzung die damit verbundenen Gefährdungen deutlich vermindert, und die durch die vorgesehenen Änderungen im Verhaltens und bei der Nachfrage eine Entwicklung einleitet, die unumkehrbar zu den künftig zwingend erforderlichen veränderten Lebensstilen und Verhaltensweisen hinführt.

Aus dieser Perspektive hat das Szenario B – ähnlich wie aus der Perspektive *Ressourcenschonung* – insbesondere die Nachteile,

- daß durch den verstärkten Ausbau der Kernenergienutzung die vorhandenen gesellschaftlichen Konflikte verstärkt und die mit der Kernenergienutzung verbundenen Gefährdungen stark vergrößert werden, und daß mit der Kernenergie auch langfristig auf nicht erneuerbare Energieträger gesetzt wird, und

- daß die Befriedigung auch weiterhin wachsender Ansprüche an Dienstleistungen und Güter das künftig zwingend erforderliche Umsteuern bei Verhalten und Konsum behindert oder blockiert.

Das Szenario C hat vor allem die Nachteile,

- daß durch die verlängerte Nutzung der Kernenergie die damit verbundenen Gefahren unnötig ausgeweitet werden, und
- daß die im Hinblick auf die Zukunft zwingend notwendigen Verhaltensänderungen nur halbherzig und nicht konsequent genug angestrebt werden.

Die skizzierten Bewertungen spiegeln die Annahmen wider, die über die Einstellungen der gesellschaftlichen Gruppen getroffen wurden, die den Leitbildern gedanklich zugeordnet werden können. Sie sind damit einerseits eine Verdeutlichung der Leitbilder selbst und andererseits der Versuch, häufige, in der öffentlichen Diskussion vorgetragene Argumente mit den idealtypischen Leitbildern zu verknüpfen. In dieser Darstellung werden dann – wie in der energiepolitischen Debatte – bei der Beurteilungen der Folgen der verschieden Szenarien aus der Perspektive der unterschiedlichen Leitbilder jeweils spezielle Aspekte in den Vordergrund gerückt: z.B. die Gefährdung der Wettbewerbsfähigkeit, die Notwendigkeit von Verhaltensänderungen, das Erfordernis des Einsatzes regenerativer Energieträger oder die Unverzichtbarkeit der Kernenergie. Die enge Verbindung von Verhalten und Nachfrage sowie dem daraus erwachsenden Energiebedarf auf der einen Seite und den Möglichkeiten zur Deckung dieses Bedarfs bei den vorgegebenen Minderungszielen für die CO_2-Emissionen auf der anderen Seite wird häufig nicht thematisiert.

Die Entwicklung der Szenarien B bis D hat bei den gesetzten Reduktionszielen und für den betrachteten Zeitraum bis zum Jahr 2020 im Ergebnis aber gerade diese Verküpfung deutlich gemacht: im Vergleich zur Referenz-Entwicklung zurückgehende Ansprüche machen es möglich, den Energiebedarf durch Erdgas, Öl und Regenerative zu decken (Szenario D), weiterhin wachsende Ansprüche erfordern dagegen den Ausbau der Kernenergie (Szenario B). Vor dem Hintergrund dieser Ergebnisse wäre es wünschenswert, wenn diese Zusammenhänge auch in der gesellschaftlichen Diskussion stärker in den Vordergrund gerückt würden, und wenn sich die öffentliche Debatte zunehmend von der isolierten Betrachtung einzelner Techniken lösen und der integralen Bewertung von Verhalten, Nachfrage nach Energiedienstleistungen und Gütern, dem daraus folgenden Energiebedarf und den Möglichkeiten zu seiner Deckung im Gesamtzusammenhang konsistenter Energiesysteme zuwenden könnte.

6.2 Auswirkung der Szenarien auf Wirtschaft und Umwelt

Die Arbeiten der zweiten Phase des Projektes *Klimaverträgliche Energieversorgung in Baden-Württemberg*, über die der vorliegende Band berichtet, waren im Schwerpunkt darauf gerichtet, die Leitbilder und darauf aufbauende Szenarien künftig möglicher Energiesysteme zu entwickeln. Mit dieser Zielsetzung und im gegebenen Zeit- und Kostenrahmen war es nicht möglich, wirtschaftliche Konsequenzen der mit den Szenarien verbundenen Entwicklungspfade oder die Auswirkungen der beschriebenen Energiesystem auf die Umwelt umfassend zu untersuchen. Diese Auswirkungen wurden von den Beteiligten mit bedacht und sind in den getroffenen Annahmen für die einzelnen Szenarien implizit enthalten: z.B. fußen die Annahmen über die möglichen Verbesserungen des spezifischen Kraftstoffverbrauchs der Pkw nicht nur auf technischen Potentialen, sondern ganz wesentlich auf Einschätzungen über das wirtschaftlich Machbare; der jeweils vorgesehene Ausbau der regenerativen Energieträger berücksichtigt Kostendifferenzen und zu erwartende Marktentwicklungen oder die Ausweitung der Wasserkraftnutzung wird durch Naturschutzbelange begrenzt. Es war aber nicht möglich, diese impliziten und auf Experteneinschätzung beruhenden Annahmen, im Nachhinein systematisch zu überprüfen und zu einer schlüssigen Gesamtaussage zusammenzufassen, zumal dies eine Erweiterung des Kreises der Beteiligten und das Hinzuziehen zusätzlicher Fachkompetenz bedeutet hätte.

Die Frage nach den **wirtschaftlichen Auswirkungen** derartiger Szenarien läßt sich nicht einfach beantworten. Zukunftsbezogene Aussagen über die ökonomischen Konsequenzen einer Entwicklung, die zu dem jeweiligen Szenario hinführt, hängen – wie die Diskussionen um die wirtschaftlichen Auswirkungen der Szenarien der Enquête-Kommission zeigen[2] – von einer Vielzahl zu treffender Annahmen, von den verwendeten methodischen Ansätzen und nicht zuletzt von den zugrunde gelegten wirtschaftstheoretischen Sichtweisen ab. Dies gilt insbesondere dann, wenn solche Szenarien zu unterschiedlichen, stark veränderten Wirtschafts- und Produktionsstrukturen mit sinkender Güterproduktion hinführen.

Eine Umgestaltung des Energiesystems führt zu veränderten Kosten der Energiebereitstellung, zumindest jedoch zu anderen Kostenstrukturen, die verschiedenen in den Szenarien vorgesehenen Maßnahmen zur Reduktion der CO_2-Emissionen sind ebenfalls mit Kosten verbunden, und die Strukturveränderungen im Verarbeitenden Gewerbe und im Bereich des Sektors Kleinverbraucher haben volkswirtschaftlichen Auswirkungen. Die konsistente Abschätzung dieser Wirkungen würde voraussetzen, daß die Energieszenarien um volkswirtschaftliche Szenarien ergänzt werden, die die entworfenen Energiewelten in eine ge-

---

[2] Enquête-Kommission „Schutz der Erdatmosphäre" des Deutschen Bundestages (Hrsg.): Mehr Zukunft für die Erde – Nachhaltige Energiepolitik für dauerhaften Klimaschutz. Economica-Verlag, Bonn 1995, S. B/901 ff.

samtwirtschaftliche Betrachtung einbetten. Derartige Szenarien konnten im Rahmen dieses Projektes nicht erarbeitet werden.

Um dennoch zu einer – wenn auch unvollständigen – Abschätzung der ökonomischen Wirkungen der Szenarien zu gelangen, wurden mit Hilfe des für die Szenario-Rechnungen verwendeten Modells[3] die direkten, kumulierten Differenzkosten zur Referenz-Entwicklung für das Zeitintervall von 1990 bis 2020 betrachtet. Diese Differenzkosten berücksichtigen die folgenden Kostenwirkungen:

- die Mehrkosten durch den verstärkten Einsatz energiesparender Techniken (z.B. im Bereich der Hausdämmung) und die Zusatzkosten durch den Kauf sparsamerer Geräte und Fahrzeuge,
- die Mehrkosten, die beim Übergang zu Energieträgern oder Energieerzeugungstechniken mit verringerter CO_2-Emission entstehen,
- die Mehrkosten durch vorzeitige Außerbetriebnahme nicht abgeschriebener Anlagen und
- die Minderkosten durch eingesparten Energiebedarf bzw. Energieträgerbezug.

Nicht enthalten sind die Kosten für Fördermaßnahmen oder Subventionen, die zur Umsetzung der Szenarioannahmen erforderlich sein können.

Die Ergebnisse dieser Abschätzung deuten darauf hin, daß sich die Szenarien B bis D im Vergleich zur Referenz-Entwicklung tendenziell kostenneutral verhalten. Die eingesparten Energiekosten gleichen die Mehrkosten für Einspartechniken im wesentlichen größenordnungsmäßig aus. Zwischen den Szenarien bestehen dabei aber graduelle Unterschiede: so liegen die Kosten des Szenarios D, z.B. wegen der dort in größerem Umfang eingesetzten, verhältnismäßig kostenaufwendigen Techniken wie der photovoltaische Stromerzeugung, etwas höher als in den anderen Szenarien. Bei der Interpretation dieser Ergebnisse ist zu beachten, daß auch in Szenario D die photovoltaische Stromerzeugung nur einen kleinen Beitrag zur Deckung des Primärenergiebedarfs liefert (Abb. 5.3.3) und daß hier der gesamte Energiebedarf am niedrigsten ist (Abb. 5.3.2). Die direkten monetären Kosten müssen jeweils in Verbindung mit den nichtmonetären Kosten – z.B. den erbrachten Einschränkungen bei der Nachfrage nach Energiedienstleistungen und Gütern – gesehen werden.

Weitere Abschätzungen deuten darauf hin, daß die hier nicht erfaßten indirekten Kosteneffekte – wie der Rückgang der Güterproduktion, die Änderung von Infrastrukturanforderungen im Verkehrsbereich oder der Wegfall von Käufen und deren volkswirtschaftliche Auswirkungen – eine erheblich größere Bedeutung haben als die direkten Kosten im Energiesystem. Eine vollständige Kostenbetrachtung muß daher weit über den engeren Bereich des Energiesy-

---

[3] Szenariorechnungen für das Projekt *Klimaverträgliche Energieversorgung in Baden-Württemberg*, IER, Universität Stuttgart, unveröffentlicht, 1995

stems hinausreichen und die gesamtwirtschaftlichen Zusammenhänge mit erfassen.

Eine detaillierte Untersuchung der **Umweltauswirkungen** der verschiedenen Energiesysteme war im Rahmen der zweiten Phase des Projektes ebenfalls nicht durchführbar, so daß nur einige qualitative Hinweise möglich sind. Betrachtet man die Veränderungen, die sich in den Szenarien B bis D gegenüber der Referenz-Entwicklung ergeben können, dann sind Unterschiede in den Umweltwirkungen vor allem aus der unterschiedlichen Höhe des gesamten Energiebedarfs, aus der unterschiedlichen Nutzung von Straßenfahrzeugen und aus den verschiedenen Versorgungsstrukturen im Umwandlungssektor denkbar.

Die Szenarien B bis D verringern den Bedarf an den nicht-erneuerbaren fossilen Energieträgern in etwa der gleichen Weise und führen zu einem weitgehenden Ausstieg aus der Kohlenutzung. Im Groben führt dies zu einer vergleichbaren Verringerung des Ressourcenverbrauchs für die fossilen Energieträger in allen diesen Szenarien gegenüber der Referenz-Entwicklung. Die nicht-regenerativen nuklearen Energieträger werden allerdings in Szenario B zunehmend in Anspruch genommen; während sie in den Szenarien C und D mittel- bis langfristig nicht mehr als Energieträger und damit nicht mehr als nutzbare Ressource betrachtet werden.

Im Straßenverkehr bleiben die Kraftstoffverbräuche im Szenario B auf etwa dem heutigen Niveau, in den Szenarien C und D nehmen sie ab. Alle Szenarien führen damit zu einer Verbesserung gegenüber der Referenz-Entwicklung; die Schadstoffemissionen – vor allem die NO_x-Emissionen – verringern sich in den Szenarien in der Rangfolge von B bis D zunehmend.

Im Umwandlungsbereich ergeben sich unterschiedliche Umweltwirkungen vor allem aus den verschiedenen Anteilen der Kernenergie und der regenerativen Energieträger an der Energieerzeugung.

Große Gefahren für Umwelt oder Gesundheit sind aus der Nutzung regenerativer Energieträger kaum zu erwarten. Risiken können hier vor allem von einzelnen, beim Bau der Anlagen verwendeten Stoffe ausgehen; man wird jedoch davon ausgehen können, daß diese Risiken durch geeignete Maßnahmen auf einem vertretbaren Niveau gehalten werden können.

Die Gefahren, die aus der Entsorgung von Kernbrennstoffen erwachsen können, sind in allen Szenarien im betrachteten Zeitraum vergleichbar. Im Szenario D sind sie kurzfristig tendenziell höher als in den beiden anderen, da hier durch den beschleunigten Ausstieg aus der Kernenergienutzung der größte Bedarf an Entsorgungskapazität entsteht, sowohl für die abgebrannten Brennelemente als auch für die Beseitigung der stillzulegenden Reaktoranlagen.

Die Risiken, die mit der Nutzung von Kernenergie verknüpft werden können, sind in Szenario B am höchsten und wachsen hier im Zeitablauf an, wenn keine neuen Reaktortypen zur Anwendung gelangen, die eine grundsätzliche Verbesserungen der Sicherheitsaspekte mit sich bringen. In den beiden anderen Szenarien nehmen sie im Zeitablauf entsprechend dem vorgesehenen Ausstieg aus der Kernenergienutzung ab.

In Szenario B entsteht wegen des Ausbaus der Stromerzeugung ein im Vergleich mit den Szenarien C und D höherer Kühlwasserbedarf.

Generell ist davon auszugehen, daß in den Szenarien B bis D Umweltwirkungen – auch anderer Art als in Szenario A – auftreten, die jeweils beachtet werden müssen und durch geeignete Maßnahmen möglichst gering zu halten sind, daß die Szenarien B bis D durch die erreichten Energieeinsparungen aber insgesamt zu einer tendenziellen Verbesserung gegenüber der Referenz-Entwicklung führen.

6.3 Erforderliche Maßnahmen zur Realisierung der Szenarien

Beim Entwurf der Szenarien wurde davon ausgegangen, daß die Referenz-Entwicklung (Szenario A) einen Pfad in die Zukunft charakterisiert, der sich einstellt, wenn die heute erkennbaren Trends fortgeschrieben werden und sich die Eingriffe in das Energiesystem im Rahmen des bisher Üblichen bewegen. Um die künftige Entwicklung aus dem Pfad, der zum Szenario A führt, in die Richtung der alternativen Szenarien B bis D umzulenken, sind dann zusätzliche oder besondere Maßnahmen erforderlich.

Diese Maßnahmen müssen dazu führen, daß die in den Abschnitten 4.2 bis 4.4 beschriebenen Veränderungen der Szenarien B bis D gegenüber der Referenz-Entwicklung eintreten; sie sind aber nicht eindeutig aus diesen Zielen ableitbar. Eine Verbesserung der Energieeffizienz von Haushaltsgeräten ließe sich durch zweckmäßig ausgestaltete freiwillige Vereinbarungen der Hersteller und Importeure erzielen, sie könnte durch Verbrauchsvorschriften erzwungen oder durch steigende Energiepreise und dadurch ausgelöste Anreize zum Kauf energiesparsamerer Geräte angestrebt werden, und sie kann auch durch Kombination aller dieser Maßnahmen zu erreichen versucht werden. Die Ausgestaltung der Maßnahmen oder Maßnahmenbündel, die für das Erreichen bestimmter Zielsetzungen für notwendig erachtet wird, hängt von den gegebenen politischen, gesellschaftlichen und wirtschaftlichen Rahmenbedingungen und den Einschätzungen der Akteure über die Wirksamkeit oder Durchsetzbarkeit der einzelnen Instrumente unter diesen Bedingungen ab. Maßnahmen, die im Rahmen des im Land gegebenen Handlungsspielraums umgesetzt werden können, werden auf Landesebene eher zum Einsatz kommen als solche, die nur unter Einschaltung des Bundes oder Europäischen Union realisiert werden können, und Maßnahmen, bei denen große öffentliche Akzeptanz erwartet werden kann, werden denen vorgezogen werden, bei denen Widerstände der Betroffenen zu befürchten sind. Zudem werden die Präferenzen für bestimmte Maßnahmentypen – Vorschrift, Steuer, marktwirtschaftliche Instrumente – von individuellen Erfahrungen und Einstellungen und politischen Positionen beeinflußt. Die Auswahl der „richtigen" Maßnahmen zum Erreichen der in den Szenario-Beschreibungen enthaltenen Ziele hängt daher von zahlreichen Bewertungen ab und ist in allgemein gültiger Form nicht möglich. Die Maßnahmenbündel, die zur Realisierung der einzelnen Szenarien nötig wären, ließen sich so von den am Projekt Beteiligten, die Eingriffe in das Energiesystem selbst ja nicht vornehmen können, nur wieder in der Form alternativer Maßnahmen-Szenarien entwickeln und darstellen. Die einzelnen Maßnahmen selbst müßten dazu ausreichend detailliert beschrieben sein, um deren Wirksamkeit zuverlässig abschätzen zu können. Derartige – im notwendigen Umfang detaillierte – Maßnahmen-Szenarien konnten im Rahmen des Projektes nicht erarbeitet werden.

Trotzdem lassen sich aus den erforderlichen Veränderungen, die in den Szenarien B bis D gegenüber der Referenz-Entwicklung erreicht werden müssen, Hinweise auf die Chancen oder Probleme ableiten, die für die Realisierung der einzelnen Szenarien gegeben bzw. mit deren Umsetzung verbunden sind

Vergleichsweise geringe Widerstände sind bei der Umsetzung von Maßnahmen zu erwarten, die zu den Veränderungen der Referenz-Entwicklung führen, die in allen Szenarien B bis D als erstrebenswert enthalten und in Tabelle 6.1.1 als mögliche Konsensbereiche markiert sind. Zu diesen Veränderungen gehören vor allem:

daß im **Sektor Haushalte**

- der Bedarf an Raumwärme durch einen deutlich verbesserten Neubaustandard, durch eine beschleunigte wärmeschutzorientierte Altbausanierung und durch Modernisierung der Heizungstechnik trotz wachsender Bevölkerung gesenkt wird,
- der Anteil des Heizöls an der Raumwärmegewinnung zurückgeführt und Heizöl zunehmend durch kohlenstoffarme Energieträger bzw. -formen ersetzt wird,
- bei den Haushaltsgeräten verstärkt technische Verbesserungen erreicht werden (auch wenn deren Beitrag zur Reduktion der CO_2-Emissionen nur klein ist);

daß im Sektor **Industrie**

- die autonome Entwicklung zur Senkung der spezifischen Strom- und Brennstoffverbräuche verstärkt wird,
- kohlenstoffreiche Brennstoffe verstärkt durch kohlenstoffarme Energieträger bzw. -formen ersetzt werden;

daß im Sektor **Kleinverbraucher**

- der Bedarf an Raumwärme durch einen deutlich verbesserten Neubaustandard, durch eine beschleunigte wärmeschutzorientierte Altbausanierung und durch Modernisierung der Heizungstechnik gesenkt wird,
- der Anteil des Heizöls zurückgeführt und Heizöl zunehmend durch kohlenstoffarme Energieträger bzw. -formen ersetzt und der Prozeßenergiebedarf der prozeßenergieintensiven Branchen gesenkt werden;

daß im Sektor **Verkehr**

- die spezifischen Fahrzeugverbräuche, insbesondere im Straßenverkehr, unter weitgehender Ausnutzung der technisch gegebenen Potentiale schneller als in der Referenz-Entwicklung gesenkt werden;

daß im Sektor **Umwandlung**

- die Kohleverstromung bis zum Jahr 2005 deutlich eingeschränkt und danach weiter reduziert wird,
- das Problem der Entsorgung und Endlagerung nuklearer Abfälle gelöst wird.

Um diese Veränderungen gegenüber dem Szenario A zu erreichen, sind sehr unterschiedliche Maßnahmen denkbar, die je nach Präferenz der Akteure eher marktorientiert oder eher ordnungspolitisch ausgerichtet sein können. Bestandteile derartiger Maßnahmen (s. dazu auch Kapitel 7.3) könnten z.B. sein:

- verbesserte Information der Öffentlichkeit und Schaffung von Informationsmöglichkeiten und Beratungskapazitäten,
- Vorbildfunktion der öffentlichen Hand bei Beschaffungen und Bauten,
- freiwillige Vereinbarungen von Herstellern und Importeuren zur Senkung des Energieverbrauchs von Geräten und Fahrzeugen,
- Anhebung der Energiepreise und zweckmäßige Gestaltung der Strom- und Gastarife,
- Novellierung der Wärmeschutzverordnung,
- Verbrauchsvorschriften für Geräte und Kraftfahrzeuge,
- Subventionen und steuerliche Anreize für energiesparende Investitionen,
- Subventionen und steuerliche Anreize zur Substitution kohlenstoffreicher Brennstoffe in der Wärmeerzeugung,
- Vereinbarungen zur Reduktion des Kohleeinsatzes in der Stromerzeugung und Förderung der Umrüstung von Kohlekraftwerken.

Probleme bei der Umsetzung von Maßnahmen, die zu den Änderungen führen, die in allen Szenarien B bis D als erstrebenswert anzusehen sind, könnten sich daraus ergeben, daß die Verbesserungen beim Wärmeschutz im Wohnungsbereich im erwünschten Umfang nicht ohne öffentliche finanzielle Stützung zu erreichen sein werden, und daß die Effizienzverbesserungen bei Kraftfahrzeugen und auch Geräten ein abgestimmtes Vorgehen im europäischen Rahmen erfordern.

Diese für alle Szenarien B bis D anzustrebenden Veränderungen gegenüber der Referenz-Entwicklung reichen jedoch nicht aus, um die Reduktionsziele in den Szenarien zu erreichen. Dazu sind weitere Maßnahmen nötig, die den in Kapitel 6.1 beschriebenen Konfliktbereichen zuzuordnen sind.

In **Szenario B** muß zusätzlich erreicht werden, daß Kernkraftwerke am Ende ihrer Lebensdauer ersetzt und zusätzliche Kernkraftwerke, eines bereits im Zeitraum bis zum Jahr 2005, errichtet werden.

Bestandteil der erforderlichen Maßnahmen zur Realisierung dieses Szenarios müßte es dann vor allem sein:

- Standorte für neue Kernkraftwerke festzulegen und das Genehmigungsverfahren für ein erstes Kraftwerk durchzuführen.

Vor dem Hintergrund der gegenwärtigen öffentlichen Diskussion um die Nutzung der Kernenergie ergeben sich daraus die wesentlichen Probleme, die mit der Realisierung von Szenario B verbunden sind.

In **Szenario C** muß – wenn man von Veränderungen absieht, die nur einen unwesentlichen Beitrag zur Reduktion der CO_2-Emissionen liefern – zusätzlich vor allem erreicht werden:

daß im Sektor **Verkehr**
- künftig kleinere Fahrzeuge gekauft werden, so daß sich die Größenverteilung der Neufahrzeuge zu moderat kleineren Fahrzeugen hin verändert,
- der modal-split – insbesondere im Personenverkehr – moderat zugunsten der öffentlichen Verkehrsmittel, des Mitfahrens und (bei Kurzstrecken) zugunsten des nichtmotorisierten Verkehrs verändert wird,
- die gesamten Fahrleistungen im motorisierten Individualverkehr etwa auf dem heutigen Niveau verharren;

daß im Sektor **Umwandlung**
- ausgelaufene Kernkraftanlagen nicht durch neue Kernenergieanlagen oder Kohlekraftwerke ersetzt werden, sondern daß die entstehende Deckungslücke durch Erdgasverstromung und nach und nach durch erhebliche Anteile aus regenerativen Energiequellen (Biomassenutzung in KWK-Anlagen, Ausbau der Wasserkraft, Photovoltaik, u.a.) geschlossen wird,
- die Erdgasverstromung unter Einsatz hocheffizienter Technik (GuD-Kraftwerken) erfolgt,
- die zentrale und dezentrale Kraft-Wärme-Kopplung mit fossilen und regenerativen Einsatzstoffen deutlich ausgebaut wird.

Auch hier sind sehr unterschiedliche Maßnahmen denkbar, um diese Veränderungen gegenüber dem Szenario A zu erreichen; Bestandteile derartiger Maßnahmen (s. dazu auch Kapitel 7.3) könnten z.B. sein:

- erweiterte Förderung von Radverkehr und ÖPNV,
- Behinderung der Pkw-Nutzung vor allem im Nahbereich,
- Verteuerung der Pkw-Nutzung im Nah- wie im Fernbereich,
- Verbrauchsvorschriften für Kraftfahrzeuge,
- Förderprogramme zum Ausbau der Nutzung von Biomasse, solarer Wärme, Windenergie, Photovoltaik und Wasserstoff,
- Subventionen und Finanzhilfen für die Nutzung regenerativer Energieträger,

- finanzielle Hilfen und Vorschriften zum verstärkten Aufbau von Nah- und Fernwärmeversorgungsnetzen,
- Förderung der Umrüstung von Kohlekraftwerken.

Probleme bei der Realisierung von Szenario C sind vor allem bei der Finanzierung der Maßnahmen zur Förderung öffentlicher Verkehrsmittel, zur Ausweitung der Nutzung regenerativer Energiequellen und zur Umstrukturierung des Umwandlungsbereichs zu erwarten. Zusätzlich können gesellschaftliche Akzeptanzprobleme aus der zunehmenden Behinderung und Erschwerung der Pkw-Nutzung erwachsen.

In **Szenario D** muß – wenn man auch hier von Veränderungen absieht, die nur einen unwesentlichen Beitrag zur Reduktion der CO_2-Emissionen liefern – zusätzlich vor allem erreicht werden:

daß im Sektor **Verkehr**

- künftig kleinere Fahrzeuge gekauft werden, so daß sich die Größenverteilung der Neufahrzeuge zu moderat kleineren Fahrzeugen hin verändert,
- der modal-split – insbesondere im Personenverkehr – stark zugunsten der öffentlichen Verkehrsmittel, des Mitfahrens und (bei Kurzstrecken) zugunsten des nichtmotorisierten Verkehrs verändert wird,
- sich die gesamten Fahrleistungen im motorisierten Individualverkehr gegenüber dem heutigen Niveau merklich verringern;

daß im Sektor **Umwandlung**

- die bestehenden Kernkraftanlagen sukzessive abgeschaltet und nicht durch neue Kernenergieanlagen oder Kohlekraftwerke ersetzt werden, sondern daß die entstehende Deckungslücke durch Erdgasverstromung und nach und nach durch erhebliche Anteile aus regenerativen Energiequellen (Biomassenutzung in KWK-Anlagen, Ausbau der Wasserkraft, Photovoltaik, u.a.) geschlossen wird,
- die Erdgasverstromung unter Einsatz hocheffizienter Technik (GuD-Kraftwerken) erfolgt,
- die zentrale und dezentrale Kraft-Wärme-Kopplung mit fossilen und regenerativen Einsatzstoffen deutlich ausgebaut wird.

Um diese Veränderungen gegenüber dem Szenario A zu erreichen, sind hier im wesentlichen die gleichen Maßnahmen – wenn auch mit größerer Eingriffstiefe – wie in Szenario C erforderlich. Bestandteile derartiger Maßnahmen (s. dazu auch Kapitel 7.3) könnten dementsprechend z.B. ebenfalls sein:

- erweiterte Förderung von Radverkehr und ÖPNV,
- Behinderung der Pkw-Nutzung vor allem im Nahbereich,
- Verteuerung der Pkw-Nutzung im Nah- wie im Fernbereich,
- Verbrauchsvorschriften für Kraftfahrzeuge,

- Förderprogramme zum Ausbau der Nutzung von Biomasse, solarer Wärme, Windenergie und Photovoltaik,
- Subventionen und Finanzhilfen für die Nutzung regenerativer Energieträger,
- finanzielle Hilfen und Vorschriften zum verstärkten Aufbau von Nah- und Fernwärmeversorgungsnetzen,
- Förderung der Umrüstung von Kohlekraftwerken.

Auch die Probleme bei der Realisierung von Szenario D sind in der gleichen Richtung wie in Szenario C zu erwarten: bei der Finanzierung der Maßnahmen zur Förderung öffentlicher Verkehrsmittel, zur Ausweitung der Nutzung regenerativer Energiequellen und zur Umstrukturierung des Umwandlungsbereichs und bei der gesellschaftlichen Akzeptanz durch die noch verstärkte Behinderung und Erschwerung der Pkw-Nutzung sowie durch die verstärkte Inanspruchnahme naturnaher Flächen mit dem Ausbau der Wind-, Wasser- und Sonnenenergienutzung.

6.4 Empfehlungen

Das Projekt *Klimaverträgliche Energieversorgung in Baden-Württemberg* hatte nicht das Ziel, zu Empfehlungen für das künftige Vorgehen bei der Entwicklung des „richtigen" Energiesystems der Zukunft zu gelangen. Der leitbildorientierte Ansatz bei der Szenarien-Entwicklung geht vielmehr ausdrücklich davon aus, daß es den einzigen „richtigen" Entwicklungspfad in die Zukunft nicht gibt, bzw. daß dieser im gesellschaftlichen Diskussionsprozeß gefunden werden werden muß. Die Ergebnisse des Szenario-Prozesse sollen verdeutlichen, welche Bedingungen und Folgen an einzelne Entwicklungspfade geknüpft sind und damit einen Beitrag zu dieser gesellschaftlichen Diskussion liefern.

Mit Hilfe der im Projekt entwickelten Szenarien sollte untersucht werden, ob das Erreichen der politisch gesetzten Reduktionsziele für die CO_2-Emissionen mit bestimmten Verhaltensweisen und einem einzigen Zukunftsbild des Gesellschaftssystem notwendig verbunden ist, oder ob diese CO_2-Reduktionen auch unter verschiedenen Annahmen über die Zukunft des Wirtschafts- und Gesellschaftssystem verwirklicht werden können. Die Ergebnisse haben gezeigt, daß sich die vergleichsweise großen CO_2-Reduktionen – 25 % in einem Zeitraum von 10 bis 15 Jahren und 45 % in einem Zeitraum von 25 bis 30 Jahren gegenüber den Werten des Jahres 1987 – auf sehr unterschiedlichen Entwicklungspfaden realisieren lassen, wenn diesen Pfaden konsequent gefolgt wird und die damit verbundenen Veränderungen gegenüber der Referenz-Entwicklung erreicht und durchgesetzt werden können. Eine künftige Gesellschaft, die die heutigen Lebensstile fortschreiben und ihre charakteristischen Verhaltensweisen und Konsumansprüche nicht ändern will (Szenario B), kann das Ziel ebenso erreichen wie eine Gesellschaft, die in Zukunft neue, an ökologischen Kriterien orientierte Lebensstile verbunden mit verringerten Ansprüchen an Konsum und

Energiedienstleistungen verwirklichen will (Szenario D). Allerdings muß die Gesellschaft dann in Szenario B den Ausbau der Kernenergienutzung akzeptieren, während in Szenario D längerfristig auf die Kernenergienutzung verzichtet werden kann.

Die Ergebnisse der Szenarien-Entwicklung haben auch gezeigt, daß unabhängig von den Leitbildern in allen Szenarien eine Reihe von gleichgerichteten Veränderungen vorgesehen oder angestrebt wird. Über Maßnahmen, die sich darauf richten, diese Veränderungen gegenüber der Referenz-Entwicklung zu erreichen, sollte in der gesellschaftlichen Energiedebatte ohne größere Schwierigkeiten ein Konsens herbeizuführen sein.

Die gesellschaftlichen Konfliktfelder liegen – wie durch die Konzeption der Leitbilder angelegt – vor allem in den unterschiedlichen Annahmen zu Verhaltens- und Nachfrageänderungen und zur Kernenergienutzung. Die Ergebnisse der Szenario-Entwicklung haben nun gezeigt, daß beide Komplexe nicht voneinander zu trennen sind und – im hier betrachteten Zeitraum der nächsten rd. 25–30 Jahre – in einem engen wechselseitigen Verhältnis stehen.

Aus der Sicht der Akademie lassen sich daraus zwei generelle Empfehlungen ableiten.

Die Änderungen im heute gegebenen Energieversorgungssystem, die vor dem Hintergrund der betrachteten Leitbilder B bis D als erstrebenswert oder erforderlich angesehen werden können, sollten konsequent angestrebt werden, auch wenn mit deren Umsetzung allein die Reduktionsziele für die CO_2-Emissionen nicht erreicht werden können. Die energiepolitische Debatte sollte sich in diesen Bereichen darauf richten, Maßnahmen konsensual festzulegen und zu in sich schlüssigen Gesamtkonzepten zu bündeln:

Es sollten Maßnahmen eingeleitet oder Initiativen ergriffen werden, um
- den Energiebedarf für die Bereitstellung von Raumwärme zu senken,
- die Energieeffizienz bei Haushaltsgeräten zu verbessern,
- den Kraftstoffverbrauch von Kraftfahrzeugen – vor allem von Pkw – zu verringern,
- die Energieeffizienz in den Sektoren Industrie und Kleinverbraucher zu verbessern und die Substitution kohlenstoffreicher Energieträger durch kohlenstoffarme Energieträger oder Energieformen zu beschleunigen,
- die Kohleverstromung zurückzuführen.

In den Bereichen, die in der Öffentlichkeit kontrovers diskutiert werden, käme es vor dem Hintergrund der Ergebnisse dieses Projektes darauf an, die Verknüpfung von Verhalten, Nachfrage nach Energiedienstleistungen und dem daraus folgenden Energiebedarf auf der einen Seite und den zur Verfügung stehenden bzw. realisierbaren Möglichkeiten zur Deckung dieses Energiebedarfs auf der anderen Seite stärker zu thematisieren. Dazu wäre es erforderlich, weniger technologieorientiert zu diskutieren, nicht nur die Möglichkeiten, Potentiale oder Risiken einzelner Techniken zu betrachten, sondern problemorientiert die Frage nach dem künftig erforderlichen, wünschenswerten oder notwendigen Energiebedarf und die dafür bestehenden Deckungsmöglichkeiten in den Vordergrund zu rücken. Dies setzt eine ganzheitliche Betrachtung von Energieversorgungssystemen – wie in den Szenarien dieses Projekts – voraus und ermöglicht die Bewertung einzelner Techniken oder Veränderungen im wirtschaftlichen Gesamtzusammenhang, wenn die Systembeschreibungen über das hinausgehen, was im Rahmen dieses Projektes für die Szenarien geleistet werden konnte. Eine Diskussion über Energieversorgungssysteme, die Bedarf und Bedarfsdeckung miteinander verknüpft, kann außerdem helfen, die Auswirkung dieser Systeme auf die unterschiedlichen Lebensbereiche deutlich zu machen, und so dazu beitragen, die unterschiedlichen Vorstellungen über die künftig anzustrebenden Energiewelten in der Gesellschaft einander anzunähern und die sich an einzelnen Techniken entzündenden Konflikte zu mildern:

Für die energiepolitische Diskussion sollte erreicht werden,
- daß geplante Änderungen des Energieversorgungssystems im Gesamtzusammenhang von erwarteter oder anzustrebender Nachfrageentwicklung und gegebenen technischen Möglichkeiten beurteilt werden, und
- daß die Auswirkungen auf Wirtschaft, Gesellschaft und Umwelt in diese Beurteilung umfassend einbezogen werden.

Da wirtschaftliche Auswirkungen der Energie-Szenarien im Rahmen des Projektes *Klimaverträgliche Energieversorgung in Baden-Württemberg* nicht untersucht wurden bzw. werden konnten, lassen sich aus den Projektergebnissen auch keine Aussagen oder Empfehlungen zu der in der Öffentlichkeit breit diskutierten Frage der Notwendigkeit oder Zweckmäßigkeit einer allgemeinen Energie- oder CO_2-Steuer ableiten. Diese Frage wurde im Kreis der am Projekt Beteiligten diskutiert, allerdings konnte dazu keine einheitliche Position erreicht werden. Auch auf die Frage, ob zusätzliche Steuern in den einzelnen Szenarien erforderlich sein werden, um die jeweils notwendigen Förderungen und finanziellen Hilfen zu finanzieren, kann nur vor dem Hintergrund einer wirklich umfassenden Folgenabschätzung eine begründbare Antwort versucht werden.

7. Anhang A: Andere Entwürfe und Empfehlungen für künftige Energiesysteme

Im Rahmen der laufenden Diskussion über die Zukunft der Energieversorgung sind immer wieder Szenarien künftiger Energieversorgungssysteme entworfen und veröffentlicht worden, die aber überwiegend in anderen Prozessen und mit anderer Zielsetzung entstanden sind als im Projekt *Klimaverträgliche Energieversorgung in Baden-Württemberg*. Im Vordergrund standen z.B. politische Vorgaben, die Suche nach kostenminimalen Entwicklungspfaden, die Untersuchung gesamtwirtschaftlicher Auswirkungen oder die Möglichkeiten zur Ausweitung oder Einschränkung der Nutzung bestimmter Energieträger. Auch die betrachteten Zeithorizonte sind häufig unterschiedlich und von den in diesem Projekt zugrunde gelegten verschieden. Obwohl also keines dieser anderen Szenarien vollständig den beschriebenen Szenarien B bis D dieses Projektes entspricht, können dennoch einige – zumindest in ihren Ergebnissen – mit den Szenarien in diesem Projekt verglichen werden. Eine vollständige Analyse der publizierten Szenarien konnte allerdings nicht durchgeführt werden, so daß im folgenden nur zwei jüngere Veröffentlichungen betrachtet werden: die Szenarien der Enquête-Kommission 'chutz der Erdatmosphäre' und das Szenario von Greenpeace Deutschland.

In Verbindung mit Szenarien und im Kontext der energiepolitischen Diskussion spielen Empfehlungen für geeignete Maßnahmen zur Erreichung der jeweils gesetzten Ziele eine wichtige Rolle (s. Kapitel 2.1). Als Beispiel für einen detaillierten und umfassenden Maßnahmenkatalog wird daher zusätzlich auf das Klimaschutzkonzept Baden-Württemberg ausführlicher eingegangen, auch wenn diese Maßnahmen nicht als direktes Umsetzungskonzept für die hier untersuchten Szenarien betrachtet werden können.

7.1 Die Szenarien der Enquête-Kommission

Die Enquête-Kommission „Schutz der Erdatmosphäre" des Deutschen Bundestages hat in ihrer Teilstudie C1 eine Reihe von integrierten Gesamtstrategien zur Minderung der energiebedingten Treibhausgasemissionen erarbeiten lassen[1]. Räumlicher Bezug war Gesamtdeutschland mit teilweiser Differenzierung

---

[1] Studiennehmer für die Teilstudie C1 waren das Institut für Energiewirtschaft und Rationelle Energieanwendung (IER) der Universität Stuttgart und das Deutsche Institut für Wirtschaftsforschung (DIW), Berlin

nach alten und neuen Bundesländern und betrachtet wurden die Zeitpunkte 2005 und 2020[2]. Als Rahmendaten für alle Szenarien wurden die Entwicklung der Bevölkerung, der Haushalte und Wohnungen, die Gesamtwirtschaftsentwicklung und der sektoralen Produktion sowie die Preisentwicklung für fossile Energieträger auf den internationalen Märkten vorgegeben.

- Das **Referenzszenario** diente als Vergleichsmaßstab für die Reduktionsszenarien. Es wurde in wesentlichen Punkten durch Vorgaben der Kommission bestimmt und hat nicht den Charakter einer Prognose oder einer Trendentwicklung. Vorgegeben wurden insbesondere der Mindesteinsatz von deutscher Braun- und Steinkohle und eine gleichbleibende Nutzung der Kernenergie. Der Verkehrsbereich wurde kursorisch im Sinne einer Trendentwicklung berücksichtigt.
- **Szenario R1** wurde mit dem Ziel entworfen, die CO_2-Emissionen bis zu Jahr 2005 um 27 % und bis zum im Jahr 2020 um 45 % gegenüber dem Wert von 1987 abzusenken. Dabei wird der Kohleeinsatz gegenüber dem Referenzszenario reduziert und von einer konstanten Nutzung der Kernenergie auf dem heutigen Niveau ausgegangen. Für den Verkehrssektor wird die gleiche Entwicklung wie im Referenzsenario angenommen.
- **Szenario R2** unterscheidet sich von R1 nur durch die unterschiedliche Kernenergiepolitik: hier wird von einem Kernenergieausstieg bis zum Jahr 2005 ausgegangen.
- **Szenario R3** untersucht explorativ die Auswirkungen einer CO_2-/Energiesteuer in Anlehnung an den Vorschlag der EU-Kommission. Eine Reduktionsvorgabe wurde in diesem Fall nicht gemacht. Die Kohlemindestmengen und die Verkehrsentwicklung entsprechen denen der Szenarien R1 und R2. Die Nutzung der Kernenergie wird wie in Szeanrio R1 auf konstantem Niveau fortgeführt.
- **Szenario R4** entspricht R3, geht aber wie R2 von einem Kernenergieausstieg bis zum Jahr 2005 aus.

Weitere Reduktionspotentiale im Sektor Verkehr, für den in den Szenarien R1 bis R4 die Trendentwicklung zugrunde gelegt wurde, wurden in zwei zusätzlichen Szenariovarianten R1V und R2V untersucht. In diesen wurde für den Verkehr angenommen, daß sich die gleichen Gesamt-Verkehrsleistungen wie in der Trendentwicklung ergeben, daß aber Verlagerungen zur Schiene stattfinden und die spezifischen Energieverbräuche im Verkehr gesenkt werden[3].

- **Szenario R1V** entspricht bis auf die Änderungen im Verkehr Szenario R1 (konstante Kernenergienutzung).

---

[2] Enquête-Kommission „Schutz der Erdatmosphäre" des Deutschen Bundestages (Hrsg.): Mehr Zukunft für die Erde. Nachhaltige Energiepolitik für dauerhaften Klimaschutz. Economica-Verlag, Bonn 1995, S. B/737 ff. u. B/786-B/788

[3] a.a.O., S. B/790

- **Szenario R2V** enspricht bis auf die Änderungen im Verkehr Szenario R2 (Kernenergie-Ausstieg bis 2005).

Auch der Einfluß der Energieträger-Importpreise wurde durch Szenariovarianten untersucht:

- **Szenario R1P** geht von einem Einfrieren der Energieträger-Importpreise ab dem Jahr 1995 aus; alle anderen Punkten, einschließlich der Kernenergiepolitik, entsprechendem Szenario R1.
- **Szenario R2P** untersucht die Wirkung eingefrorener Energiepreise unter den Bedingungen des Kernenergieausstiegs entsprechend Szenario R2.

Zusätzlich zu diesen Szenarien der Kommission haben jeweils Gruppen von Kommissionsmitgliedern die Erstellung ergänzender Szenarien beauftragt bzw. die Berücksichtigung bestehender Studien vorgeschlagen.

Für einen Vergleich mit den Szenarien des Projektes *Klimaverträgliche Energieversorgung in Baden-Württemberg* eignen sich in erster Linie die Szenarien R1V und R2V, da diese ebenfalls im Hinblick auf vorgegebene Reduktionsziele für die CO_2-Emissionen entwickelt wurden und den Verkehrssektor in die Reduktionsstrategie mit einbeziehen.

Als Bezug für einen Vergleich des Szenarios R1V, das mit seinen Vorgaben etwa zwischen den Projekt-Szenarien B und C einzuordnen ist, wird Szenario B gewählt. Das Szenario R2V wird nachfolgend mit Projekt-Szenario D verglichen. Der Vergleich wird anhand der Werte für das Jahr 2020 durchgeführt.

Szenario-Daten

Basis der Annahmen der Kommissions-Szenarien zur **Bevölkerungsentwicklung** bilden bis zum Jahr 2010 die Schätzungen der PROGNOS AG; für den Zeitraum 2010 bis 2020 wurde eine plausibel erscheinende Fortschreibung angewendet. Demnach ergeben sich folgende Veränderungen gegenüber 1990:

Szenarien R1V und R2V BRD-ges. 2020	Szenarien A–D Baden-Württemberg 2020
– 0,9 %	+ 8,2 %

Die demographische Situation Baden-Würtembergs unterscheidet sich damit von den Gegebenheiten Gesamtdeutschlands deutlich. Gleiche Reduktionsziele wie für die gesamte Bundesrepublik erfordern in Baden-Württemberg eine zusätzliche Kompensation von ca. 9 % Bevölkerungswachstum, und Reduktionsstrategien, die im Bund zur Erfüllung der Reduktionsziele hinreichen, können unter den Verhältnissen Baden-Württembergs zu einer deutlichen Zielverfehlung führen.

Hinsichtlich der **Wirtschaftsentwicklung**, die den Energieeinsatz in den Sektoren Industrie, Kleinverbraucher und Umwandlung direkt beeinflußt, gelten die folgenden Wachstumsraten des Bruttoinlandsprodukts:

Szenarien R1V und R2V BIP BRD-ges.		Szenarien A–D BIP Baden-Württemberg	
1990–2005	2005–2020	1990–2005	2005–2020
2,5 %/a	2,1 %/a	2,1 %/a	2,0 %/a

Die höheren Wachstumsansätze für den Bund erklären sich aus der erwarteten Entwicklung für die Neuen Bundesländer; für die Alten Bundesländer werden in den Kommissions-Szenarien die gleichen Wachstumsraten wie in den Projekt-Szenarien A-D unterstellt.

Für den **Verkehrsbereich** wurden in Abweichung von der Referenzentwicklung die folgenden Annahmen getroffen:

Durchschnittsverbrauch Pkw im Bestand (l/100 km):

Jahr	Antrieb	BRD-ges R1V und R2V	Baden-Württemberg B	D
1990	Otto-Motor	10,5	9,5	9,5
	Diesel-Motor	8,1	8,5	8,5
2020	Otto-Motor	6,2	5,8	6,2
	Diesel-Motor	4,9	4,7	5,2

Die angesetzten Durchschnittsverbräuche im Pkw-Bestand für die Kommissions-Szenarien, für die keine Verhaltensänderungen (wie der Kauf kleinerer Fahrzeuge in C und D) angenommen werden, haben eine mit den Werten von B und D, vergleichbare Größenordnung.

Modal-split der Personenverkehrsleistungen (motorisierter Verkehr, in %):

Jahr		BRD-ges R1V und R2V	Baden-Württemberg B	D
1990	Pkw	81,6	85,6	85,6
	ÖPNV	10,0	5,1	5,1
	Schiene	6,0	6,5	6,5
	Flugzeug	2,4	2,8	2,8
2020	Pkw	74,0	83,6	68,7
	ÖPNV	12,0	3,7	10,2
	Schiene	12,2	8,2	16,7
	Flugzeug	1,8	4,5	4,4

In den Kommisions-Szenarien wächst dabei die Personenverkehrsleistung von 1990 bis zum Jahr 2020 um rd. 42 % an; im Szenario B wächst sie um 35 % und im Szenario D verringert sie sich um rd. 14 %.

Bein Entwurf der Szenarien B und D werden – wie in Kapitel 4 beschrieben – zahlreiche weitere Größen gesetzt. In den Kommissions-Szenarien werden dagegen die übrigen reduktionswirksamen Änderungen für die anderen Sektoren Haushalte (einschl. Raumwärme), Industrie, Kleinverbraucher und Umwandlung nicht exogen vorgegeben sondern endogen durch das verwendete Optimierungsprogramm unter dem Gesichtspunkt der Kosteneffizienz erzeugt. Dabei werden die Kosten-Potential-Relationen der Studienreihe der Enquête-Kommission verwendet. Verhaltensänderungen oder Verzichtleistungen werden (außer den begrenzten Verhaltensänderungen im Verkehr) nicht angesetzt.

Die Strukur des **Umwandlungsbereiches** wurde in den Kommission-Szenarien R1V und R2V durch die Vorgaben zur Kernenergie- und Kohlenutzung erheblich vorbestimmt: in den Szenarien R1V und R2V wird Kohle mit einer konstanten Mindestmenge entsprechend 1.523 PJ eingesetzt; in R1V wird Kernenergie mit einer konstanten Netto-Engpaßleistung von 22,5 GW_{el} verwendet und in Szenario R2V erfolgt der Ausstieg aus der Kernenergie bis zum Jahr 2005. Zum Ausgleich der geringeren Kohlenutzung im Vergleich zum Referenzszenario werden in den Reduktionsszenarien verstärkt Erdgas-GuD-Kraftwerke mit Wärmeauskopplung erstellt. In Szenario R2V verstärkt sich dieser Trend, wobei der Kernenergieausstieg zu gleichen Teilen durch Erdgas und erneuerbare Energieträger ausgeglichen wird.

In den Projekt-Szenarien wird dagegen bis zum Jahr 2020 auf die Kohlenutzung praktisch verzichtet. Zusammen mit den anderen Setzungen ergibt sich daraus in Szenario B die Notwendigkeit zum Ausbau der Kernenergienutzung und in Szenario D, in dem die Kernenergie im Jahr 2020 nicht mehr eingesetzt wird, der verstärkte Einsatz – wie in R2V – von Erdgas und erneuerbaren Energieträgern.

Die Fern- und Nahwärmeproduktion steigt in Szenario R1V bis 2020 um etwa 30 % an, während sie sich in Szenario R2V etwa verdoppelt (Szenario B: +14 %, Szenario D. +160 % in 2020 gegenüber 1989).

Die verbleibenden Energieträger und der Einsatz der in den einzelnen Bereichen zur Verfügung stehenden Effizienzverbesserungen werden in den Kommissions-Szenarien wie beim Energiebedarf durch das verwendete Optimierungsprogramm nach dem Gesichtspunkt der Kosteneffizienz endogen bestimmt und in den Projekt-Szenarien B und D, wie in Kapitel 4 beschrieben, gesetzt.

Energieverbrauch und CO_2-Emissionen

Die unterschiedlichen Annahmen bzw. Setzungen führen in den Szenarien zu dem in Abb. 7.1.1 dargestellten Einsatz der unterschiedlichen Primärenergieträger.

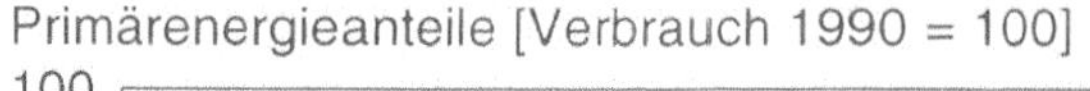

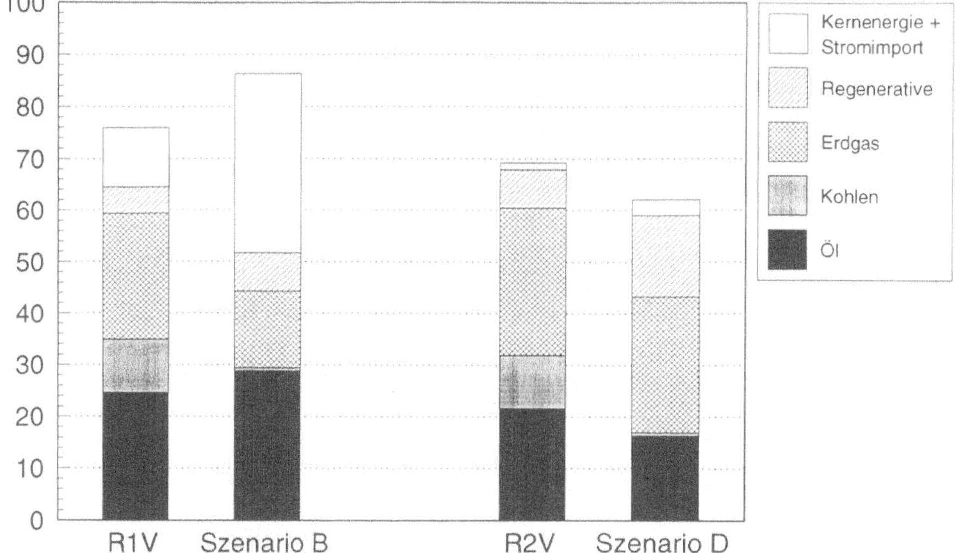

Abb. 7.1.1 Anteile der Energieträger am Primärenergiebedarf der Kommissions-Szenarien R1V und R2V sowie der Projekt-Szenarien B und D im Jahr 2020[4]. Die Anteile sind auf den Primärenergiebedarf in Gesamtdeutschland (R1V und R2V) bzw. Baden-Württemberg (Szenario C und D) im Jahr 1990 bezogen.

Obwohl die Szenarien sehr unterschiedlich entstanden und ihnen abweichende Annahmen über Bevölkerungs- und Wirtschaftswachstum zugrunde liegen, zeigt sich im Ergebnis, daß sich der Primärenergiebedarf in den Szenarien R1V und B bzw. R2V und D gegenüber 1990 in vergleichbarer Größenordnung verändert, daß gleiche Reduktionsziele – hier 45 % gegenüber 1987 – aber zu deutlich unterschiedlichen Anteilen der einzelnen Energieträger führen.

Wie vorgegeben bleibt in den Kommissions-Szenarien die Kohlenutzung mit einem Beitrag von ca. 10 % des Primärenergiebedarfs von 1990 auch im Jahr 2020 erhalten, während in den Szenarien B und D auf Kohle zu diesem Zeitpunkt fast vollständig verzichtet wird. Der in Szenario B zugelassene Ausbau der CO_2-freien Kernenergie erlaubt dann – bei gleichem CO_2-Minderungsziel – einen geringeren Anteil fossiler Energieträger und eine geringere Abnahme des Primärenergieverbrauchs gegenüber 1990 als in Szenario R1V. Im Szenario D ist der Anteil der regenerativen Energieträger im Jahr 2020 etwa doppelt so hoch wie im Kommissions-Szenario R2V. Dadurch, und durch den etwas stärker zurückgegangenen Gesamtbedarf, kann der weitergehendere Kohleausstieg bei vergleichbaren Anteilen von Erdgas und Mineralöl ausgeglichen werden.

[4] Die den Szenarien R1V und R2V zugrundeliegende Primärenergiebewertung der Enquête-Kommission weicht von der in diesem Projekt verwendeten Bewertung ab.

Bei der Interpretation der Abbildung ist zu berücksichtigen, daß sich Baden-Württemberg vor allem in seiner Industriestruktur und im Umwandlungsbereich von den Mittelwerten für Gesamtdeutschland unterscheidet, was dazu führt, daß im Jahr 1990 der pro-Kopf-Verbrauch an Primärenergie um rd. 22 % unter dem Mittelwert für Gesamtdeutschland lag. Mit der für Baden-Württemberg gleichen prozentualen Verringerung der absoluten CO_2-Emissionen wie in Gesamt-Deutschland und dem für Baden-Württemberg zugrunde gelegten Anwachsen der Bevölkerung führen die Veränderungen im Primärenergieverbrauch zu unterschiedlich hohen Anforderungen an die Verringerung des pro-Kopf-Verbrauchs an Primärenergie sowohl in den Szenarien B und D als auch im Vergleich mit den Kommissions-Szenarien R1V und R2V.

In Szenario B verringert sich der pro-Kopf-Verbrauch in Baden-Württemberg von 1990 bis zum Jahr 2020 um rd. 20 % (in R1V um rd. 23 %) und liegt dann im Jahr 2020 um rd. 20 % unter dem Mittelwert für Gesamt-Deutschland in Szenario R1V. In Szenario D müssen das Wachstum der Bevölkerung und der Wegfall der Kernenergienutzung aufgefangen werden. Hier verringert sich der pro-Kopf-Verbrauch in Baden-Württemberg von 1990 bis zum Jahr 2020 um rd. 43 % (in Szenario R2V um rd. 30 %) und liegt dann im Jahr 2020 um rd. 37 % unter dem Mittelwert für Gesamt-Deutschland in Szenario R2V. Bei Szenario D ist allerdings zu beachten, daß hier für das Jahr 2020 eine Verminderung der CO_2-Emissionen erreicht wurde, die das Reduktionsziel noch unterschreitet. Der Grund dafür liegt darin, daß die Projektszenarien vor allem im Hinblick auf das Reduktionsziel für das Jahr 2005 entworfen wurden und der Zeitpunkt 2020 eher explorativ und als Fortschreibung der Szenarien in ihrer jeweiligen Logik betrachtet und dabei das genaue Erreichen des 45-%-Reduktionsziels für 2020 nicht angestrebt wurde.

Der Einfluß der unterschiedlichen Annahmen über die Bevölkerungsentwicklung zeigt sich auch bei den CO_2-Emissionen. Bei vergleichbaren Gesamtreduktionen führt das zugrunde gelegte Bevölkerungswachstum in Baden-Württemberg zu spürbar höheren pro-Kopf-Reduktionen als für Gesamt-Deutschland:

Szenario	R1V, R2V Gesamt-Deutschland	B Baden-Württemberg	D Baden-Württemberg
CO_2-Gesamtemission	– 45 %	– 45 %	– 51 %
pro-Kopf-Emission	– 44,5 %	– 49,2 %	– 54,7 %

Bei einer Angleichung der Reduktionsleistungen an gleiche pro-Kopf-Emissionen könnte in den Szenarien B und D für Baden-Württemberg auf einzelne Maßnahmen verzichtet bzw. die Maßnahmenintensität verringert werden. Insbesondere könnten bei Szenario D die Ansätze zu den Verhaltensänderungen

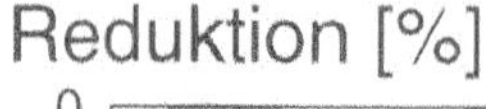

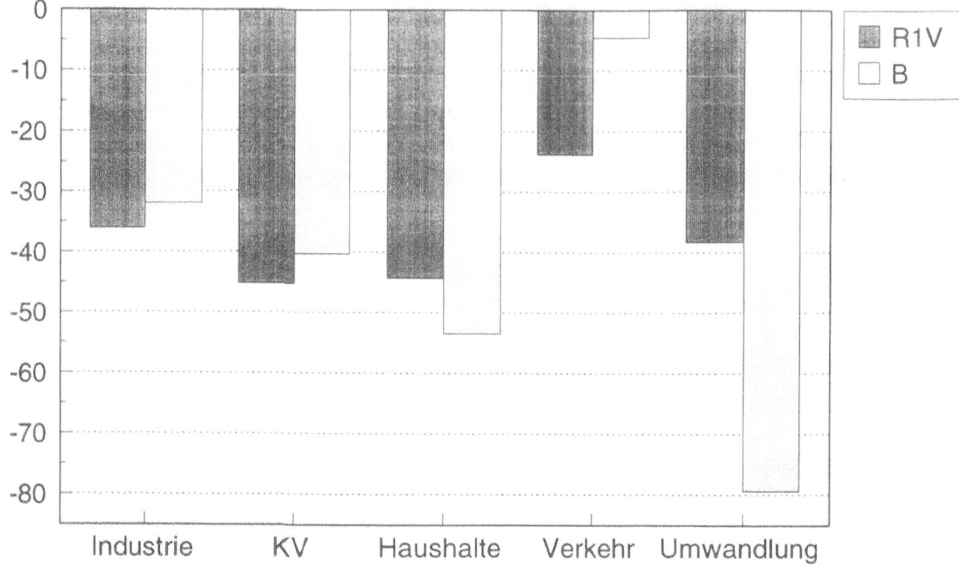

Abb. 7.1.2 CO_2-Reduktionen im Jahr 2020 gegenüber 1990 in den Sektoren für das Kommissions-Szenario R1V und das Projekt-Szenario B

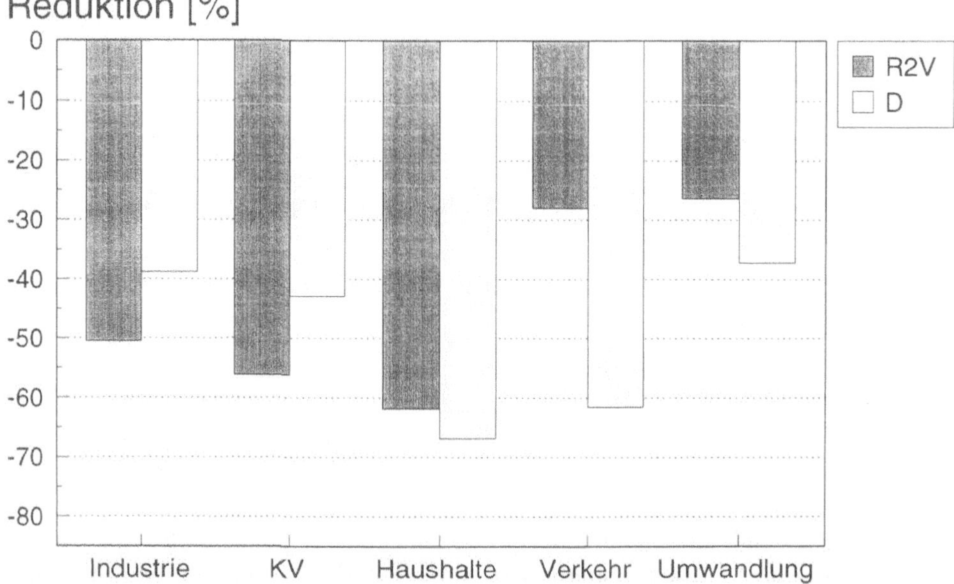

Abb. 7.1.3 CO_2-Reduktionen im Jahr 2020 gegenüber 1990 in den Sektoren für das Kommissions-Szenario R2V und das Projekt-Szenario D

und zum Ausmaß der Nutzung regenerativer Energien spürbar abgemildert werden.

Auch die Beiträge der einzelnen Sektoren zur Reduktion der CO_2-Emissionen sind entsprechend den zugrunde gelegten Annahmen in den Szenarien unterschiedlich.

In beiden Szenarien R1V und B (Abb. 7.1.2) reduzieren sich die CO_2-Emissionen in den Sektoren Industrie, Kleinverbraucher und Haushalte relativ in vergleichbarer Größenordnung. In Szenario R1V führen – neben den Ansätzen zur Verbrauchsminderung der Pkw – vor allem die getroffenen Annahmen zu den Veränderungen des modal-split zugunsten der öffentlichen Verkehrsmittel zu den im Vergleich zu B stärkeren relativen Verringerungen der CO_2-Emissionen. Der in Szenario B vorgesehen Ausbau der Kernenergienutzung ermöglicht einerseits die geringeren relativen Verminderungen im Verkehrssektor im Szenario B und führt andererseits zu den hohen relativen Reduktionen im Umwandlungsbereich.

In den Szenarien R2V und D liegen die relativen Änderungen der CO_2-Emissionen im Sektor Haushalte in der gleichen Größenordnung; die Verringerungen in den Sektoren Industrie und Kleinverbraucher sind in Szenario D – bedingt durch deren andere Struktur und damit andere Reduktionspotentiale im Vergleich zum Durchschnitt der Bundesrepublik – etwas geringer als in Szenario R2V. Aus den getroffenen Annahmen vor allem über Verhaltensänderungen im Verkehr und die Veränderungen bei den Primärenergieträgern ergeben sich die stärkeren Reduktionen im Verkehrs- und Umwandlungssektor in Szenario D im Vergleich mit R2V. Sie sind in erster Linie erforderlich, um das Bevölkerungswachstum in Baden-Württemberg zu kompensieren.

7.2 Das Energiekonzept Greenpeace/Öko-Institut

Im Auftrag von Greenpeace Deutschland erarbeitete das Öko-Institut Freiburg ein Konzept für die Umgestaltung des Energiesystems, das eine signifikante Reduktion der CO_2-Emissionen mit einem schnellen Ausstieg aus der Kernenergienutzung verbindet[5]. Betrachtet werden dabei Deutschland (Ost und West) und der Zeitraum bis zum Jahr 2010 und zwei Szenarien: ein Trend-Szenario und das Öko-Szenario.

Bei der Entwicklung des Öko-Szenarios war es das Ziel der Autoren, alle volkswirtschaftlich effizienten Einsparpotentiale im Szenario vorzusehen. Die Kosteneffizienz wurde dabei unter Berücksichtigung externer Kosten bestimmt.

Das Öko-Szenario wird in seinen Ergebnissen im folgenden mit dem Szenario D des Projektes *Klimaverträgliche Energieversorgung in Baden-Württemberg* verglichen, wobei als Vergleichszeitpunkt das Jahr 2005 und die Aussagen

---

5 Greenpeace Deutschland e.V.(Hrsg.): „Ein klimaverträgliches Energiekonzept für Deutschland – ohne Atomstrom", Studie des Öko-Instituts Freiburg (Nov. 1991)

des Öko-Szenarios für die alten Bundesländer zugrunde gelegt werden, um die Vergleichbarkeit mit dem Szenario D zu verbessern. Alle angegebenen relativen Veränderungen beziehen sich, sofern keine anderen Hinweise vorhanden sind, auf das Jahr 1990.

Szenario-Daten

Die Greenpeace-Szenarien stützen sich bei der angenommenen **Bevölkerungsentwicklung** auf die Energieprognose 2010 (Prognos, ISI i.A.d. Bundeswirtschaftsministeriums). Demnach ergeben sich folgende Veränderungen gegenüber 1990:

Greenpeace Trend/Öko BRD-West 2005	Szenario A-D Baden-Württemberg 2005
+ 6,2 %	+ 8,2 %

Das etwas höhere Bevölkerungswachstum in Baden-Württemberg im Vergleich mit den alten Bundesländern spiegelt länderspezifische Gegebenheiten wider. Es führt zu zusätzlichen Wachstumsimpulsen für den Energiebedarfs bzw. die CO_2-Emissionen und damit zu leicht erhöhten Anforderungen an die zu erbringenden Reduktionsleistungen.

Bei der **Wirtschaftsentwicklung** werden für die Nettoproduktionswerte des Verarbeitenden Gewerbes folgende jährlichen Zuwachsraten für den Zeitraum 1990 bis 2005 angesetzt:

Greenpeace Trend/Öko BRD-West		Szenario D Baden-Württemberg
1990–1995	1995–2005	1990–2005
2,3 %	2,0 %	1,6 %

In Szenario D wird im Gegensatz zum Öko-Szenario davon ausgegangen, daß sich eine tiefgreifende Umstrukturierung des Energiesektors und des Energiekonsumverhaltens, wie sie sowohl in Szenario D als auch im Öko-Szenario angesetzt sind, auch in Veränderungen der Wirtschaftsstruktur niederschlägt. Szenario D geht daher von einer verstärkten Verlagerung der Wirtschaftstätigkeit in den Dienstleistungssektor und von entsprechend verminderten Wachstumsraten für das Verarbeitende Gewerbe aus. Die Szenarien A bis C nehmen dagegen mit einer jährlichen Wachstumsrate des Nettoproduktionswertes von 2,1 % im Zeitraum 1990 bis 2005 eine ähnliche Entwicklung im Verarbeitenden Gewerbes an wie die Greenpeace-Szenarien.

Beim Energiebedarf für **Raumwärme** werden im Öko-Szenario für die alte Bundesrepublik die folgenden Maßnahmen angenommen:

- Neubauten werden ab 1995 als Niedrigenergiehäuser ausgeführt.
- Altbauten, vor allem alte Mehrfamilienhäuser, werden mit ansteigenden jährlichen Raten von 0,5 % (1991) bis 3,4 % (2005) wärmeschutzorientiert saniert.
- Der Jahresnutzungsgrad der Heizungssysteme steigt durch die allmähliche Umstellung auf moderne und effiziente Anlagen an.

In Szenario D werden höhere Anforderungen an den Wärmeschutz bei Neubauten gestellt und in der Größenordnung vergleichbare Verbesserungen im Altbaubestand angenommen. Da sich die Unterschiede bei den Neubauten im betrachteten Zeitraum kaum auf den gesamten Endenergiebedarf auswirken, ergeben sich die folgenden, sehr ähnlichen Veränderungen für die Endenergienachfrage der Haushalte für Raumwärme gegenüber 1990:

Greenpeace Öko BRD-West 2005	Szenario D Baden-Württemberg 2005
- 25 %	- 21 %

Im Bereich der **Haushaltsanwendungen,** der neben dem allgemeinen Warmwasserbedarf den Energiebedarf für Kochen und Haushaltsgeräte umfaßt, werden im Öko-Szenario die folgenden Veränderungen angesetzt:

- Parallel zur Modernisierung der Heizungssysteme und zum steigenden Anteil von zentralen Warmwassersystemen verbessern sich die Jahresnutzungsgrade der Warmwasserbereitung.
- Elektro-Herde werden bis zum Jahr 2005 zu 20 % und Kohleherde zu 35 % durch Gasherde ersetzt. Gas-Herde werden um ca. 7 %, Elektro-Herde um ca. 22 % effizienter.
- Die Ausstattungsgrade steigen für nahezu alle Haushaltsgeräte an.
- Die spezifischen Verbräuche der Haushaltsgeräte nehmen deutlich ab (z.B. für Kühlschränke um 68 %).

In Szenario D werden ebenfalls deutliche Verbesserungen bei den Anlagen und Geräten, zusätzlich aber Änderungen im Verhalten angesetzt, die zu sparsamem Umgang mit Energie und sinkenden Ansprüchen an die Ausstattung mit oder Nutzung von Geräten führen, so daß sich im Vergleich mit dem Öko-Szenario größere Einsparungen beim Endenergiebedarf ergeben.

Greenpeace Öko BRD-West 2005	Szenario D Baden-Württemberg 2005
- 24 %	- 38 %

Zur Verminderung des Endenergiebedarfs im **Verkehr** werden im Personenverkehr im Öko-Szenario – ebenso wie in Szenario D – verschieden Veränderungen bei der Mobilitätsnachfrage, der Verkehrsmittelwahl und beim spezifischen Verbrauch der Verkehrsmittel angesetzt:

- Kleine und leichte „Öko-Fahrzeuge" sollen 1995 einen Marktanteil von 10 % und ab dem Jahr 2000 von 100 % erringen. Sie weisen bis zum Jahr 2000 einen Kraftstoff-Verbrauch von 3 l/100 km, danach von 2,5 l/100 km auf.
- Der Besetzungsgrad der Pkw steigt leicht.
- Der Anteil des motorisierten Individualverkehrs an den Personenverkehrsleistungen sinkt von 73 % auf 57 % im Jahr 2005 (in Szenario D auf 68 %).

Dabei nimmt die Personenverkehrsleistung bis zum Jahr 2005 um 15 % ab (in Szenario D um 17 %).

Im Güterverkehr
- steigen die Verkehrsleistungen bis zum Jahr 2005 um 27 %,
- sinkt der Anteil der Straße von 58 % auf 50 %,
- sinken der spezifische Energieverbrauch Lkw (nah + fern) um 18 % und der spezifische Verbrauch der Bahn (elektr.) um 5 %.

Mit diesen und weiteren Annahmen, die in der Studie im Detail beschriebenen sind, sinkt der Endenergiebedarf des Verkehrs (Personenverkehr + Güterverkehr) in der folgenden Weise:

Greenpeace Öko BRD-West 2005	Szenario D Baden-Württemberg 2005
– 46 %	– 48 %

Der Wärme- und Strombedarf der **Industrie** wird im Öko-Szenario in 12 Branchen gegliedert und durch branchenspezifische Bedarfsfaktoren beschrieben. Diese branchenspezifischen Bedarfsfaktoren verringern sich bis zum Jahr 2010 in einem Bereich zwischen 6 % und 42 % beim Wärmebedarf und in einem Bereich von 10 % bis 70 % beim Strombedarf; dabei sind die Werte für das Jahr 2005 in der Studie nicht explizit aufgeschlüsselt. Insgesamt und zusammen mit den Wirkungen des Wirtschaftswachstums und eines sich aus der Trend-Entwicklung ergebenden Strukturwandels ergeben sich dann die Veränderungen beim Endenergiebedarf im Industriesektor:

Greenpeace Öko BRD-West 2005	Szenario D Baden-Württemberg 2005
– 9 %	– 10 %

Ein stärkerer Strukturwandel im Sinne eines Umbaus der Industriegesellschaft, als hier entsprechend dem Trend angenommen, wird im Rahmen des Öko-Szenarios als zusätzliche Einsparoption angesehen, jedoch nicht in das Szenario-Konzept aufgenommen.

Für den Sektor **Kleinverbraucher** setzt das Öko-Szenario in den westlichen Bundesländern Veränderungen an, die zusammen für das Jahr 2005 zu Bedarfssteigerungen von 25 % bei Strom sowie zu Bedarfssenkungen von 5 % beim Warmwasser und von 15 % bei der Raumwärme führen, und insgesamt die folgende Veränderung des Endenergiebedarfs ergeben:

Greenpeace Öko BRD-West 2005	Szenario D Baden-Württemberg 2005
– 18 %	– 4 %

Im **Umwandlungsbereich** nimmt das Öko-Szenario für die Stromerzeugung die folgenden Veränderungen an:

- Es erfolgt ein umgehender Ausstieg aus der Kernenergienutzung durch Abschalten von Anlagen auch vor Ablauf der Lebensdauer. Der letzte Kernkraftwerks-Block wäre nach dem Öko-Szenario bis Ende 1991 vom Netz zu nehmen gewesen.
- Die dadurch entstehende Deckungslücke wird kurzfristig durch den bestehenden fossilen Kraftwerkspark aufgefangen.
- Ab 1995 wird der Grundlastanteil zunehmend durch kommunale und industrielle Heizkraftwerke und Wasserkraftwerke übernommen. Kohle leistet in Kondensationskraftwerken zunächst noch einen Beitrag, wird aber längerfristig nur noch in Anlagen der Kraft-Wärme-Kopplung eingesetzt.
- Die Gasverstromung in Kraftwerken wird bis zum Jahr 2010 auf GuD-Anlagen umgestellt.

Wesentlicher Teil des konzipierten Stromerzeugungssystems ist der starke Ausbau von kommunalen und industriellen Kraft-Wärme-Kopplungs-Anlagen, die überwiegend mit Gas sowie mit Kohle (mit rückläufigen Anteilen) und Biomasse betrieben werden. Die Erzeugung von Fern- und Prozeßwärme aus Kraft-Wärme-Kopplungs-Anlagen steigt von 1990 bis 2005 in Westdeutschland um 320 %. Insgesamt wird der Strombedarf 2005 zu

- 37,8 % aus fossilen Kondensationskraftwerken,
- 41,6 % aus fossilen KWK-Anlagen und
- 20,6 % aus regenerativen Energieträgern (8,0 % Wasser, 7,3 % Biomasse, 4,5 % Wind und 0,8 % Solare Stromerzeugung)

gedeckt.

Energieverbrauch und CO_2-Emissionen

In den Verbrauchersektoren ergibt sich für die Endenergieträger nach dem Öko-Szenario das folgende Bild:

- Zur Raumwärmebereitstellung wird ein Ausbau der Fernwärme (von ca. 4 % 1990 auf 13 %) und der Gasnutzung (von ca. 32 % 1990 auf ca. 39 %) zu Lasten von Öl, Strom und Kohle angenommen. Solarenergie erreicht einen Anteil von 0,3 %.
- Im Verkehrssektor bleiben die mineralölstämmigen Kraftstoffe mit ca. 62 % Hauptlieferant für die Endenergie. Der Stromanteil steigt jedoch von 15,3 % 1990 auf ca. 38 %, vor allem aufgrund der gestiegenen Anteile des Öffentlichen Verkehrs.
- In der Energieträgerstruktur der Industrie wird vor allem ein Ausbau der Bereitstellung von Prozeßwärme aus Kraft-Wärme-Kopplungs-Anlagen (von 0 % 1990 auf ca. 13 % 2005) zu Lasten von Öl, Kohlen und Strom angenommen. Im Sektor Kleinverbraucher ergeben sich in der Tendenz ähnliche Veränderungen.

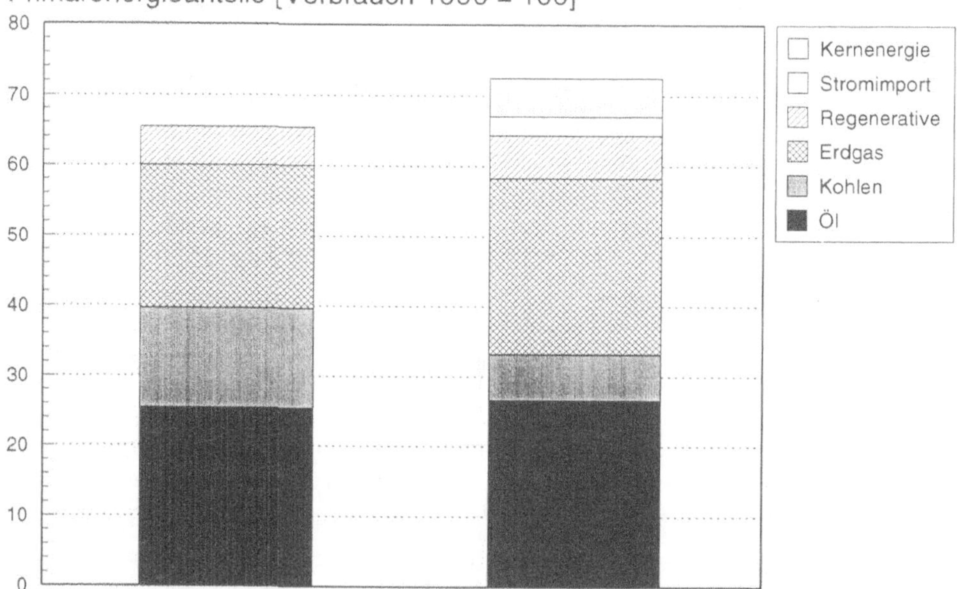

Abb. 7.2.1 Anteile der Energieträger am Primärenergiebedarf des Öko-Szenarios (West) und von Szenario D im Jahr 2005. Die Anteile sind auf den Primärenergiebedarf des jeweiligen Szenarios im Jahr 1990 bezogen.

Zusammen mit der Energieträgerwahl zur Stromerzeugung führen die getroffenen Annahmen zu dem in Abb. 7.2.1 dargestellten Einsatz der unterschiedlichen Primärenergieträger.

Der Primärenergiebedarf wird – nicht zuletzt durch die extremen Annahmen im Verkehrsbereich zum Kraftstoffverbrauch der Fahrzeuge – im Öko-Szenario relativ stärker verringert als in Szenario D, das im Jahr 2005 auch noch von der Nutzung der Kernenergie profitiert.

Dies führt zu den nachstehenden Veränderungen der CO_2-Emissionen gegenüber dem Referenzjahr 1987:

Szenario	Greenpeace Öko BRD-West 2005	Szenario D Baden-Württemberg 2005
CO_2-Gesamtemission	– 34 %	– 27 %
pro-Kopf-Emission	– 38 %	– 33 %

7.3 Das Klimaschutzkonzept Baden-Württemberg

Die Landesregierung von Baden-Württemberg hat 1994 ein Konzept zur Verringerung der Emission klimarelevanter Gase in Baden-Württemberg vorgestellt, bei dem die CO_2-Emissionen – entsprechend ihrer Bedeutung für die klimarelevanten Emissionen Baden-Württembergs – und die Möglichkeiten zu deren Reduzierung im Mittelpunkt der Betrachtungen stehen. Durch die Reduktion der CO_2-Emissionen soll ein angemessener Beitrag zu den notwendigen Verringerungen klimarelevanter Spurengase geleistet werden. Das Reduktionsziel des Bundes für die alten Bundesländer von 25 % bis zum Jahr 2005 gegenüber dem Jahr 1987 wird dabei als Orientierungsmarke betrachtet, da ein Erreichen dieses Ziels für Baden-Württemberg aufgrund des knappen noch verbleibenden Zeitraums als unrealistisch eingestuft wird. Abweichend von Szenario A wird hier außerdem davon ausgegangen, daß die CO_2-Emissionen ohne Reduktionsmaßnahmen bis zum Jahr 2005 gegenüber dem Jahr 1987 deutlich ansteigen würden.

Das Klimaschutzkonzept betrachtet die Reduktionspotentiale der einzelnen Sektoren und die jeweils vorhandenen Handlungsspielräume und enthält einen umfassenden Katalog von Maßnahmen, mit deren Hilfe die vorhandenen Reduktionspotentiale ausgeschöpft werden sollen. Von einer Integration der sich dabei abzeichnenden Einzelpotentiale zu einem Gesamt-Reduktionsszenario wird dabei abgesehen.

Reduktionspotentiale und Handlungsspielräume

Im Bereich der **Haushalte** wird durch eine novellierte Wärmeschutzverordnung '82 (die WärmeschutzVO '95 war bei Erstellung des Klimaschutzkonzepts noch nicht verabschiedet) ein Reduktionspotential von 2–3 % des Heizenergiebedarfs von 1987 bis zum Jahr 2005 gesehen. Bei zusätzlicher Anhebung des Altbaustandards auf WärmeschutzVO '82 bis zum Jahr 2030 könnte im Jahr 2005 eine Verminderung des Heizenergiebedarfs von 25 % erreicht werden. Die Szenarien im Projekt *Klimaverträgliche Energieversorgung in Baden-Württemberg* gehen dagegen – unter Berücksichtigung der Bevölkerungszunahme in den Szenarien B bis D und zunehmender pro-Kopf-Wohnfläche in den Szenarien B und C lediglich von einer Reduktion des Nutzenergiebedarfs für Raumwärme von 1990 bis 2005 im Bereich von 7 % (Szenario B) bis 10 % (Szenario D) aus.

Als weitere Reduktionspotentiale im Bereich Raumwärme werden im Klimaschutzkonzept die Verbesserung der Jahresnutzungsgrade der Heizungsanlagen, verstärkte passive Nutzung der Solarenergie durch Solararchitektur und die Substitution von Heizöl durch Erdgas genannt. Zur Größe dieser Potentiale werden keine Angaben gemacht.

Als Reduktionspotentiale bei der Warmwasserbereitung werden der verstärkte Einsatz von Solarkollektoren und Wärmepumpensystemen sowie der Verzicht auf die Warmwasserzirkulation ohne Bezifferung der Potentialgröße aufgeführt.

Beim Kraftstrom- und Prozeßenergiebedarf der Haushalte wird wegen der steigenden Bevölkerungszahl auch bei Senkung der Verbrauchswerte der Haushaltsgeräte kein wesentliches Reduktionspotential gesehen. Lediglich bei der Beleuchtung wird das Ziel einer Reduktion der CO_2-Emissionen um 25 % bis zum Jahr 2005 durch systematische Verwendung von Energiesparlampen für erreichbar erachtet.

Im Sektor **Industrie und Kleinverbraucher** werden für den Bereich Raumwärme der Kleinverbraucher die gegebenen Optionen als vergleichbar mit denen im Bereich der Haushalte angesehen, wobei hier jedoch der Verbesserung des Wärmeschutzes bei Glasflächen eine erhöhte Bedeutung zukommt. Weiter werden ein verbessertes Energiemanagement zur Senkung des sommerlichen Kühlbedarfs, solare Freibadbeheizungen, verstärkte Kraft-Wärme-Kopplung und der verstärkte Einsatz regenerativer Energieträger genannt. Auch zur Höhe dieser Potentiale werden keine Angaben gemacht.

Im Sektor Industrie werden neben der Senkung des Raumwärmebedarfs die verstärkte Abwärmenutzung, die Ausschöpfung verfahrensspezifischer Minderungspotentiale insbesondere beim Stromeinsatz sowie die Substitution von Kohle und Heizöl durch Erdgas und regenerative Energieträger (insbesondere Biomasse in der holzverarbeitenden Industrie) aufgeführt. Der Umfang der Reduktionspotentiale wird nicht beziffert.

Als Beitrag des Sektors **Verkehr** wurde 1990 von der Umweltministerkonferenz eine Reduktion der CO_2-Emissionen um mindestens 10 % bis zum Jahr 2005 gefordert. Der gleiche Zielwert wurde 1991 durch die Verkehrsministerkonferenz als realistische Zielgröße festgelegt. Die gemeinsame Konferenz der Umweltminister, Verkehrsminister und Raumordnungsminister des Bundes und der Länder bewertete dieses Minderungsziel 1992 aber als unrealistisch, wenn keine deutliche Trendwende eintritt.

Untersuchungen des IER[6] weisen als Bereich der möglichen Entwicklung der direkten und indirekten Verkehrsemissionen Baden-Württembergs bis zum Jahr 2005 eine Zunahme von 32 % (*Trend*), von 11 % (*Einsparpfad*) und 2,4 % (*Reduktionspfad*) aus. Ein Gutachten des IFEU[7] zu den „Auswirkungen auf die Umwelt im Rahmen des Generalverkehrsplans Baden-Württemberg" setzt eine 10%ige Emissionsminderung bis zum Jahr 2010 als realistisch an, wenn ordnungs- und investitionspolitische Maßnahmen sowie Maßnahmen zur effizienten Organisation des Verkehrsablaufs einschließlich fahrzeugtechnischer Maßnahmen im Sinne eines umfassenden Gesamtkonzeptes ergriffen werden.

Die Projektszenarien führen mit den ihnen zugrunde liegenden Annahmen zu Veränderungen der direkten CO_2-Emissionen im Verkehrsektor von +3 % in Szenario B, von –26 % in Szenario C und von –45 % in Szenario D bis zum Jahr 2005 gegenüber 1987. Bei Anrechnung der indirekten Emissionen durch Fahrstrom[8] liegen die Veränderungen bei +2 % (Szenario B), –25 % (Szenario C) und –42 % (Szenario D).

Im **Umwandlungsbereich** werden für die öffentlichen Kraft- und Heizkraftwerke auf der Grundlage einer Studie des IER als Minderungspotentiale angesetzt:

- die verstärkte Auslastung gas- und ölgefeuerter Kraft- und Heizkraftwerke zu Lasten des Kohleeinsatzes (Vermeidungskosten 570 DM/t CO_2),
- die Umrüstung von Steinkohlekraftwerken auf Erdgas und Zubau von Erdgas-GuD-Kraftwerken (Vermeidungskosten 63 DM/t CO_2),
- die Ausnutzung der technischen Stromeinsparpotentiale bei den Verbrauchersektoren (Vermeidungskosten 77 DM/t CO_2) sowie
- der verstärkte Einsatz von regenerativen Energieträgern (Vermeidungskosten 160 DM/t CO_2).

Veränderungen der Kernenergienutzung werden nicht diskutiert. Bei Kombination der genannten Optionen wird ein CO_2-Reduktionspotential im Bereich der öffentlichen Kraftwerke von über 25 % bis zum Jahr 2005 gegenüber 1987 gesehen. Allerdings werden Vorbehalte gegen den Ausbau der Erdgasnutzung geltend gemacht: wegen der daraus resultierenden Anforderungen für die Bereitstellung und die Infrastrukturkapazitäten sowie wegen der zu erwartenden Verteuerung des Erdgases.

In den Projektszenarien werden CO_2-Reduktionen im gesamten Umwandlungssektor von 43 % (Kernenergieausbau, Szenario B), 27 % (Szenario C) und

6 Institut für Energiewirtschaft und Rationelle Energieanwendung (IER), Universität Stuttgart
7 IFEU – Institut für Energie- und Umweltforschung Heidelberg GmbH
8 Anrechnung über den Kraftwerkmix der öffentlichen Stromerzeugung

4 % (Kernenergieausstieg, Szenario D) bis zum Jahr 2005 gegenüber 1987 erreicht.

Weiterhin wird der Ausbau der zentralen und dezentralen Kraft-Wärme-Kopplung als Option zur CO_2-Reduktion genannt. Zur Höhe dieser Potentiale werden keine Angaben gemacht.

Über die Optionen in den genannten Sektoren hinaus werden im Klimaschutzkonzept noch weitere **Sonstige Reduktionspotentiale** genannt:

- CO_2-Bindung in der Landwirtschaft durch Aufforstung und veränderte Humuswirtschaft (neben der energetischen Verwertung nachwachsender Rohstoffe sowie der Verringerung des Energiebedarfs der Landwirtschaft), und
- Abfallvermeidung bzw. stofflicher Verwertung des Abfalls in der Abfallwirtschaft mit einem Potential von zusammen 0,5 Mt CO_2 (neben der energetischen Verwertung von Abfall in Form von Müllverbrennung oder Methanverwertung bei der kalten Rotte).

Maßnahmen

Entsprechend seiner Zielsetzung als Klimaschutzkonzept für Baden-Württemberg stehen die **Maßnahmen der Landesregierung** im Vordergrund.

Besonders betont werden dabei drei zentrale, übergreifende Maßnahmenbereiche:

- Die Klimaschutz- und Energieagentur Baden-Württemberg soll Kommunen, Handwerk, kleine und mittlere Industriebetriebe, öffentliche Einrichtungen und Baugesellschaften bei der Durchführung energetisch sinnvoller Konzepte und Projekte organisatorisch, fach- und finanztechnisch unterstützen und über Planungs- und Fördereinrichtungen informieren. Darüber hinaus soll die Agentur bei der Realisierung von Demonstrationsobjekten als Vermittler zwischen Wissenschaft und Praxis dienen. Die Agentur wird für die Durchführung eines großen Anteils der nachfolgenden sektorspezifischen Maßnahmen zuständig sein.
- Intensivierung der Öffentlichkeitsarbeit im Bereich der Energieeinsparberatung; Fortsetzung der Konzertierten Aktion Klimaschutz.
- Förderung der Erstellung kommunaler und regionaler Klimaschutzkonzepte und Fortschreibung des Klimaschutzkonzeptes.

Dazu wird eine Vielzahl teils beabsichtigter, teils bereits im Umsetzung befindlicher sektorspezifischer Maßnahmen benannt, die eine Realisierung der identifizierten Reduktionspotentiale ermöglichen sollen:

Haushalte (einschl. Raumwärme)

- Hinwirken auf eine weitergehende Verschärfung der WärmeschutzVO auf das Niveau des Niedrigenergiehaus-Standards (NEH) noch vor dem Jahr

2000 und Förderung der NEH-Bauweise bis zur Einführung einer gesetzlichen Regelung;

- Verstärkte Förderung der energetischen Sanierung des Altbaubestandes im Rahmen des Landesmodernisierungsprogramms;
- Verstärkte Energieberatung und Öffentlichkeitsarbeit für die Haushalte;
- Hinwirkung auf die Weiterentwicklung von Energiekonzepten und Energiediagnosen für Gebäude;
- Fortsetzung und möglichst Verstärkung der Breitenförderung für die thermische und photovoltaische Nutzung der Solarenergie;
- Förderung von Modellvorhaben zum energiesparenden Bauen und zur verstärkten Nutzung regenerativer Energien im Haushaltsbereich und Öffentlichkeitsarbeit zu den Ergebnissen der Modellvorhaben;
- Anstreben von Haushaltsstromtarifen mit möglichst kleinem verbrauchsunabhängigem Anteil.

Kleinverbraucher

- Ausschöpfen von Reduktionspotentialen bei den staatlichen Gebäuden;
- Verbesserung des effizienten Energieeinsatzes und Ausbau der Kraft-Wärme-Kopplung in Kooperation mit den ortsansässigen EVU und den landeseigenen Heizwerken unter Mitwirkung der Fernwärmegesellschaft Baden-Württemberg;
- Unterstützung sinnvoller energetischer Konzepte und Projekte im Kleinverbrauchersektor durch die Klimaschutz- und Energieagentur;
- Anbieten maßgeschneiderter Informationen für kleine und mittlere Kommunen;
- Fortsetzung des Förderprogramms zur Erstellung und Fortschreibung kommunaler Energiekonzepte;
- Einwirkung auf Energieversorger und Kommunen zur Ausschöpfung wirtschaftlicher Potentiale zur Energieeinsparung, zur Kraft-Wärme-Kopplung und zum Einsatz regenerativer Energien in den kommunalen Einrichtungen bis zum Jahr 2005;
- Verstärkte Berücksichtigung energetischer Gesichtspunkte bei der Bauleitplanung, bei der Bewertung von Architektur-Wettbewerben und bei der Entwurfsplanung von Gebäuden;
- Fortsetzung der Anstrengungen zur Verminderung des Energieeinsatzes in der Landwirtschaft, u.a. durch Förderung des ökologischen Landbaus.

Industrie

- Zielgruppenorientiertes und nach Maßnahmen gebündeltes Informationsangebot vor allem für kleine und mittlere Unternehmen;
- Beratung und Unterstützung kleiner und mittlerer Unternehmen bei der Realisierung industrieller Energiesparkonzepte;

- Unterstützung einer engen Kooperation zwischen Forschungseinrichtungen, dem Landesgewerbeamt und der Klimaschutz- und Energieagentur zur energetischen Verfahrensoptimierung;
- zur Markteinführung energieeffizienter Anlagen und Prozesse; Priorisierung von Klimaschutzaspekten bei Modellvorhaben zum Öko-Audit;
- Förderung von Maßnahmen zum rationellen Umgang mit Energie und zur verstärkten Nutzung regenerativer Energien im betrieblichen Bereich;
- Überprüfung der Rahmenbedingungen für die industrielle Kraft-Wärme-Kopplung u.a. auf die Möglichkeit von Verbesserungen für die Konditionen der Reserve- und Zusatzstromversorgung.

Verkehr[9]

- Verstärkte Öffentlichkeitsarbeit zur Verbesserung des Verkehrs- und Mobilitätsverhaltens der Verkehrsteilnehmer;
- Erprobung von Modellvorhaben zu Benutzervorteilen für emissionsarme oder mehrfach besetzte Fahrzeuge; verstärkte Anregung der Ausweisung von Busspuren bei den Kommunen; Bevorzugung von Fahrgemeinschaften bei der Vergabe von Stellplätzen für Landesbeschäftigte;
- Einsetzen der Landesregierung für einen zügigen Ausbau des europäischen Hochgeschwindigkeits-Bahnnetzes, für die verstärkte Förderung von Industriestammgleisen, für den (auch dezentralen) Bau von KLV-Terminals[10] und gegen weitere Streckenstillegungen; Planungen für KLV und GVZ[11] werden gefördert und sollen durch Maßnahmen wie Mineralölsteuererhöhung, Straßenbenutzungsgebühren für Lkw, Begünstigungen bei der Kfz-Steuerregelung bei Bahnverladung flankiert werden;
- Einsetzen der dem Land nach dem GVFG zugewiesenen Mittel überwiegend für den ÖPNV zur Beschleunigung des Infrastrukturausbau sowie zur Förderung der Beschaffung von Fahrzeugen für den ÖPNV; im Rahmen der Novellierung der Landesbauordnung werden flankierende baurechtliche Vorschriften vorbereitet;
- Einbringung eines ÖPNV-Gesetzes in den Landtag mit dem Ziel zusätzlicher Verkehrskooperationen;
- Neuregelung der Stellplatzverpflichtung im Rahmen der Novellierung der Landesbauordnung mit dem Ziel der Reduzierung innerstädtischer Parkflächen; Zufahrtsdosierung an den Stadträndern durch Pförtnerampeln mit erweitertem P+R-Angebot;

---

9 Bei den Maßnahmen zum Verkehr orientiert sich das Klimaschutzkonzept teilweise an der PROGNOS-Studie „Wirksamkeit verschiedener Maßnahmen zur Reduktion der verkehrlichen CO_2-Emissionen bis zum Jahr 2005" (1991)

10 KLV: Kombinierter Ladungsverkehr, zur Beschränkung des Lkw-Anteils im Güterverkehr auf die lokale und regionale Transportfunktion

11 GVZ: Güterverkehrszentren, zur Koordination des Nah- und Fernverkehrs der verschiedenen Straßenverkehrsunternehmen zur Vermeidung von Leerfahrten und, im Zusammenhang mit KLV, zur Abwicklung eines möglichst hohen Transportleistungsanteils über Schiene und Wasser.

- Verteuerung der Parkplatznutzung, Begrenzung des Parkflächenangebots, Erhöhung der Ahndungssätze für den ruhenden Verkehr, Orientierung der Stellplatzkosten für Landesbedienstete an den Marktpreisen;
- Förderung von Fahrgemeinschaften durch Bau und Erweiterung von P+M-Plätzen im Rahmen des Programms „Parken und Mitfahren";
- Unterstützung organisatorischer und logistischer Maßnahmen zur besseren Fahrzeugauslastung im Lkw-Verkehr;
- Modellversuche (STORM, QUARTET, MELYSSA) zur Abschätzung des möglichen Beitrags der neuen Technologien zur Verringerung der CO_2-Emissionen. Straßenbaumaßnahmen zur Beseitigung lokaler Kapazitätsengpässe und Staubereiche;
- Verbesserte Geschwindigkeitsüberwachung auf Fernstraßen;
- Erhöhung des Anteils des Radverkehrs am Stadtverkehr von derzeit rund 11 % auf 20 % im Rahmen des 1993 beschlossenen Fahrradkonzepts. Neben anderen Maßnahmen wird das bis 1996 laufende Bike+Ride-Programm mit 10 Mio. DM/Jahr bei entsprechender Nachfrage verlängert. Die Landesregierung unterstützt einen Gesetzentwurf des Bundesrats zur Änderung des Straßenverkehrsgesetzes mit dem Ziel, ein Teil der anfallenden Parkgebühren zur direkten Förderung des ÖPNV und des Radwegebaus verwenden zu können;
- Entwicklung eines Konzeptes zur schrittweisen Schaffung verkehrsvermeidender Strukturen;
- Förderung von Versuchen zum Einsatz von Biokraftstoffen im Bereich der Landwirtschaft; dabei wird geprüft werden, ob die Beimischung von Pflanzenölen zu mineralischen Kraftstoffen den Schadstoffausstoß verringert;
- Strecken- und situationsabhängige Geschwindigkeitsbeschränkungen werden, wo erforderlich, durch Beschilderung oder Verkehrsbeeinflussungsanlagen angeordnet.

Umwandlung

- Einwirken auf die Energieversorgungsunternehmen mit dem Ziel, den Einsatz von Erdgas bei anstehenden Ersatz- und Neubauten im Kraftwerksbereich unter Beachtung der Wirtschaftlichkeit und der Versorgungssicherheit zu prüfen. Neue Kohlekraftwerke und Müllverbrennungsanlagen sollten so ausgeführt werden, daß sie bei Verbesserung der Rahmenbedingungen mit einem möglichst hohen Erdgasanteil betrieben werden können;
- Unterstützung der Kommunen bei der Ermittlung und Realisierung von Kraft-Wärme-Kopplungs-Potentialen durch Förderung kommunaler Energiekonzepte;
- Beratung und Unterstützung von Kommunen, Wohnungsbaugesellschaften, Handwerksbetrieben, kleinen und mittleren Unternehmen und öffentlichen Einrichtungen bei Planung, Errichtung, Betrieb und Finanzierung von Kraft-Wärme-Kopplungs-Anlagen;

- Einwirkung auf die Energieversorgungsunternehmen mit dem Ziel eines Ausbaus ihrer Energiedienstleistungen auf dem Sektor der Kraft-Wärme-Kopplung;
- Unterstützen des Ziels, faire Einspeisebedingungen für den Strom aus Blockheizkraftwerken zu erreichen.

Zu den **regenerativen Energieträgern** stellt das Klimaschutzkonzept eine gesonderte und nach Energieform gegliederte Liste von Maßnahmen bzw. Maßnahmenvorhaben der Landesregierung vor. Dem vorangestellt sind drei grundsätzliche Absichten:

- Informierung und Motivierung des Bürgers, der Kommunen und der Wirtschaft zur Ausschöpfung der regenerativen Potentiale, die von der Wirtschaftlichkeitsgrenze nicht allzuweit entfernt sind. Das Land wird im eigenen Bereich entsprechend verfahren;
- Schwerpunktsetzung zur regenerativen Stromerzeugung bis 2005 bei Biomasse und Wasserkraft. Schwerpunktsetzung zur regenerativen Wärmeerzeugung bei Biomasse und Solarenergie;
- Einwirkung auf die Energieversorgungsunternehmen zum verstärkten Einsatz regenerativer Energieträger bei der Stromerzeugung, bei Biomasse mit Priorität für die Kraft-Wärme-Kopplung.

Als Maßnahmen für die einzelnen regenerativen Energieträger wird benannt:

- **Wasserkraft**: Neben der Erwartung der Realisierung einer Leistungssteigerung bei den größeren Laufwasserkraftwerken um 140 MW wird die Fortsetzung der Förderung von Kleinwasserkraftwerken bis 1 MW genannt.
- **Windenergie**: Windkraftanlagen werden im Rahmen des 250 MW-Programms des Bundes gefördert. Ergänzend dazu wird das Land Demonstrationsvorhaben zur erstmaligen Erprobung innovativer Techniken weiter grundsätzlich fördern.
- **Solarenergie**: Fortsetzung der Breitenförderung von Solarkollektoren und Photovoltaik-Anlagen; verstärkte Information der Betroffenen über die direkte Nutzung der Solarwärme, den Einsatze von Wärmepumpen und die Möglichkeiten der Solararchitektur. Verstärkte Information über die Nutzung der Solarwärme zur Trocknung landwirtschaftlicher Produkte, den Einsatz von Wärmepumpen in landwirtschaftlichen Betrieben und über das hierzu bestehende Förderprogramm.
- **Biomasse**: Fortsetzung der Förderung von Forschungsvorhaben zur Gewinnung von Biomasse und deren energetischer Nutzung; 10-Mio.-Programm „Nachwachsende Rohstoffe"; Unterstützung, Beratung und Ausbau der Förderung von Biogasanlagen und Wärmepumpeneinsatz in der Landwirtschaft; verstärkte Förderung der energetischen Nutzung von Schwachholz und Industrierestholz.

- **Abfall, Deponie- und Klärgas**: Priorisierung der Vermeidung und Verwertung von Abfällen im Rahmen der Abfallwirtschaftspolitik. Hinwirkung auf die Substitution fossiler Energieträger bei der thermischen Entsorgung durch gekoppelte Produktion von Strom und Wärme.

Da viele erforderliche Maßnahmen nicht allein im Rahmen der Kompetenzen der Landesregierung durchzuführen sind, müssen die Maßnahmen der Landesregierung im Klimaschutzkonzept durch **Maßnahmen unter Beteiligung des Bundes und der EU** ergänzt werden.

Im **Energiesektor** werden benannt:

- Eine Energiebesteuerung bzw. eine Abgabe auf CO_2-Emissionen. Die Landesregierung unterstützt den diesbezüglichen Ansatz der EU-Kommission und spricht sich für eine Befristung des in den Vorschlägen der Kommission enthaltenen Vorbehalts einer OECD-weiten Einführung aus.
- Die Novellierung des Energiewirtschaftsgesetzes mit dem Ziel, mit einer Reihe von Einzelaspekten den Umwelt- und Klimaschutz zu fördern.
- Die Landesregierung tritt für einen baldigen Erlaß einer Wärmenutzungsverordnung ein. Diese soll eine Verpflichtung für Anlagenbetreiber enthalten und konkretisieren, Abwärme in eigenen Anlagen zu nutzen oder an Dritte abzugeben. Darüber hinaus sollen regionale Informationsmaßnahmen durchgeführt und Gespräche mit Wirtschaftsorganisationen über Wege der Selbstverpflichtung geführt werden.
- Novellierung des Stromeinspeisegesetzes oder Anstreben einer Verbändevereinbarung mit dem Ziel klarer und fairer Regelungen für die Einspeisung aus Kraft-Wärme-Kopplungs-Anlagen und regenerativen Energieanlagen.
- Die Landesregierung wird mit den Gasversorgungsunternehmen Gespräche zur Linearisierung der Gastarife führen.
- Die Landesregierung tritt für eine weitere Verschärfung der WärmeschutzVO und eine bessere Erfüllung der HeizungsanlagenVO ein.

Für den **Verkehrssektor** ist vorgesehen:

- Die Landesregierung setzt sich für ein EG-weites gesetzliches Stufenkonzept ein, mit dem der Durchschnittsverbrauch von neuzugelassenen Pkw im Jahr 2005 unter 5 l/100 km sinkt. Der Durchschnittsverbrauch des Pkw-Bestandes soll 2010 bei maximal 5 l/100 km liegen. Für die staatlichen Fuhrparke sollen möglichst kraftstoffsparende Fahrzeugmodelle beschafft werden.
- Die Gestaltung der Mineralölsteuer durch den Bund sollte unter Berücksichtigung der EU-weiten Steuer auf Energie und CO_2-Emissionen das Ziel verfolgen, den Anteil der Kraftfahrzeugkosten am real verfügbaren Einkommen nicht weiter sinken zu lassen.

- Durch Umschichtung von Haushaltsmitteln sollten Mittel zur Verbesserung des ÖPNV bzw. des Schienenverkehrs zur Verfügung gestellt werden.
- Nach einer bereits erfolgten Bundesratsinitiative des Landes soll die Kraftfahrzeugsteuer aufkommensneutral auf die – als Gemeinschaftssteuer gestaltete – Mineralölsteuer umgelegt werden.
- Die Landesregierung setzt sich für eine EU-weite Regelung zur höheren Anlastung der externen Kosten insbesondere beim Lkw-Verkehr ein. Die Abgaben sollen sich dabei verstärkt an den Fahrleistungen orientieren.
- Zur Verringerung des Flugverkehrs strebt die Landesregierung eine weiter verbesserte Verknüpfung der Flughäfen mit der Schiene an. Die Landesregierung hält weiter eine stufenweise Besteuerung von Flugkraftstoff für EU-Binnenflüge für notwendig.
- Die Landesregierung setzt sich für eine aufkommensneutrale Änderung der steuerlichen Abzugsfähigkeit für Fahrten zwischen Wohnung und Arbeitsstätte mit dem Ziel einer verkehrsmittelunabhängigen Abzugsfähigkeit ein.

Das Klimaschutzkonzept schließt mit einer Erläuterung von Maßnahmen zur Reduzierung der sonstigen Treibhausgase FCKW, Ozon, Methan und Distickstoffoxid ab.

8. Anhang B: Szenario – Varianten

8.1 Szenario B* – Techniknutzung ohne Kernenergieausbau

Da die Nutzung der Kernenergie in der gesellschaftlichen Energiediskussion einen besonderen Stellenwert hat und mit sehr unterschiedlichen Wertungen verbunden ist, wurde als Variante des Szenarios B auch ein Bild des künftigen Energiesystems für Baden-Württemberg entworfen, das vom gleichen Leitbild ausgeht, bei dem jedoch auf den Ausbau der Kernenergie verzichtet wird.

Das Szenario B* unterscheidet sich bei der Nachfrage nach Energiedienstleistungen und Gütern nicht vom Szenario B. Ebenso werden bei der Techniknutzung die gleichen effizienten Geräte und Anlagen eingesetzt, wie im Szenario B. Da allerdings Strom im Szenario B* nicht in dem Maße CO_2-frei bereitgestellt wird wie in B, ergeben sich geänderte Anreize für Energieeinsparungen und damit eine veränderte Energienutzung in der Industrie (Tabelle 4.2.8*):

Stärkere Änderungen gegenüber dem Szenario B ergeben sich bei der Deckung des Endenergiebedarfs, da hier Erdgas und regenerative Energieträger den Zuwachs des Bedarfes decken müssen.

Für die Bereitstellung von **Raumwärme** stehen dann auch in den kommenden Jahren die fossilen Energieträger – vor allem Heizöl und Erdgas – im Vordergrund (Tabelle 4.2.11*) und die Tendenz zur Substitution von Heizöl durch

Tabelle 8.1.1* Spezifischer Energiebedarf in der Industrie in Baden-Württemberg im Szenario B* in PJ pro Mrd. DM Nettoproduktionswert (in Preisen von 1985)[1]

	spezifischer Brennstoffverbrauch			spezifischer Stromverbrauch		
	1990	2005	2020	1990	2005	2020
Chemische Industrie	2,48	1,59	1,33	0,90	0,61	0,52
Zellstoff-/Papier-Industrie	8,14	5,00	3,72	4,48	3,04	2,43
Steine/Erden-Industrie	8,99	7,18	6,47	1,54	1,31	1,22
Restliche Grundstoffindustrie	1,31	0,88	0,66	1,00	0,75	0,68
Elektrotechnische Industrie	0,25	0,13	0,09	0,28	0,21	0,18
Maschinenbau	0,35	0,24	0,21	0,25	0,20	0,17
Straßenfahrzeugbau	0,47	0,35	0,30	0,44	0,36	0,32
Textilindustrie	2,23	1,67	1,38	0,88	0,82	0,81
Restliche Industrie	0,82	0,52	0,38	0,47	0,38	0,35

[1] Grau hinterlegt sind hier die Abweichungen zu Szenario B

Tabelle 8.1.2* Struktur der Raumwärmebereitstellung in den Sektoren Haushalte und Kleinverbraucher in Baden-Württemberg im Szenario B*[1] (in Prozent)

Energieträger	1990	2005	2020
Heizöl	54,1	43,2	28,50
Erdgas	27,6	36,9	46,5
Fern- und Nahwärme	5,9	8,0	11,2
Strom	8,1	8,1	6,9
Regenerative Quellen	2,2	2,9	6,9
Kohlen	2,1	0,9	–

[1] Grau hinterlegt sind hier die Abweichungen zu Szenario B

Tabelle 8.1.3* Struktur der Energiebereitstellung für die dezentrale Warmwassserbereitung in den Sektoren Haushalte und Kleinverbraucher in Baden-Württemberg im Szenario B*[1] (in Prozent)

Energieträger	1990	2005	2020
Erdgas	56,7	48,6	41,8
Strom	43,3	43,8	40,6
Regenerative Quellen	0,05	7,6	17,6

[1] Grau hinterlegt sind hier die Abweichungen zu Szenario B

Tabelle 8.1.4* Anteile der Energieträger an der Stromerzeugung in Baden-Württemberg im Szenario B*[2] (in Prozent)

Energieträger	1990	2005	2020
Kernenergie	58,9	55,8	59,2
Kohle	30,2	14,1	1,4
Erdgas	2,4	15,9	21,2
Regenerative Quellen [1]	6,7	9,9	16,7
Heizöl/Sonstige	1,8	4,3	1,5

[1] einschließlich Müllverbrennung [2] Grau hinterlegt sind hier die Abweichungen zu Szenario B

Erdgas beschleunigt sich. Fernwärme und vor allem Nahwärmenetze gewinnen durch den Ausbau der Kraft-Wärme-Kopplung einen stetig wachsenden Anteil, der dadurch absolut etwas stärker zunimmt. Die Nutzung von regenerativen Energiequellen bleibt gegenüber Szenario B im wesentlichen unverändert.

Bei der Warmwasserbereitung wachsen die Anteile des Erdgases und (längerfristig) der regenerativen Energieträger zu Lasten Stromnutzung stärker als in der Vergangenheit.

Bei der **Stromerzeugung** wird der Einsatz von Kohle stetig verringert und im Jahr 2020 keine Rolle mehr spielen; der Primärenergieeinsatz von Kohle geht auf 80 PJ im Jahr 2005 und 5 PJ im Jahr 2020 zurück. Der insgesamt wachsende Strombedarf wird vor allem durch verstärkten Einsatz von Erdgas gedeckt (Tabelle 4.2.14*). Die Stromerzeugung (Jahresarbeit) aus Kernreakto-

Tabelle 8.1.5* Beitrag regenerativer Energiequellen zur Stromerzeugung in Baden-Württemberg im Szenario B*[3]

		Einheit	1990	2005	2020
Wasserkraft	installierte Leistung	MW	600	630	660
	Stromerzeugung[1]	PJ	37,0	33,7	35,9
Photovoltaik	installierte Leistung	MW	0,15	50	1.000
	Stromerzeugung	PJ	-	0,3	6,7
Biogas	Stromerzeugung	PJ	-	1	5
Windenergie	installierte Leistung	MW	1[2]	100	200
	Stromerzeugung	PJ	-	1,4	2,0

[1] Die Stromerzeugung ist hier in Primäräquivalenten angegeben, die sich aus der Endenergie (hier Strom) bei Division durch den mittleren Wirkungsgrad η des fossilen Kraftwerkparks von Szenario A zum jeweiligen Zeitpunkt ergibt (modifiziertes Substitutionsprinzip). Als Wirkungsgrade werden dabei für das Jahr 1990: η = 0,38, für 2005: η = 0,46 und für 2020: η = 0,482 verwendet.

[2] Wert für 1993

[3] Grau hinterlegt sind hier die Abweichungen zu Szenario B

ren bleibt im gesamten Zeitraum mit 121 PJ_{el} konstant; da ausscheidende Blökke jeweils ersetzt werden.

Bei den regenerativen Energiequellen steht – wie in der Vergangenheit – die Stromerzeugung aus Wasserkraft im Vordergrund (Tabelle 4.2.15*). Ihr Ausbau erfolgt wie in Szenario B. Das gleiche gilt für die Nutzung von Windkraft. Die Photovoltaik gewinnt durch intensive Förderung bis zum Jahr 2005 rascher an Bedeutung.

Mit der Verwendung zur Wärme- und Stromerzeugung erreichen die regenerativen Energiequellen – einschließlich der Müllverbrennung – einen Anteil am gesamten Primärenergieverbrauch von 5,3 % im Jahr 2005 und 9,2 % im Jahr 2020 (1990: 3,8 %), d.h. eine geringfügig höhere Bedeutung als in Szenario B.

Die Wärmeauskopplung der Kraftwerke und Heizwerke für die Nah- und Fernwärmeversorgung verändert sich auf 36,8 PJ im Jahr 2005 und 33,4 PJ im Jahr 2020; die Wärmeauskopplung bei der industriellen Eigenerzeugung – ohne Prozeßdampf für Raffinerien auf 25,5 PJ im Jahr 2005 und 27,0 PJ im Jahr 2020.

Auch bei der Deckung des Endenergiebedarfs an Brennstoffen in der Industrie und im Sektor Kleinverbraucher ergeben sich Veränderungen (Tabelle 4.2.16*).

Im Verkehrsbereich wird der Endenergiebedarf im Straßenverkehr – bis auf den verstärkten Einsatz von Gas- und Oberleitungsbussen – weiterhin durch die üblichen Kraftstoffe gedeckt. Ihre Herstellung erfordert in den Raffinerien in Baden-Württemberg bis zum Jahr 2020 einen auf dem heutigen Niveau verbleibenden, konstanten Eigenverbrauchsanteil.

Tabelle 8.1.6* Anteile der Energieträger an der Deckung des Endenergiebedarfs an Brennstoffen in Prozent in der Industrie und im Sektor Kleinverbraucher in Baden-Württemberg im Szenario B*[1]

	Industrie			Kleinverbraucher		
	1995	2005	2020	1995	2005	2020
Gase	36,9	37,0	43,4	32,7	35,0	45,0
Heizöl	24,9	26,1	24,9	65,5	62,3	51,7
Kohlen	13,1	11,2	8,0			
Dampf	17,6	16,3	15,4			
Fernwärme	7,0	8,9	7,9	1,8	2,7	3,3
Regenerative (Holz)	0,5	0,5	0,4			

[1] Grau hinterlegt sind hier die Abweichungen zu Szenario B

Zur Realisierung und Durchsetzung der Entwicklungen im Szenario B* müssen die im Szenario B erforderlichen **Maßnahmen** im Hinblick auf die erforderliche Umstrukturierung im Umwandlungsbereich intensiviert werden.

8.2 Szenario D* – Neue Lebensstile ohne unergiebige aber schwer umsetzbare Eingriffe

Beim Entwurf des Szenario D *Neue Lebensstile* wurde davon ausgegangen, daß vor dem Hintergrund des zugrunde gelegten Leitbildes eine erhebliche Bereitschaft zu Verhaltensänderungen besteht, und daß sich aus diesen Änderungen – im Bewußtsein der Verantwortung gegenüber der Umwelt und künftigen Generationen – die angestrebten neuen, an ökologischen Gesichtspunkten orientierten Lebensstile bilden. Das Szenario D ist entsprechend durch erhebliche Verhaltensänderungen und Verzichtleistungen gekennzeichnet, die besonders in den Sektoren Haushalte und Verkehr spürbar werden.

Die im Szenario angesetzten Verhaltensänderungen bzw. Verzichte wurden in vielen Fällen so gewählt, daß die durch das Leitbild D charakterisierte Welt möglichst schlüssig und plausibel beschrieben wird, und ohne daß in jedem Fall die Notwendigkeit dieser Verhaltensänderungen oder Einschränkungen im Hinblick auf das Reduktionsziel überprüft wurde. Im Ergebnis führte dies zu deutlichen Verzichtleistungen vor allem im täglichen Leben, die von vielen Personen als zu weitgehend beurteilt werden, auch wenn die Grundtendenz des Szenarios als akzeptabel angesehen wird, und die damit nur schwer umsetzbar erscheinen. Viele dieser Verzichtleistungen sind damit nur schwer zu realisieren und erbringen oft nur einen kleinen absoluten Beitrag zur Reduktion der CO_2-Emissionen.

Da der Einsatz fossiler Energieträger wie in den anderen Szenarien durch die Reduktionsziele begrenzt wird, regenerative Energieträger nur beschränkt zur Verfügung stehen und auf die Nutzung der Kernenergie rasch verzichtet werden soll, sind Verzichtleistungen in Szenario D tatsächlich unvermeidbar. Ob aber alle der angesetzten Verhaltensänderungen notwendig sind, erscheint fraglich, zumal die CO_2-Emissionen in Szenario D stärker reduziert werden als in den Szenarien B und C.

Zusätzlich zu Szenario D wurde daher die Variante D* untersucht, die sich von D dadurch unterscheidet, daß einige der Verhaltensänderungen bzw. Verzichtleistungen kleiner und in der gleichen Größenordnung wie in Szenario C angesetzt wurden.

Bei der **Nachfrage nach Energiedienstleistungen und Gütern** wird so in Szenario D* abweichend von Szeanrio D angenommen,

- daß die Menge der gewaschenen/getrockneten Wäsche mit 263 kg pro Kopf und Jahr konstant bleibt,
- daß der Dusch-Anteil bei den Duschen/Baden-Anwendungen von 74 % im Jahr 1990 auf 87,5 % im Jahr 2005 und 88,5 % im Jahr 2020 anwächst,
- daß der Anteil der maschinengetrockneten Wäsche auf dem heutigen Niveau von 29 % verharrt,
- daß die Bereitschaft zum Verzicht auf Komfort zusätzlich zu einer bewußten Reduzierung der Pkw-Nutzung führt: 45 % der Pkw-Fahrten unter 2 km Weglänge und 33 % mit Weglängen zwischen 2 und 5 km werden künftig zu Fuß oder mit dem Rad zurückgelegt.

Die übrigen Annahmen zur Nachfrage bleiben ebenso wie die Annahmen zu den Techniken zur Deckung des Endenergiebedarfs und zu den Techniken im Umwandlungbereich unverändert. Damit ergibt sich eine Verringerung der CO_2-Emissionen[1] in Szenario D* von 25,6 % bzw. 49,8 % in den Jahren 2005 und 2020 gegenüber dem Wert von 1987, die nur geringfügig niedriger sind als in Szenario D (26,9 % und 51,1 %) und näher bei den angestrebten Zielwerten liegen.

[1] berechnet mit: ENSYS-Bilanzierungsmodell für Energiebedarfe und CO_2-Emissionen in Baden-Württemberg, Akademie für Technikfolgenabschätzung, 1994 (unveröffentlicht)

9. Anhang C: Begriffserläuterungen

Absorption: Aufnahme von Strahlungsenergie durch einen festen Körper, eine Flüssigkeit oder ein Gas, die dabei in eine andere Energieform (meist Wärme) umgewandelt wird.

anthropogen: durch menschliche Einwirkungen verursacht bzw. ausgelöst.

Atmosphäre: die Lufthülle der Erde, gegliedert in Troposphäre, Stratosphäre und weitere höhere Atmosphärenschichten.

Biogas: brennbares Gasgemisch, das bei der Zersetzung von Biomasse (Fäkalien, Siedlungs- und Gartenabfällen) durch Bakterien unter Luftabschluß (anaerob) gebildet wird.

Biomasse: die gesamte Masse an lebenden Organismen einer Art oder aller Arten in einer Gesellschaft, die sich aus der pflanzlichen (Phytomasse) und der tierischen (Zoomasse) Biomasse zusammensetzt; hier verwendet zur Bezeichnung der Energieträger aus pflanzlichen oder tierischen (Abfall-)Stoffen.

Biosphäre: die mit Lebewesen besiedelten Schichten der Erde (Atmo-, Hydro- und Pedosphäre).

Blockheizkraftwerk (BHKW): ein dezentrales Kraftwerk, in dem in der Regel ein von einem Verbrennungsmotor angetriebener Generator zur Stromerzeugung dient und gleichzeitig die Abwärme des Motors zu Heizzwecken genutzt wird; wirtschaftlich einsetzbar zur Versorgung von Anlagen oder Gebäudekomplexen mit ganzjährig etwa gleichbleibendem Wärmebedarf.

Brennwert: die Reaktionswärme, die bei vollständiger Verbrennung einer Brennstoffmenge freigesetzt wird, wobei das entstehende Wasser in der Form von Wasserdampf bilanziert wird (oberer Heizwert).

Brennwertkessel: Kessel, der die im Abgas enthaltene Kondensationsenergie und damit den oberen Heizwert des eingesetzten Brennstoffs nutzt.

Brutto-Inlandsprodukt (BIP): Maß für die im Inland entstandene wirtschaftliche Leistung; inflationsbereinigter Wert aller in einer Berichtsperiode im Inland produzierten Waren und Dienstleistungen nach Abzug des Wertes der im Produktionsprozeß als Vorleistungen verbrauchten Güter.

Bruttowertschöpfung: ergibt ich aus dem BIP durch Abzug der nichtabziehbaren Umsatzsteuern und der Einfuhrabgaben sowie Zurechnung der Entgelte für Bankdienstleistungen.

Contracting: Finanzierung von Energieeinsparmaßnahmen durch einen externen Geldgeber (Contractor). Die Rückzahlungen des Verbrauchers an den Contractor finanzieren sich aus den eingesparten Mitteln für Strom- und Heizkosten.

Deckungsgrad: Prozentualer Anteil einer Solaranlagen an der Deckung des Energiebedarfs für Warmwasser oder Raumwärme.

Drittelmix: Typisierter, normierter Testzyklus; handhabbarer Wert zum Vergleich des Kraftstoffverbrauchs von Pkw; bestehend aus einem Fahrzyklus, der die Situation im Stadtverkehr simuliert, und zwei konstanten Fahrgeschwindigkeiten von 90 km/h und 120 km/h. Die Verbrauchswerte dieser drei Testphasen werden gemittelt.

Effizienzsteigerung: Erreichen der gleichen Energiedienstleistung mit geringerem Primärenergieaufwand.

Endenergie: Energieträger und -formen, die dem Endverbrauch nach Umwandlung der Primärenergie und nach Abzug des nichtenergetischen Verbrauchs zur Verfügung stehen.

Energiedienstleistung: die durch den Einsatz der Nutzenergie befriedigten Bedürfnisse bzw. erzeugten Güter.

Energieträger: Stoffe oder physikalische Erscheinungen, in denen Energie gespeichert ist, die in nutzbare Energieformen umgewandelt werden kann.

Exergie: Teil der Energie, der in der jeweiligen Umgebung in beliebige andere Energie umgewandelt werden kann.

externe Effekte: Auswirkungen des Handelns von Wirtschaftssubjekten (Unternehmen, Haushalte etc.) auf andere, die nicht über eine Vergütung/Entschädigung über den Markt ausgeglichen sind.

FCKW: s. Fluorchlorkohlenwasserstoffe

Fluorchlorkohlenwasserstoffe: industriell hergestellte organische Halogenverbindungen, die bei direktem Kontakt unschädlich sind, jedoch in der Stratosphäre den Abbau des Ozon verursachen und zur Verstärkung des Treibhauseffektes beitragen.

Fossile Energie: Energieträger, die in erdgeschichtlicher Vergangenheit aus abgelagerten Resten von Pflanzen und Kleinstlebewesen entstanden sind (Kohle, Erdöl, Erdgas, Torf).

Fossile Kraftwerke: Wärmekraftwerke, bei denen Wärme hoher Temperatur durch Verbrennen fossiler Energieträger gewonnen und über einen Wasser-

Dampf-Kreislauf mittels Dampfturbine und Generator in elektrische Energie umgesetzt wird.

F & E: Forschung und Entwicklung

Geothermie: Wärme des Erdinneren; nutzbar in geothermischen Kraftwerken.

Grundlastkraftwerk:: Kraftwerke, die aufgrund ihrer Kostenstruktur eine hohe Einsatzpriorität erhalten und hohe Ausnutzungsdauern erreichen (vor allem Laufwasser-, Kern- und Braunkohlekraftwerke).

GuD-Kraftwerk: Thermisches Kraftwerk, in dem ein Kombiprozeß eingesetzt wird. Dieser besteht aus dem üblichen Dampfprozeß und einem vorgeschalteten Gasturbinen-Prozeß, so daß die Abwärme der Gasturbine zur Dampferzeugung genutzt wird. Dadurch lassen sich hohe Kraftwerkswirkungsgrade erzielen.

GVFG – Mittel: Mittel aus dem Mineralölsteueraufkommen, die nach dem Gemeindeverkehrsfinanzierungsgesetz für den öffentlichen Nahverkehr und den kommunalen Straßenbau verwendet werden.

Halone: bromierte Fluorchlorkohlenwasserstoffe mit hohem Ozonzerstörungspotential.

Heizkraftwerk: Kraftwerk, das neben Strom auch (Prozeß- bzw. Heiz-)Wärme bereitstellt.

HGÜ: **H**ochspannungs-**G**leichstrom-**Ü**bertragung ist bei großen Entfernungen (ab ca. 700 km) gegenüber der üblichen Hochspannungs-Drehstrom-Übertragung die wirtschaftlichere Form des Energietransports. Dazu wird der Drehstrom gleichgerichtet, als Gleichstrom übertragen und an Ende der Leitung wieder in Drehstrom umgewandelt.

Hydrologischer Zyklus: Wasserkreislauf

Jahresnutzungsgrad: effektiver, über ein Jahr gemittelter Wirkungsgrad einer Anlage.

Kernkraftwerk: Wärmekraftwerk, bei dem die durch die Kernspaltung in einem Reaktor freigesetzte Kernbindungsenergie in Wärme umgesetzt und über einen Wasser-Dampf-Kreislauf mittels Dampfturbine und Generator in elektrische Energie umgesetzt wird.

KKW: s. **K**ern**k**raft**w**erk

Kohlendioxid (CO_2): farbloses, nicht brennbares schwachsäuerliches Gas, das von Pflanzen in der Photosynthese zu Kohlehydraten umgewandelt und das bei der Verbrennung von Pflanzen oder fossilen Brennstoffen freigesetzt wird.

Kraft-Wärme-Kopplung: gleichzeitige Erzeugung von elektrischer Energie und Prozeß- oder Fernwärme in einem Kraftwerk.

Kraftwerk (Wärmekraftwerk): Anlage zur Umwandlung von Wärme hoher Temperatur in elektrische Energie.

KWK: s. Kraft-Wärme-Kopplung

LCP: s. Least Cost Planning

Least Cost Planning: ein Planungs- und Regulierungskonzept zur Minimierung der volkswirtschaftlichen Kosten für die Bereitstellung von Energiedienstleistungen durch Einbeziehen der Kosten für Energiesparmaßnahmen beim Verbraucher in die einzelwirtschaftliche Kalkulation der Energieversorgungsunternehmen.

Mittellastkraftwerk: Kraftwerke, die für den Betrieb mit häufig wechselnder Betriebsleistung und für tägliches An- und Abfahren ausgelegt sind und die aufgrund ihrer Kostenstruktur eine nachgeordnete Einsatzpriorität erhalten (z.B. Steinkohlekraftwerke).

MIV: motorisierter Individualverkehr

modal–split: Aufteilung der Verkehrsleistung auf die verschiedenen Verkehrsträger (Bahn, Bus, Pkw ...).

Netto-Engpaßleistung: höchste ausfahrbare und in das Energieversorgungsnetz abgebbare Dauerleistung eines Kraftwerks, die durch den leistungsschwächsten Anlagenteil begrenzt wird.

Nettoproduktionswert: im Geschäftsjahr erbrachte Gesamtleistung (Bruttoproduktionswert) abzüglich der Kosten für Materialverbrauch, den Einsatz an Handelsware und für Fremd- und Nachunternehmerleistungen.

Niedrigenergiehaus-Standard: erhöhter Wärmeschutz-Standard für Neubauten; bezeichnet in diesem Projekt Anforderungen, die im Vergleich zur Wärmeschutzverordnung 95 zu einem um etwa 20 % niedrigeren spezifischen Heizenergiebedarf führen.

Nutzenergie: Teil der Endenergie, die beim Verbraucher nach der letzten Umwandlung für den jeweiligen Nutzungszweck zur Verfügung steht.

Nutzungsgrad: Verhältnis der in einem Zeitraum (z.B. Jahr) nutzbar abgegebenen Energie zur gesamten zugeführten Energie

ÖPNV: Öffentlicher Personennahverkehr

Pedosphäre: Bodenzone; Grenzbereich der Erdoberfläche, in dem sich Gestein, Wasser, Luft und Lebewesen durchdringen und in der die bodenbildenden Prozesse stattfinden.

PIB: **p**rozeß**e**nergie**i**ntensive **B**ranchen

Photovoltaik: Technik der Solarzellen; diese wandeln das Sonnenlicht direkt in elektrische Energie (Gleichstrom) um.

Primärenergie: Energierohstoffe oder Energieformen in ihrer natürlichen Form vor jeglicher technischer Umwandlung.

Primärenergieäquivalente: Rechengröße zur Bestimmung des Beitrages nichtfossiler Energieträger zum Primärenergiebedarf. In diesem Projekt werden die nichtfossilen Energien (Kernenergie und regenerative Energieträger) nach folgender Regel bewertet: die Endenergie wird unter Verwendung des mittleren Wirkungsgrades des fossilen Kraftwerkparks von Szenario A zum jeweiligen Zeitpunkt auf Primärenergie umgerechnet (modifiziertes Substitutionsprinzip). Als primärenergetische Bewertungsfaktoren werden dabei verwendet: für das Jahr 1990: $\eta = 0{,}38$, für 2005: $\eta = 0{,}46$ und für 2020: $\eta = 0{,}482$.

Prozeßenergie: Energie, meist in Form von Wärme im Temperaturbereich über 100 °C für gewerbliche und industrielle Produktions- und Fertigungsverfahren.

RIB: raumwärmeintensive Branchen

Regenerative Energie: Energieträger und -formen, die sich ständig auf natürliche Weise erneuern. Im Rahmen dieses Projekts wird auch Müll formal zu den CO_2-freien, regenerativen Energieträgern gezählt, da die energetische Nutzung von Müll keine zusätzlichen CO_2-Emissionen gegenüber einer nichtenergetischen Entsorgung verursacht.

Solarzelle: s. Photovoltaik

Sonnenkollektor: Vorrichtung, die Sonnenstrahlung in Wärme umwandelt.

Spezifischer Energiebedarf: der auf eine bestimmte verbrauchsauslösende Größe (z.B. Bruttoinlandsprodukt) bezogene Energieeinsatz; Maß für die rationelle Nutzung von Energie.

Spitzenlastkraftwerk: Kraftwerke, die aufgrund ihrer technischen Auslegung mehrmaliges Anfahren pro Tag, kurze Anfahrzeiten und hohe Leistungsänderungsgeschwindigkeiten zulassen (z.B. Pumpspeicher- und Gasturbinenkraftwerke).

Stratosphäre: Schicht der Atmosphäre oberhalb der Troposphäre (bzw. Tropopause) bis in etwa 50 km Höhe.

Treibhauseffekt: Erwärmung der unteren Troposphäre durch Absorption der von der Erde abgestrahlten Infrarot-Strahlung in der Atmosphäre; der natürliche Treibhauseffekt bewirkt die vorhandene mittlere Temperatur der Erde von ca. 15 °C; Treibhausgase (z.B. CO_2) können den natürlichen Treibhauseffekt verstärken und zur Erhöhung der mittleren Erdtemperatur führen.

Troposphäre: unterste Schicht der Atmosphäre bis zur Tropopause (Grenzschicht) in 8–17 km Höhe; in der Troposphäre finden alle wesentlichen Wettervorgänge statt.

Verkehrsaufkommen: Zahl der beförderten Personen (Personenverkehrsaufkommen) oder Menge der beförderten Güter (Güterverkehrsaufkommen) in einem Zeitraum (Jahr) – Einheit : Mio. Pers./Jahr bzw. Mio. t /Jahr.

Verkehrsleistung: Zahl der beförderten Personen bzw. Menge der beförderten Güter pro Jahr multipliziert mit der zurückgelegten Wegstrecke – Einheit: Personen- bzw. Tonnenkilometer pro Jahr (Pkm/a bzw. tkm/a).

Wärmekraftwerke: s. Kraftwerke

Wärmepumpe: Maschine, die unter Aufnahme von Energie (z.B. Strom oder Gas) einem auf niedrigem Temeraturniveau befindlichen Reservoir (z.B. dem Boden) Wärme entzieht und Wärme auf höherem Temperaturniveau abgibt; die dabei abgegebene Energie übersteigt die aufzubringenden Antriebsenergie.

Sachverzeichnis

Springer-Verlag und Umwelt

Als internationaler wissenschaftlicher Verlag sind wir uns unserer besonderen Verpflichtung der Umwelt gegenüber bewußt und beziehen umweltorientierte Grundsätze in Unternehmensentscheidungen mit ein.

Von unseren Geschäftspartnern (Druckereien, Papierfabriken, Verpackungsherstellern usw.) verlangen wir, daß sie sowohl beim Herstellungsprozeß selbst als auch beim Einsatz der zur Verwendung kommenden Materialien ökologische Gesichtspunkte berücksichtigen.

Das für dieses Buch verwendete Papier ist aus chlorfrei bzw. chlorarm hergestelltem Zellstoff gefertigt und im pH-Wert neutral.